普通高等教育高职高专园林景观类『十二五』规划教材

植物组织培养

主　编　郑永娟　汤春梅
副主编　王　会　郭晓龙　范春丽

中国水利水电出版社
www.waterpub.com.cn

内容提要

本教材紧紧围绕培养高等技术应用型人才，以强化技术应用能力为主线，着眼于培养学生工作能力、科研实验能力和创新能力进行编写。

全书包括绪论、植物组织培养的基本技术、植物快速繁殖技术、植物脱毒技术、植物组织培养拓展技术、植物组织培养实际应用技术、植物组培苗工厂化生产技术和附录七个部分。每一部分后附有技能训练项目，重点突出技能培养。

本教材可供园林、园艺、生物技术及植物保护等专业师生使用，也可作为从事组培生产的企业员工培训用书，并可供从事植物组织培养技术人员、研究人员和经营管理者参考使用。

图书在版编目（CIP）数据

植物组织培养/郑永娟，汤春梅主编．—北京：中国水利水电出版社，2012.2（2016.12重印）

普通高等教育高职高专园林景观类“十二五”规划教材

ISBN 978-7-5084-9478-4

Ⅰ.①植… Ⅱ.①郑…②汤… Ⅲ.①植物组织-组织培养-高等职业教育-教材 Ⅳ.①Q943.1

中国版本图书馆CIP数据核字（2012）第024067号

书　名	普通高等教育高职高专园林景观类“十二五”规划教材 **植物组织培养**
作　者	主编　郑永娟　汤春梅　副主编　王　会　郭晓龙　范春丽
出版发行	中国水利水电出版社 （北京市海淀区玉渊潭南路1号D座　100038） 网址：www.waterpub.com.cn E-mail：sales@waterpub.com.cn 电话：（010）68367658（营销中心）
经　售	北京科水图书销售中心（零售） 电话：（010）88383994、63202643、68545874 全国各地新华书店和相关出版物销售网点
排　版	北京时代澄宇科技有限公司
印　刷	三河市鑫金马印装有限公司
规　格	210mm×285mm　16开本　11.5印张　353千字
版　次	2012年2月第1版　2016年12月第2次印刷
印　数	3001—5000册
定　价	**32.00**元

本书编委会

主　编　郑永娟　汤春梅

副主编　王　会　郭晓龙　范春丽

参　编　张彩玲

主　审　王金贵

前言 Preface

植物组织培养是现代农业生物技术的一个重要组成部分和基本研究手段之一，在工厂化快速育苗及植物脱毒等方面有着广泛的应用。目前各高职院校均积极开设植物组织培养课程。

根据教育部《国家中长期教育改革和发展规划纲要》(2010—2020年)和相关文件精神，编者在充分调研了国内有关植物组织培养教材的基础上，结合人才培养模式的要求，让学生成为学习的主体，在“做中学”、“做中教”、“学中做”，教、学、做一体化，对植物组织培养领域的相关内容进行重组，教材既全面反映了植物组织培养的新知识和新进展，又突出体现了高等职业技术教育和培训对于加强实践能力培养的基本要求。

本教材由郑永娟(黑龙江农垦科技职业学院)和汤春梅(甘肃林业职业技术学院)担任主编，王会(襄樊职业技术学院)、郭晓龙(黑龙江生物科技职业学院)及范春丽(郑州师范学院)担任副主编，张彩玲(黑龙江农业经济职业学院)参编。具体分工是：绪论、第1章、第2章的第7节、第4章的第6节、第5章的第1节、第6章、附录由郑永娟编写；第2章的第1～6节及本章基本技能训练由汤春梅编写；第3章的第1～2节由范春丽和张彩玲编写，第3～4节及本章基本技能训练由张彩玲编写；第4章的第1～5节及本章基本技能训练由郭晓龙编写；第5章的第2～4节由王会编写。本教材由郑永娟提出编写提纲并统稿，黑龙江农垦科技职业学院森林资源系园林教研室主任王金贵担任本书主审。

本教材在编写的过程中，得到了中国水利水电出版社的大力支持和热情指导，也得到了许多朋友和同行的鼓励、帮助，同时本教材也参阅和引用了有关专家、学者的专著、论文及教材等，在此一并致以最诚挚的谢意！

鉴于时间和编者水平有限，书中难免有错漏之处，敬请读者批评指正。

编者

2011年12月

目录 Contents

绪　论

知识目标

- 掌握植物组织培养的概念和特点
- 理解植物组织培养中常用的术语
- 了解植物组织培养发展历程
- 熟悉植物组织培养主要应用

能力目标

- 会用细胞全能性和实现途径的理论阐述植物组织培养技术
- 能够理解影响组培苗遗传稳定性的因素及提高遗传稳定性的措施

0.1　植物组织培养的概念及分类

植物组织培养简称组培，是指在无菌条件下，将离体的植物器官、组织、细胞或原生质体，接种在人工配制的培养基上，给予适宜的条件，使其生长、发育成为完整植株的过程。由于组织培养是在脱离植物母体的条件下进行的，所以也称为离体培养。

0.1.1　植物组织培养常用术语解释

[外 植 体] 由植物（母体）上取来用作离体的培养材料被称为外植体。

[培 养 基] 在离体培养时由人工配制的含有各种营养成分供外植体赖以生存（生长、分化）的基质叫做培养基。

[接　　种] 在无菌条件下将处理好的离体材料放在培养基上的过程通常叫做接种。

[愈伤组织] 在植物组织培养中，指在人工培养基上由外植体长出来的一团无序生长的薄壁细胞（白色、淡黄色、淡绿色）。

[脱 分 化] 如果初始接种在培养基上的外植体，不是通过芽原基萌发的途径直接生长，而是首先形成愈伤组织，再进行分化为不定芽或无性胚，这种初始培养被称为脱分化，所用的培养基被称为脱分化培养基。

[再 分 化] 在组培中，将处于脱分化的愈伤组织再进行培养，诱导其形成新植物体的过程为再分化。

0.1.2　植物组织培养的类型

植物组织培养分类方法很多，但常用的有以下几种。

0.1.2.1　根据培养材料分类

（1）植株培养，是对完整植株材料的无菌培养。一般多以种子为材料的无菌培养。

（2）胚胎培养，指对植物成熟或未成熟胚进行的离体培养。胚胎培养材料主要有幼胚、成熟胚、胚乳、胚珠及子房等。

（3）器官培养，指对植物体各种器官及器官原基进行的离体培养。器官培养材料有根（根尖、根段）、茎（茎尖、茎段）、叶（叶原基、叶片、子叶）、花（花瓣、雄蕊）、果实、种子等。一般培养的是什么器官，就可以称为什么培养，如培养的器官是花药，就称之为花药培养。

（4）组织培养，指对植物体各部位组织或已诱导的愈伤组织进行的离体培养。组织材料主要有分生组织、形成层、表皮、皮层、薄壁细胞及木质部等。

（5）细胞培养，指对单个细胞或较小细胞团的离体无菌培养。细胞培养材料主要有性细胞、叶肉细胞、根尖细胞及韧皮部细胞等。

（6）原生质体培养，指以除去胞壁的细胞为外植体的离体无菌培养。通过原生质体融合，即体细胞杂交，能够获得种间杂种或新品种。

0.1.2.2　根据培养过程分类

（1）初代培养，指将植物体上分离得到的外植体进行最初几代培养的阶段。主要目的是建立无菌培养体系，再进一步建立无性繁殖系。通常此阶段在植物组织中比较困难，又称启动培养。

（2）继代培养，指将初代培养诱导产生的培养物重新分割，并转移至新鲜培养基上继续培养的阶段。主要目的是使培养物得到大量繁殖，又称为增殖培养。

（3）生根培养，指诱导组培苗生根，进而形成完整植株的阶段。其目的是使组培苗生根，形成完整个体，为移栽做好准备。

0.1.2.3　根据培养目的分类

（1）试管嫁接。

（2）试管受精。

（3）试管加倍。

（4）试管育种等类型。

0.1.2.4　根据培养方法分类

（1）平板培养。

（2）微室培养。

（3）悬浮培养。

（4）单细胞培养等类型。

此外，根据培养基态的不同分为固体培养、半固体培养和液体培养。还可以根据培养过程中是否需要光分为光培养和暗培养两种。

0.2　植物组织培养的基本理论

0.2.1　植物细胞的全能性

植物组织培养的理论依据是细胞全能性。所谓细胞全能性就是指植物体的任何一个具有完整细胞核的活细胞都具有该种植物的全套遗传信息和发育成完整植株的潜在能力。例如，一个受精卵通过细胞分裂和分化产生具有完整形态和结构机能的植物，这是受精卵具有该物种全部遗传信息的表现。同样，由合子分裂产生的体细胞也具备全能性。但在自然状态下完整植株不同部位的特化细胞只表现出一定的形态与生理功能，构成植物体的组织或器官的一部分，是因为细胞在植物体内所处的位置及生理条件不同，其分化受到各方面的调控，某些基因受到控制或阻遏，致使其所具有的遗传信息得不到全部表达的缘故。

植物细胞的全能性是潜在的，要实现植物细胞全能性，必须具备一定的条件：一是体细胞与完整植株分离，脱离完整植株控制；二是创造理想的适于细胞生长和分化的环境，包括营养、激素、光照、温度、湿度及气体等因子。只有这样，细胞全能性才能由潜在的变为现实的。植物的离体组织、器官、细胞或原生质体在无菌、适宜的人工培养基和培养条件下培养，满足了细胞全能性表达的条件，因而能使离体培养材料发育成完整植株。

关于细胞全能性的实现可以用图 0-2-1 来表示，共有 3 个循环，其中 A 循环表示生命周期，它包括了孢子体和配子体的世代交替；B 循环是表示细胞所决定的核质周期，由核质的互作、DNA 复制、转录 RNA 并翻译为蛋白质，使全能性形成和保持；C 循环是组织培养周期，组织或细胞与供体失去联系，处于无菌条件下人工的营养及激素条件进行代谢，使细胞处于异养状态。在这种情况下，一个分生组织可通过以下 3 个途径实现细胞的全能性：一是由分生组织直接分生芽达到快速繁殖的目的，这种情况下极少发生细胞无性系变异；二是由分生组织形成愈伤组织，经过分化实现细胞的全能性；三是游离细胞或原生质体形成胚状体，由胚状体直接发育完整植株，或制成人工种子后再重建植株。此阶段自养性明显加强。B 循环也可与 C 循环相结合，繁殖具有特殊有益遗传性状的个体，然后进入生命周期 A。另外，可以重组 DNA 技术直接将异种 DNA 引入培养中的细胞或原生质体，并在整体植株中表达。

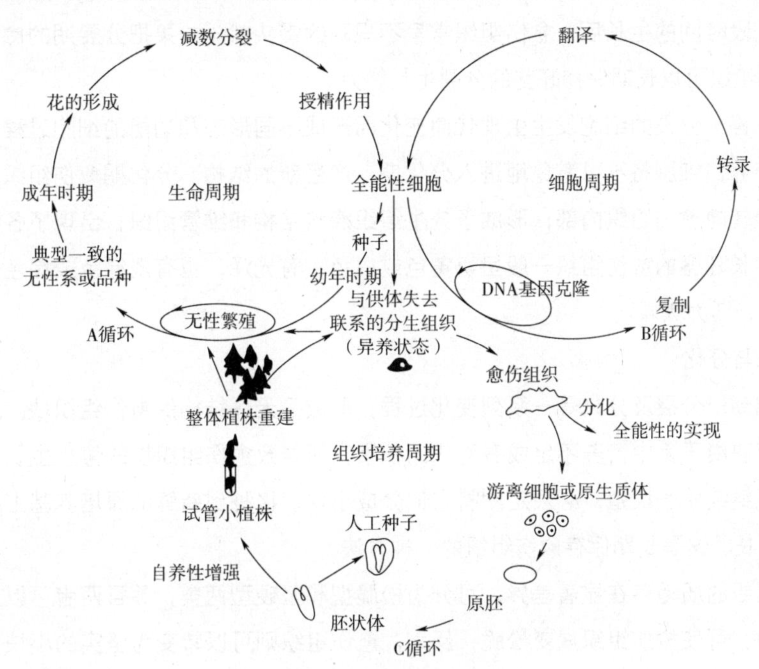

图 0-2-1　细胞全能性的实现与利用

（引自 利容千，王明全．植物组织培养简明教程．武汉：武汉大学出版社，2004）

0.2.2　植物的再生性

0.2.2.1　植物再生性的含义

在植物分化根、茎、叶等器官的过程中，某处组织受到一定的损伤，则往往会在受伤部位产生新的器官，长出不定芽和不定根，从而形成新的完整植株。人们利用这种植物的再生作用进行无性繁殖，并结合应用生根激素，使原来扦插不易成活的种类也可达到成苗的目的。植物之所以会产生器官，是由于受伤组织产生了创伤激素，由此促进愈伤组织的形成，并凭借内源激素和储藏营养的作用又产生了新的器官。

植物组织培养技术的成功，使植物的再生作用在更大的范围内表现出来。其中，不但表现为植物种类大大地增加，而且包括再生的部位不断扩大，甚至小到肉眼无法辨别、在解剖镜下操作的材料也可培养再生。在自然情况下，有些植物的营养器官和细胞再生比较困难，主要是由于内源激素调整缓慢或不完全，以及外界条件不易控制等因素所致。植物组织通过对培养基的调整，特别是对激素成分的调整，在人工控制的培养条件下，就有可能顺利地再生出新植株。

0.2.2.2　愈伤组织的形成和形态发生

1. 愈伤组织的形成

几乎所有植物材料经离体培养都有诱导产生愈伤组织的潜在能力，并且能够在一定的条件下分化成芽、胚状体等。一般而言，诱导外植体形成典型的愈伤组织，大致在经历 3 个时期：启动期、分裂期及分化期。

（1）启动期，又称诱导期，是指细胞准备进行分裂的时期。启动期的长短，因植物种类、外植体的生理状态和外部因素而异。如菊芋的诱导期只要 1d，胡萝卜需要几小时。用于接外植体细胞，通常都是处在静止状态的成熟细胞，在一些刺激因素（如增加空气 O_2 含量、受到机械损伤等）和激素的诱导下，其合成代谢活动加强。迅速进行蛋白和核酸的合成，分裂前细胞呼吸作用增强；多聚核酸体、RNA 和蛋白质含量显著增加，分裂有关的酶活力增强。这些变化为下一步的细胞分裂提供充足的物质基础。诱导启动的因素的外源激素，最常用的有 2，4-D、NAA、IAA 和细胞分裂素等。其中，2，4-D 在诱导细胞分裂过程中，效果明显。

（2）分裂期，是指外植体细胞经过诱导后脱分化，不断分裂、增生子细胞的过程。处于分裂期的愈伤组织的特点是：细胞分裂快，结构疏松，缺少有组织的结构，颜色浅或呈透明状。愈伤组织的增殖生长发生在不与琼脂接触的表面，在经过一段时间的生长后，愈伤组织常呈不规则的馒头状。如果把分裂期的愈伤组织及时转移到新鲜的培养基上，则愈伤组织可以长期保持旺盛的分裂生长能力。

（3）分化期，是指停止分裂的细胞发生生理代谢变化而形成不同形态和功能的细胞过程。若分裂期的愈伤组织在原培养基上长期培养，细胞将不可避免地进入分化期，产生新的结构。分化期愈伤组织的特点是：细胞分裂的部位由愈伤组织表面转向愈伤组织内部；形成了分生组织瘤状结构和维管组织；出现了各种类型的细胞；出现一定的形态特征等。生长旺盛的愈伤组织一般呈奶黄色或白色，有光泽，也有淡绿色或绿色的；老化的愈伤组织多转变成黄色甚至褐色，活力大减。

2. 愈伤组织的生长与分化

外植体细胞经过启动、分裂及分化等一系列变化过程，形成了无序结构的愈伤组织块。如果使他们在原培养基上继续培养，就应解决由于其中营养不足或有毒代谢积累，而导致愈伤组织块的停止生长，直至老化变黑死亡的问题。若要愈伤组织继续生长增殖，必须定期将它们分成小块，接种到新鲜的原培养基上继代增殖，愈伤组织才可以长期保持旺盛生长。这是长期保存愈伤组织的一种方法。

旺盛生长的愈伤组织的质地存在显著差异，可分为松脆型和坚硬型两类，并且两者可以互相转化。当培养基中的生长素类浓度高时，可使愈伤组织块变松脆；反之，愈伤组织则可以转变为坚实的小块。同一种类的愈伤组织也可随外体的部位及生长条件的差异而不同，即便是同一块愈伤组织也会因各种激素的作用存在颜色上的差异。

愈伤组织在转入分化培养基后会出现体细胞胚胎发生及营养器官的分化，出现哪种情况取决于植物种类、外植体的类型与生理状态以及环境因子的影响。有时也有难以分化的情况。

3. 愈伤组织的形态建成

分化期的愈伤组织虽然形成维管化组织和瘤状结构，但并无器官发生。只有满足某些条件，愈伤组织才能再分化出器官（根或芽）或胚状体，进而发育成苗或完整植株。

愈伤组织的形态发生，一般有三种方式：一是先芽后根，这是最普通的发生方式；二是先根后芽，但芽的分化难度比较大；三是愈伤组织块的不同部位上分出根或芽，再通过维管组织的联系形成完整植株。通过在愈伤组织表面或内部形成胚状体，是愈伤组织形态发生的特殊方式。

0.2.3 根芽激素理论

在植物组织培养过程中，外植体往往通过器官发生的途径来再生植株，但根和芽的产生并不是同步的。通过大量研究表明，植物激素是影响器官建成的主要因素。1955 年，Skoog 和 Miller 提出了有关植物激素控制器官形成的理论即根芽激素理论，根和芽的分化由生长素和细胞分裂素的比值所决定，两者比值高时促进生根。通过改变培养基中这两类激素的相对浓度可以控制器官的分化（图 0-2-2），激素对器官或愈伤组织也有一定的影响（图 0-2-3）。

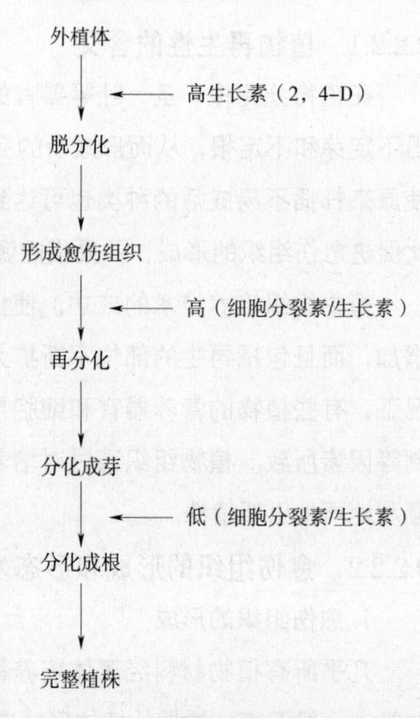

图 0-2-2 激素控制器官分化的模式图
（引自 王清连．植物组织培养．北京：中国农业出版社，2005）

大量的试验结果证明，根芽激素理论适用多数物种，只是由于在不同植物组织中这些激素的内源水平不同，器官发生的有差异，导致不同组织来源的外植体可能在相同的培养条件下诱导再生不同的器官类型，或用不同的培养条件诱导植物的器官发生。这就是激素的位置效应问题（图 0-2-4），因而对于某一具体的形态发生过程来说，它们所要求的外源激素的水平也会有所不同。

图 0-2-3　激素对器官或愈伤组织的影响
（引自 王振龙．无土栽培教程．北京：中国农业大学出版社，2009）

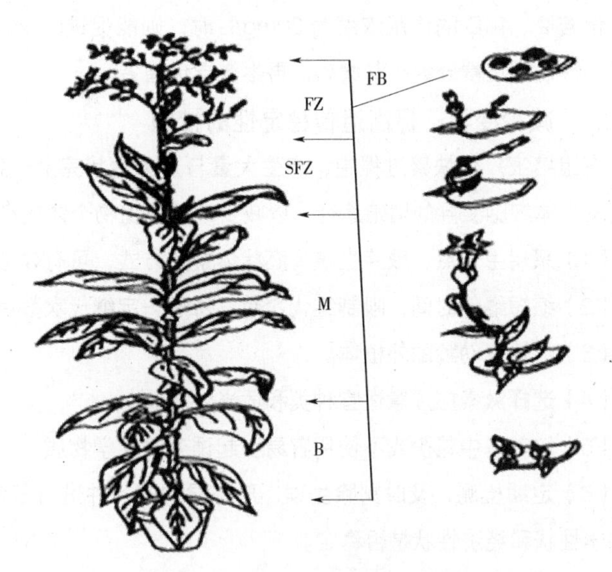

图 0-2-4　烟草开花植株不同部位薄层培养的器官发生能力
（引自 肖尊安．植物生物技术．北京：化学工业出版社，2005）
FB—花枝；FZ—花区；SFZ—亚花区；M—中部区；B—基本区

0.2.4　组培苗遗传稳定性的问题

遗传稳定性问题，即保持原有物种的特性的问题。虽然植物组织培养中可获得大量形态、生理特性不变的植株，但通过愈伤组织或悬浮培养诱导的组培苗，经常会出现一些变异个体，其中有些是有益变异，而更多是不良变异。如观赏植物不开花、花小或花色不正，果树不结果、抗性下降或果小、产量低、品质差等，给生产造成很大损失。因此，组培苗遗传稳定性问题是植物组织培养的一个重要问题。

0.2.4.1　影响组培苗遗传稳定性的因素

1. 基因型

基因型不同，发生变异的频率也不同。如在玉簪组培过程中，杂色叶培养的变异频率为 43%，而绿色叶仅为 1.2%；香龙血树愈组织培养再生植株全部发生变异。嵌合体植株通过组培，其嵌合性变异率也有影响，在菠萝组织培养中，来自幼果的再生植株几乎 100% 出现变异，而来自冠芽的再生植株的变异率只有 7%，似乎表明从分化水平较高的组织产生的无性系较从分生组织产生的无性系更容易出现变异。

2. 继代次数与继代时间

据报道，试管苗继代培养的次数和时间的长短影响植物的稳定性，是造成变异的关键因素。一般随着继代次数和时间的增加，变异频率不断提高。朱靖杰（1995）报道，香蕉诱导不定芽产生，其变异率继代 5 次为 2.14%；10 次为 4.2%；继代 20 次后同 100% 发生变异，因而香蕉继代培养不能超过一年。研究表明，变异往往出现在年龄渐老的培养物所再生的植株中，而由幼年培养物再生的植株一般较少发生。另外，长期营养繁殖变异率较高，有人认为这是由于在外植体的体细胞中已经积累着遗传变异的缘故。

3. 发生方式

离体器官发生有多种类型，以茎尖、茎段等发生不定芽的方式繁殖，不易发生变异或变异率极低。甘肃农业大学通过节培法繁殖名贵葡萄品种；菊花通过茎尖、腋芽培养变异较低，而通过愈伤组织和悬浮培养分化不定芽的方式而获得再生植株的变异率则较高。

4. 外源激素

培养基中的外源激素是诱导体细胞无性体系变异的重要原因之一。一般认为，较低浓度的外源激素能够有选择地刺激多倍体细胞的有丝分裂，而较高浓度的激素则能抵制多倍体细胞的有丝分裂。Kallack Yarve kyla（1971）的研究指出，如果2，4-D的作用浓度为0.25mg/L，能够增加多倍体细胞的有丝分裂，减少两倍体细胞的有丝分裂，但若2，4-D的作用浓度为20mg/L时，则能促进二倍体细胞的分裂。在高浓度激素的作用下，细胞分裂和生长加快，不正常分裂频率增高，再生变异也增多。

0.2.4.2 减少变异，提高遗传稳定性的措施

在组培工厂化快繁过程中，产生大量与亲本性状完全一致的个体是很重要的。进行植物快繁时，应尽量采用不易发生体细胞变异的增殖途径，以减少或避免植物个体或细胞发生变异。具体措施如下。

（1）采用生长点、腋芽生枝、胚状体繁殖方式，可有效减少变异。

（2）缩短继代时间，限制继代次数，每隔一定继代次数后，重新进行初代培养。

（3）尽量取幼龄的外植体。

（4）选择激素应注意适宜种类和适当浓度。

（5）培养基中减少或不使用容易引起诱变的化学物质。

（6）定期检测，及时剔除生理，形态异常苗，并进行多年跟踪检测，调查再生植株开花结实特性，以确定其生物学性状和经济性状是否稳定。

0.3 植物组织培养的特点

植物组织培养之所以发展迅速应用广泛，是由于其具备以下几个特点。

0.3.1 培养材料经济

由于植物细胞具有全能性，通过组织培养手段能使植物体的单个细胞、小块组织及茎段等离体材料经培养获得再生植株。这不但在生物学研究上保证了材料来源单一和遗传背景一致，有利于试验成功，而且在生产实践中，以茎尖、根、茎、叶、子叶、下胚轴、花芽和花瓣等材料进行培养时，只需要很小甚至不到1mm大小的材料，做到了材料经济适用。仅依靠常规的无性繁殖方法，需要几年或几十年才能繁殖一定数量的苗木，若采用植物组织培养方法可在1～2年内就能生产数万株。由于取材少，培养效果好，对于新品种的推广和良种复壮更新，尤其是名、优、特、新的品种保存、利用与开发都有很高的应用价值和重要的实践意义。

0.3.2 培养条件可以人为控制

组织培养技术含量高，所采用的植物材料完全是在人为提供的培养基和小气候条件下进行生长，摆脱了大自然中四季、昼夜的变化及灾害性气候的不利影响，且条件均一，对植物生长极为有利，便于稳定进行组培苗的周年生产。

0.3.3 生长周期短，繁殖率高

植物组织培养由人为控制培养条件，而且根据培养对象的不同要求而提供适宜的培养条件，因而生长快，往往1个月左右为一个周期，大大缩短了生长周期，虽然植物组织培养有设备及能源消耗，但由于植物材料能按几何级数繁殖生产，故繁殖率高，且能及时提供规格一致的优质种苗和无病毒种苗，这是其他方法无法比拟的。

0.3.4 管理方便，利于工厂生产和自动化控制

植物组织培养是在一定的场所和环境下，人为提供一定的温度、光照、湿度、营养及激素等条件，既利于高

度集约化的工厂化生产，也利于生产与管理的自动化控制，具有现代农业的典型特点。它与盆栽、田间栽培等相比，省去了中耕除草、浇水、施肥以及防治病虫等一系列繁杂劳动，客观上省地、省力和省工，便于管理。

0.3.5 培育无毒苗

采用扦插、嫁接、分株及埋条等营养器官繁殖的苗木，都有可能携带一种甚至多种病毒或类病毒，对苗木的生长及产品质量和产量都会产生不良影响。在植物组织培养中，利用微茎尖培养可脱除植物所带病毒，获得无毒苗，以此作为繁殖材料，可繁殖大量无毒苗，以满足生产需要。果树无病毒苗生长快、抗性强、结果早、果品产量和品质均得到大幅度提高。花卉无毒苗，植株生长势强，花朵变大，色泽鲜艳，抗逆性提高，产花量上升。农作物无毒苗，产量和品质提高，如马铃薯脱毒已被广大农民所接受，成为农民致富的典范。

0.4 植物组织培养的发展简史

植物组织培养技术的发展可追溯到 20 世纪初期，根据其发展情况大致分为以下三个阶段。

0.4.1 探索阶段（20 世纪初至 20 世纪 30 年代初）

在德国植物学家 Schleiden 和动物学家 Schwann 创立的“细胞学说”的推动下，1902 年，Haherlandt（图 0-4-1）得出了“高等植物的器官和组织可以不断分割，直到单细胞”的观点，并预言离体单个细胞在适宜条件下具有发育成完整植株的能力，即植物细胞具有全能性的设想。这了证实这一观点，他将野芝麻和凤眼兰的叶肉栅栏组织和虎眼万年青属植物的表皮细胞放入加有蔗糖的 Knop 溶液中，试图证明由一个细胞可以长出一株完整的植株，并发表了论文《植物细胞离体实验》。他在论文中写道：“我愿意指出：在我的实验中虽然经常观察到细胞的明显生长，但从未观察到细胞的分裂。发现单离细胞分离条件，将是未来培养试验的难题。”他还预言：“在未来人们可以成功地从营养细胞培养出来人工胚。”取于当时的技术条件和科学发展水平，他的实验只是观察到了细胞的生长和细胞壁的加厚，而没有看到细胞的分裂，因此实验未能取得成功。现在看来，实验失败的原因：一是所选用的实验材料均为已经高度分化的成熟细胞；二是所选用的培养基比较简单，尤其是没有加入在诱导成熟细胞分裂中起决定作用的生长激素，这是因为生长激素的发展起到了先导的作用。他所提出的细胞全能性设想也为植物组织的研究与发展奠定了基础。

图 0-4-1 Haherlandt

自 Haherlandt 的实验之后直到 1934 年，美国 White 番茄根的离体培养实验获得真正的成功。期间的 32 年里，许多研究者继续进行类似的细胞培养实验，同样未能获得成功。植物组织培养技术总体上处于探索之中，进展不大。然而，在以下两个方面却取得了具有深远意义的结果：以胚为材料进行研究获得一定进展。如 1904 年 Hanning 在进行萝卜和辣根菜的胚培养中，发现离体胚可以充分发育，并有提早萌发形成小苗的现象。后来 Laibach（1925）在由亚麻种间杂交形成的不能成活的种子的幼胚剖出培养，也能使其发育至成熟，从而证明了胚在植物无缘杂交中应用的可能性。

0.4.2 奠基阶段（20 世纪 30 年代中至 50 年代末）

这一阶段的主要特点是通过不断地探索和积累初步形成了植物离体培养的技术体系，为以后的发展和应用奠定了基础。

1934 年，美国的 White 等利用番茄根尖的组织培养建立了第一个活跃生长的无性繁殖系使根的离体培养首次得了成功；1937 年，他用 3 种 B 族维生素即吡哆醇、硫胺素和烟酸取代酵母提取液获得成功。建立了第一个由已知化合物组成的综合培养基，该培养基后来被定名为 White 培养基。与此同时，法国的 Gautheret 在培养山毛榉和黑杨等植物的形成层组织时发现，虽然在含有葡萄糖和盐酸半胱氨酸的 Knop 溶液中，这些组织也可以不断地增殖几个月，但只有在培养基中加入 B 族维生素和生长素吲哚乙酸后，山毛榉形成层组织的生长才能显著增加。

1939 年，Cautheret 连续培养胡萝卜根形成层获得首次成功。同年 Nobecourt 用胡萝卜组织也建立了类似的连续生长的组织培养物。因此 White、Cautheret、Nobecourt 三人被称为植物组织培养奠基人。

20 世纪 30 年代，植物组织培养领域出现了两个重要发现：一是认识了 B 族维生素对植物生长的重要性，二是发现了生长素是一种天然的生长调节物质。

1948 年，美国 Skoog 和我国植物生理学家崔徵等通过对烟草研究发现了腺嘌呤或腺苷不但可以促进愈伤组织的生长，而且还能解除 IAA 对芽的控制作用，使植物茎段能诱导成芽，从而确定了腺嘌呤 / 生长素的比例是控制芽和根形成的主要因素之一。

20 世纪 40 年代，植物组织培养技术的另一项重要进展是 Overbeck 等（1941）首次将椰子汁加入到培养基中，发现椰子可以刺激曼陀罗胚的发育，使心形期幼胚能够离体培养至成熟。当时还不知道椰子汁中含有细胞分裂素，但很快被许多研究者应用于器官发生研究，使椰子汁在组织培养各个领域得到了广泛的应用。

20 世纪 50 年代以后，随着技术的不断深入，植物组织培养的研究也日趋繁荣，到 60 年代中期，取得了很多引人注目的进展，其中主要的有以下 9 项：

1952 年，Morel 和 Martin 首次证实通过茎尖分生组织的培养，可以由已受病毒侵染的大丽花中获得无病毒植株。

1953 ~ 1954 年，Muir 进行单细胞培养获得初步成功，方法是将万寿菊和烟草和愈伤组织转移到液体培养基中，置摇床上振荡，使其组织破碎，获得由单细胞和细胞团组成的细胞悬浮物，而且可以断代繁殖。

1955 年，Miller 等从鲱鱼精子 DNA 中分离出一种首次为人所知的细胞分裂素，并将其定名为激动素（KT），同时发现激动素的活性比腺嘌呤高 3 万倍。现在，具有与激动素类似活性的合成或天然的化合物已有多种，它们总称为细胞分裂素。

1957 年，Skoog 和 Miller 提出了有关植物激素控制器官形成的概念，即激动素 / 生长素的比例高形成芽，比例低形成根，如果两者比例相当，组织则倾向于以一种无结构状态生长。这从根本上否定了 Went 的“器官形成特殊物质学说”并从建立了离体培养中器官分化的激素配比模式。这一规律的发现，不仅在植物离体培养中具有非常重要的意义，而且提示了植物生长发育生理学中的一奥秘。后来进一步证实，激素可调控器官发生的概念对于大多数植物种类都是适用的，只不过在不同植物、不同组织或植物的不同发育阶段其内源激素不同，它们所要求的外源激素水平也相应有所不同而已。

1958 年，Steward 等以胡萝卜根的韧皮部细胞作为材料进行培养，形成了体细胞胚，并使其真正发育成了完整植株，第一次通过实验证实了 Haherlandt 关于细胞全能性的设想，成为植物组织培养研究历史中的一个里程碑。

1965 年，Vasil 和 Hildebrandt 用同一种化学成分确定的培养基培养烟草细胞也获得了完整的再生植株，进一步证实了植物细胞具有全能性。

同是 1958 年 Wicksont Thimann 发现，应用外源细胞分裂素可促成在顶芽存在的情况下处于休眠状态的腋芽的生长。这意味着，当把茎尖接种在含有细胞分裂素的培养基上以后，将可解除侧芽的休眠状态而启动其生长，而且能够从顶端优势下解脱出来的不仅是那些存在于原来茎尖上的腋芽，还包括原来的茎尖在培养中长成的侧枝上腋芽，结果就会形成一个微型的多枝、多芽及郁郁葱葱的小灌木丛状的结构，里面包含了数目很多的小枝条，其中每个枝条又可取出用同样方法培养重复上述过程。如此下去，即可在相当短的时间培育出成千上万的小枝条。当把这些小枝转移到另外一种培养基上诱导生根以后，即可移植土壤中。后来，Murashige 发展了这一方法，制定了一系列标准程序，并将该方法广泛应用包括蕨类、花卉及果树等多种植物的快速繁殖中。

1958 ~ 1959 年，Reinert 和 Steward 分别报道，在胡萝卜愈伤组织培养中形成了体细胞胚。这是完全不同于由芽和根的分化而形成的植物。甚至可以从植物体的任何部分得到体细胞胚。

1960 年，Cocking 等人用真菌纤维素酶分离植物原生质体获得成功，使人们对原生质体的培养产生了极大兴趣。

1964 年，Guha 和 Maheshwari 报道了在曼陀罗中通过离体花药培养，可由小孢子直接发育成胚。1967 年，Bourgin 和 Nitsch 通过花药培养获得了烟草的单倍体植株。

综上所述，在这一发展阶段中，人们对培养条件和培养基成分进行了广泛的研究，特别是通过对 B 族维生素、生长素和细胞分裂素在组织培养中的研究，实现了对离体细胞生长和分化的控制，从而初步确立了植物组织培养的技术体系，并首次用实验证实了细胞全能性的设想，为以后的应用和发展奠定了基础。

0.4.3　迅速发展阶段（20 世纪 60 年代至今）

20 世纪 60 年代，全世界只有 10 多个国家的少数实验室从事植物组织培养研究，但到了 20 世纪 70 年代，组织培养领域仍然空白的国家已屈指可数；到了 90 年代，植物组织培养已基本遍及世界各国。组织培养技术之所以能速度发展，其原因：一方面是由于有了理论和技术基础；另一方面是由于这项技术开始走出了植物学家和植物生理学家的实验室，通过与常规育种、良种繁育和转基因技术相结合，在植物改良中发挥了重要的作用，并在若干方面取得了可观的经济效益。此阶段组织培养技术的发展，主要表现在以下 5 个方面。

0.4.3.1　原生质体培养取得重大突破

在 Cocking 等（1960）用真菌纤维酶分离植物原生质体获得成功以后，1971 年 Takebe 等首次由原生质体获得了烟草再生植株。这不仅在理论上证明了除体细胞和生殖细胞之外，无壁的原生质体同样具有全能性，而且在实践中可以为外源基因的导入提供理想的受体材料。继烟草原生质体成株之后，表现这种潜力的植物种类不断增加。特别是 1980 年以后，作为粮食和饲料主要来源的禾谷类作物如水稻、玉米、小麦、高粱、谷子等的原生质体培养相继成功，在这方面，中国学者作出了重要贡献。

0.4.3.2　细胞融合技术应运而生

原生质体培养的成功，也促进了体细胞融合技术的发展。1972 年，Calchers 等通过两个烟草物种之间原生质体的融合，首次获得了体细胞杂种。1978 年，Melchers 等获得了马铃薯和番茄的体细胞杂种。以后在有性亲和及有性不亲和的亲本之间，不同研究者又获得了一些其他的体细胞杂种。在这方面，高国楠等建立的用 PEG（聚乙二醇）处理促进细胞融合的方法得到了广泛的应用。

0.4.3.3　花药培养取得显著成绩

在 Guha 和 Maheshwari（1964）的开创性工作之后，由于认识到单倍体在突变选择和加速杂合体纯合化过程中的重要作用，20 世纪 70 年代花药培养的研究得到了迅速发展，获得物种数量也不断增加。尤其在烟草、水稻和小麦等的花培育种方面，中国取得了非常突出成绩。

0.4.3.4　离体快繁和脱毒技术得到广泛应用

1960 年，Morel 创立了离休无性繁殖兰花的方法，后被兰花生产者广泛采用并迅速建立起“兰花工业”。进入 20 世纪 70 年代，用这种方法繁殖的兰花已达到至少 35 个属 150 多种，除兰花外，在其他很多观赏植物和经济作物（如甘蔗、香蕉、马铃薯和草莓等）以及在林木、果树和蔬菜方面，离体快繁已形成了工厂化的生产规模。在以无性繁殖为主的一些重要作物中，通过与茎尖培养相结合进行脱毒，也产生了可观的经济效益。

0.4.3.5　与分子生物学联姻，产生了转基因育种技术

作为组织培养与分子生物学结合的产物，转基因育种技术在 20 世纪 70 年代中期得以诞生，从而为改变植物遗传性以满足人类需要开辟了一条崭新的途径，并成为当今植物遗传改良领域的研究热点。如今，转基因抗虫棉、抗虫玉米、抗除草剂大豆和抗虫油菜等已在生产中大面积推广。据 2000 年统计，全世界转基因作物种植面积已占

农作物总面积的 16%，取得了巨大的经济效益。

目前常用的转基因方法有农杆菌介导法和 DNA 直接转化法两类。但无论采用哪类转化方法，外植体的种类和培养条件都会显著影响转化效果。在农杆介导法中，叶盘法和共培养法已得到广泛应用；而在 DNA 直接转化法中，愈伤组织培养、器官培养和原生质体培养等则起着十分重要的作用。

在整个植物组织培养发展历史中，我国许多学者也曾经做出了多方面的贡献。除前面提到的崔徵的工作以外，1933 年李继侗等在关于争杏胚胎培养的研究，1935 ~ 1942 年罗宗洛等在关于玉米等植物离体根尖培养的研究，以及后来的罗士韦等在关于幼胚和茎尖培养的研究，李正理等在关于离体胚培养中形态发生及离体茎尖培养的研究，王伏雄等在关于幼胚培养的研究等多项中，均为后续发展提供了有价值的文献。20 世纪 70 年代以来，我国组织培养的研究出现了全新局面，发展速度也更快，并在某些方面取得了举世公认的重要成果，尤其是在花药培养和原生质体培养方面，我国学者的研究工作已受世界各国同行的普遍重视和赞赏。

从上述组织培养发展简史中我们可以看到，植物组织培养也与任何其他科学领域一样，在开始阶段只是一种纯学术性的研究，主要用以回答有关植物生长和发育的某些理论问题。但其发展的结果，却显示了巨大的应用价值，某些技术已在生产实践中直接或间接地产生了显著的经济效益，随着科学技术的进步，今后必将会产生更大的经济效益。

0.5 植物组织培养的应用与发展

0.5.1 植物组织培养在生产上的应用

0.5.1.1 种苗快速繁殖

应用植物组织培养技术繁殖种苗，具有繁殖速度快、繁殖系数高、繁殖周期短以及能周年生产等特点，再加之培养材料和所培养出的组培苗的小型化，这就可使在有限空间内短期培养出大量种苗，远比常规嫁接、扦插、压条和分株繁殖快得多。如 1 个兰花外植体一年可以繁殖 400 万个原球茎，1 个草莓一年内可繁殖 10^8 个芽。我们把这种利用植物组织培养法快速繁殖种苗的技术（方法）称为组培快繁技术或方法。这种快繁技术在花卉、蔬菜、果树、药材几千种植物上成功应用，而且这种应用越来越广泛。所取用的外植体不仅限于茎尖，其他侧芽、花药、球茎都可应用。在此技术支撑下，工厂化育苗已逐渐成为国内外种苗规模化生产的重要方式（如兰花工业化生产等），由于组培繁殖种苗明显特点是“快速”每年以数百万倍速度繁殖，这对于一些繁殖系数低而不能用种子繁殖的“新、奇、特”的植物种类及品种上在短期内实现快速繁殖意义重大。

0.5.1.2 苗木脱毒

植物在生长的过程中几乎均可能受到病毒不同程度的危害，许多原本优良品种，特别是无性繁殖植物如马铃薯、草莓、大蒜等，因管理不善感染了某些病毒，会导致大面积的减产或品质下降，给生产造成严重损失。大量的生产和实践证明，通过组培技术可以完全除去植物体内病毒。其主要的方法是通过微茎尖的离体培养来实现。若要与热处理进行脱毒效果后更好。

目前，通过茎尖脱毒获得无病毒种苗的植物有很多种，被脱除的病毒更多，脱毒试管苗在国际市场上已形成产业化，茎尖培养脱毒往往与快速繁殖相结合，由此产生的经济效益非常可观。欧美国家无病毒苗年产值已达千万元以上，今后无病毒种苗的需求量将不断增加。

0.5.1.3 培育新品种

由于植物组织培养技术为育种工作提供许多手段和方法，目前在国内外农作物育种上得到普遍的应用。其具体的应用方法是：一是通过花粉和花药培养进行单倍体育种；二是利用胚胎培养，使杂种胚发育成熟，实现远缘杂交，并缩短育种年限；三是采用原生质体融合和体细胞杂交，可以克服有性杂交不亲和性，获得体细胞杂种，从而创造新品种或培育出优良品种；四是在组培条件下开展基因工程育种；五是通过有用的细胞突变体的筛选和培养，育成新品种。目前，用这种方法已筛选到抗病、抗盐、高赖氨酸、高蛋白、矮秆高产的突变体，有些已用于生产。

0.5.1.4 保存和交换植物资源

农业生产是在现有种质资源基础上进行的，由于自然灾害和生物之间的竞争以及人类活动对自然的影响，已有相当数量的植物物种在地球上消失或正在消失。利用植物组织培养技术和低温条件保存种质，可以大大节约人力和土地，同时也便于种质资源的交换与转移，防止病虫的人为传播，给保存和抢救有用的物种基因带来了希望。例如胡萝卜和烟草等植物的悬浮物，在 -196℃低温条件下储藏数月，仍可能恢复生长，再生植株。

0.5.1.5 植物次生代谢产物生产

植物几乎能生产人类所需要的一切天然有机化合物。多年来，人们一直从各种植物中提取用于工业、医药生产的次生代谢产物。但由于资源匮乏和人类需求增加，以及植物生长缓慢等诸多原因，导致植物供不应求，价格昂贵。这使得利用植物组织或细胞的大规模培养技术来生产这些有价值的产品具有十分重要的意义。细胞培养可以生产各种天然有机化合物，其中主要有蛋白质、糖类、脂肪、药物、生物碱、天然色素及其他生物活性物质等。目前已经在人参、紫杉和高山经景天等多种植物中获得成功。次生代谢产物的生产主要集中在制药工业中一些价格高、产量低、需求量大和具有一些特定的功能，对人类有重要的影响和作用的化合物上。

总之，植物组织培养目前仍处发展阶段，它给遗传学、细胞学、植物生理学、植物胚胎学及植物病理学等方面的研究提供了条件和方法，对农业、工业、医药和环境卫生等的发展将产生巨大的影响，其应用范围将日趋广泛。

0.5.2 植物组织培养技术的发展趋势

0.5.2.1 组培技术的发展前景

1. 培养容器大型化

目前大量使用的是玻璃或耐高温塑料制成的三角瓶及罐头瓶，最大体积不超过 500mL。通过模拟植物在微生态条件下的气体交换、营养吸收以及形态建成，计算植物微群落生长的最佳空间形状与大小，依此改进容器形态，扩大体积，增加单位面积中组培苗的数量。同时改良封口材料，以达到优质、方便和耐久的目的。

在培养容器中采用透光封盖和改善培养箱等对苗的生长均有良好的效果。采用大型的容器后可以较容易地调节环境因子，还可以减少人工操作的工作量，实现自动化和机械化操作（图 0-5-1）。

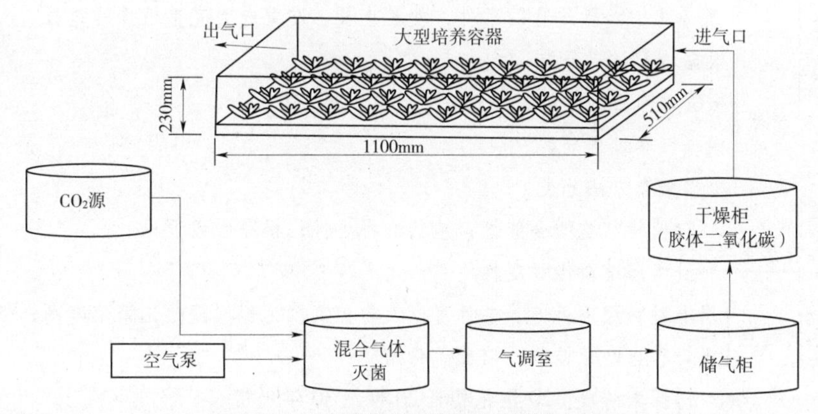

图 0-5-1 大型培养容器和强制性管道供气系统

2. 技术简单化

技术简单化主要指一次成苗。培养基的配制与组培材料的转接是植物组培快繁的两大主要日常工作，而实际上植物的正常生长只需水分、矿质营养及空气等，并不需要经常移植。经常移植还会对植物的生活力造成一定程度的影响。在培养基成分分析与植物营养分析的基础上，可通过培养容器中水分、矿质、激素和气体的交换与调整，实现免转接一步成苗。这其中包括组培苗根原基的诱导与瓶外生根。

3. 培养环境自然化

除培养基原料和人工费之外，目前组织培养企业的最大支出是能源费。某些地方实行的自然光照培养，虽然减少了照明用电，但却极大地增加了夏季降温和冬季加温的能源费。两者相比，得不偿失。通过对光、温及气的综合调控，可达到恒温、恒光、恒湿和无菌的低成本运行。

0.5.2.2 技术条件的研究进展

许多学者为使植物组织培养技术更利于苗木快繁和规模化生产，除考虑激素的影响之外，在培养条件上的研究获得了一定进展。

1. 培养基的改善

利用陶瓷、蛭石、脱脂棉纤维、成型岩棉以及聚乙烯发泡材料等作为培养基支撑材料，增加培养基的高孔隙度、高气体扩散和高含氧量，以此促进组培苗的生长，获得明显的效果。另外，在培养基成分的改善方面也取得了一定进展。如培养基中不添加糖类化合物，而变为无糖、光独立的培养基，并增加光照和二氧化碳，促进植物的自养作用；添加谷氨酸，促进植物的光合作用和自养生长；添加碳素墨水，提高生根；添加青霉素克服玻璃化苗现象等。

2. 光照条件的改善

改善光源、光质和光强度，发现蓝光和红光有利于某些植物侧芽的产生，蓝光有利于蛋白质含量增加，红光有利于提高糖含量和促进叶素合成等。随着植物种类的不同，应分别加以研究，区别对待。

3. 气体条件的改善

新芽生长可在无糖培养基中补充 CO_2 来完成。通过增加 CO_2，使组培苗具有更优良的生物学性状，生长健壮，加速植株发育进程。此外，可促进乙烯的产生，调节生长，克服玻璃化苗。对于综合效应最重要的因素就是光照强度和 CO_2 浓度，它们是植物进行光合作用的关键因素。因此，通过调控这两种因素的水平，可以促进小植株的光合作用，促进植株良好的生长发育。

本章小结

- 绪论
  - 植物组织培养的概念及分类
    - 概念：是指在无菌条件下，将离体的植物器官、组织、细胞或原生质体，接种在人工配制的培养基上，给予适宜的条件，使其生长、发育成为完整植株的过程
    - 类型
      - 根据培养材料分类
      - 根据培养目的分类
      - 根据培养过程分类
      - 根据培养方法分类
  - 植物组织培养的基本理论
    - 植物细胞的全能性；植物的再生性；根芽激素理论
    - 组培苗遗传稳定性
  - 植物组织培养的特点
    - 培养材料经济；培养条件可以人为控制；生长周期短，繁殖率高；管理方便，利于工厂生产和自动化控制；培养无毒苗
  - 植物组织培养的发展简史
    - 探索阶段：20 世纪初至 20 世纪 30 年代初
    - 奠基阶段：20 世纪 30 年代中至 50 年代末
    - 迅速发展阶段：20 世纪 60 年代至今
  - 植物组织培养的应用与发展
    - 植物组织培养的应用：快速繁殖；脱毒；培育新品种；种质保存；生物等
    - 植物组织培养技术的发展趋势：技术条件的研究进展；技术发展前景

复习思考题

1. 名词解释

植物组织培养　细胞全能性　愈伤组织　脱分化　再分化

2. 填空题

（1）植物组织培养是________世纪发展起来的一门新技术。从 20 世纪 60 年代开始植物组织培养除了在基础理论的研究上有重要价值外，在实际应用中也日益显示出它的巨大价值。

（2）1934 年美国的________等利用番茄根尖的组织培养建立了第一个活跃生长的无性繁殖系使根的离体培养首次得了成功；1939 年________连续培养胡萝卜根形成层获得首次成功。同年________用胡萝卜组织也建立了类似的连续生长的组织培养物。因此这 3 人被称为植物组织培养奠基人。

（3）几乎所有植物材料经离体培养都有诱导产生________的潜在能力，并且能够在一定的条件下分化成芽、胚状体等。一般而言，诱导外植体形成典型的________，大致在经历三个时期：________、________、________。

3. 选择题

（1）影响组培苗遗传稳定性的因素有________。

A. 基因型　　B. 发生方式　　C. 继代次数　　D. 培养基

（2）植物组织培养的特点是________。

A. 材料经济　　B. 繁殖快　　C. 生长周期长　　D. 管理方便

4. 判断题

（1）植物采用生长点、腋芽生枝及胚状体繁殖方式，可有效减少植物变异概率。

（2）在制作培养基时应注意选择适宜种类激素和适当浓度。

（3）植物材料完全是在人为提供的培养基和小气候条件下进行生长，对植物生长极为有利，便于稳定进行组培苗的周年生产。

5. 论述题

结合实际，谈谈植物组织培养技术在农业生产上的应用及效果。

第1章　植物组织培养的基本技术

知识目标

●理解实验室设计的原则与总体要求

●掌握常用仪器设备的使用方法

●掌握各种培养基的成分及特点

●熟悉培养基的制备流程

●掌握外植体的选择以及消毒方法

●掌握无菌操作技术要领

能力目标

●能够根据需求科学合理地设计实验室

●能够熟练地使用组培仪器与设备

●能够科学合理筛选培养基

●能够熟练配制 MS 固体培养基

●能够正确选用和处理外植体

●能够熟练地进行无菌操作

1.1　实验室的设计

植物组织培养是在无菌条件下培养离体植物材料。要满足无菌条件要求，就要人为地创造无菌环境，使用无菌器具，人工控制培养条件，而无菌环境和培养条件的创造需要一定的设施、设备、器材和用具。这就要求进行植物组织培养工作之前，首先应对工作中需要哪些最基本的设施以及对设备条件有个全面的了解，以便因地制宜地设计建造实验室。

1.1.1　实验室的设计原则与总体要求

1.1.1.1　设计原则

（1）防止污染、控制污染及远离污染源。

（2）按照工艺流程科学设计做到经济、实用和高效。

（3）结构和布局合理，工作方便，节能、安全。

（4）规划设计与工作目的、规模及当地条件相适应。

1.1.1.2　总体要求

（1）实验室选址要求避开污染源，水电供应充足，交通运输便利。

（2）保证实验室环境清洁。可从根本上有效控制污染。这是组织培养成败的最基本要求。

（3）实验室建造时，应采用产生灰尘最少的建筑材料和建筑设计。

（4）接种室、培养室装修材料须经得起消毒、清洁和冲洗，并设置能确保与其洁净度相应的控温控湿的设施

（5）实验室电源设计、安装和验证合格之后，方可使用。此外，还应有备用电源

（6）实验室必须满足器皿的洗涤与存放、培养基制备和无菌操作用具的灭菌、控制培养等基本准备工作的

需要。

（7）实验室各分室的大小、比例要合理。通常情况下培养室面积与其他分室面积比为 3 ∶ 2。

（8）明确实验室的采光、控温方式，应与气候条件相适应。一般采用人工光照和恒温控制，实验室为密封式。

1.1.2　实验室的基本组成

一个标准的组织培养室包括洗涤室、配制室、灭菌室、缓冲室、接种室、培养室、观察室和驯化室等。在设计时结合具体情况，可以合并部分分室（图 1-1-1）。

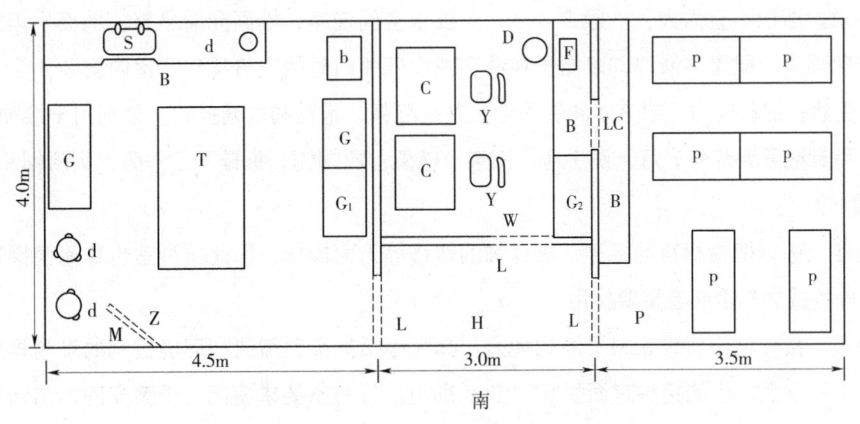

图 1-1-1　组织培养实验室设计平面图

（引自 谭文澄，戴策刚．观赏植物组织培养技术．北京：中国林业出版社，1991）

Z—准备室；H—缓冲室；P—培养室；W—无菌操作室；S—水槽；B—白瓷砖面边台，下有备品柜；d—电炉；b—冰箱；G_1—放置培养瓶用的搁架；T—大实验台；G—药品及仪器柜；M—门；L—拉门；C—超净工作台；Y—椅子；D—圆凳；G_2—放置灭过菌待用培养瓶的搁架；F—分析天平；LC—拉窗，用于递送培养瓶；p—培养架

1.1.2.1　洗涤室

（1）主要功能。用于玻璃器皿和实验用具的洗涤，干燥和储存；培养材料的预处理与清洗；组培苗的出瓶、清洗与整理等。

（2）设计要求。根据工作量的多少决定其大小，一般 10m² 左右。要求房间宽敞明亮，方便多人同时工作；有电源、自来水和水池，上下水道畅通，地面耐湿，防滑、排水良好，便于清洁。

（3）仪器与用具配置。工作台、烘箱、晾架、筐、各种规格的毛刷及药品柜等。

1.1.2.2　培养基配制室

（1）主要功能。培养基的配制、植物材料的预处理。

（2）设计要求。小型实验室面积一般为 10 ~ 20m²。要求房间宽敞明亮、通风和干燥，便于多人同时操作；有电源、自来水和水池，保证上下水道畅通。有时可将配制室内部间隔为称量分室和配制分室。规模较小时，配制室可与洗涤室合并为准备室。

（3）仪器与用具配置。电子分析天平、托盘天平、磁力搅拌器、蒸馏水器、酸度计、恒温水浴锅、电炉子、培养基灌装机、普通冰箱及液氮冷冻箱等仪器设备；移液管、移液管架、培养瓶、棕色或透明试剂瓶、烧杯、量筒、容量瓶、培养皿、吸管、皮下注射器、打管器、玻璃棒、标签纸、记号笔、耐高温高压塑料薄膜等封口材料、筐、尼龙绳、脱脂棉、纱布、工作台、蒸馏水桶和医用小车等用品和用具。此外，配备器械柜和药品柜，分别存放接种用具和分类存放化学试剂。

1.1.2.3　灭菌室

（1）主要功能。用于培养基、器皿、工具和其他物品的消毒灭菌。

（2）设计要求。专用的灭菌室面积一般为 5 ~ 10m²。要求安全、通风、明亮；墙和地面防潮、耐高温；配备水源、水池、电源或煤气加热装置和供排水设施；保证上下水道畅通。通风措施良好。生产规模较小时，可与洗涤室、配制室合并在一起，但灭菌锅的摆放位置要远离天平和冰箱，而且必须设置换气窗或换气扇，有利于通风换气。

（3）仪器与用具配置。压力灭菌锅，干热消毒柜或烘箱、细菌过滤装置、工作台、培养基存放架或橱柜、筐、换气扇、医用车等。

1.1.2.4 缓冲室

（1）主要功能。防止带菌空气直接进入接种室和工作人员进出接种室时带进杂菌。接种人员在缓冲间更衣、换鞋、洗手及戴上口罩后，才能进入接种室。

（2）设计要求。面积不宜太大，一般 2 ~ 3m^2。要求空间洁净，墙面光滑平整，地面平坦无缝，并在缓冲间和接种之间用玻璃隔离，配置平滑门，以便于观察和减少开关门时的空气扰动。室内安装 1 ~ 2 个紫外光灯，用以接种前的照射灭菌；配备电源、自来水和洗手池，备有鞋架、拖鞋和衣帽挂钩，分别用于接种前准备工作。

（3）仪器与用具配置。紫外光灯、洗手池、搁架、鞋架、衣帽钩、拖鞋、工作服、实验帽和口罩。

1.1.2.5 接种室

（1）主要功能。进行植物材料的接种、培养物的转移等无菌操作，因此接种室也称无菌操作室。其无菌条件的好坏对组织培养的成功与否起着重要作用。

（2）设计要求。接种室不宜设在易受潮的地方。其大小根据实验需要和环境控制的难易程度而定。在工作方便的前提下，宜小不宜大，小的接种室面积 5 ~ 7m^2 即可。接种室要求密闭、干爽安静、清洁明亮；塑钢板或防菌漆天花板、塑钢板或白瓷砖光滑平整，不易积累灰尘；水磨石地面，便于清洗和灭菌。配备电源和平滑门窗，要求门窗密封性好，在适当的位置吊装紫外光灯，保持环境无菌状态；安置空调机，实现人工控温，这样可以紧闭门窗，减少与外界空气对流。接种室与培养室通过传递窗相通。

（3）仪器与用具配置。超净工作台、空调机、解剖镜、接种器具消毒器、紫外光灯、酒精灯、广口瓶、三角瓶、接种工具、手持喷雾器、工作台、搁架、接种用的小平车和医用消毒盒等。配置污物桶，以便存放接种过程中的丢弃物，须清洗更换。

1.1.2.6 培养室

（1）主要功能。将接种到培养瓶的植物材料进行培养的场所。

（2）设计要求。培养室的设计应从以下几个方面考虑。

1）培养室的大小可根据生产规模和培养架的大小、数目及其他附属设备而定。每个培养室不宜过大，面积 10 ~ 20m^2 即可，便于对条件的均匀控制。其设计以充分利用空间和节省能源为原则，最好设在和向阳面或在建筑的朝阳面设计双层玻璃墙，或加大窗户，以利于接收更多的自然光线。

2）能够控制光照和温度。通常根据培养过程中是否需光，设计成光照培养室和暗培室；材料的预培养、热处理脱毒或细胞培养、原生质体培养等光照培养箱或人工气候箱内进行。采用光照控制光照时间。

3）保持整洁，防止微生物感染。要求天花板、墙壁光滑平整、绝热防火，最好用塑钢板或瓷砖装修；地面用水磨石或瓷砖铺设，平坦无缝，方便室内消毒，并有利于反光，提高室内亮度。

4）摆放培养架，以立体培养为主。培养架要求使用方便、节能、充分利用空间和安全可靠。

5）能够通风、降湿和散热。培养室的门窗封闭性要好，有条件的可用玻璃砖代替窗户，并安装排气扇以备在湿度高、空调有故障时可以打开排气扇通风排气。南方湿度高的地方可以考虑在培养室内安装除湿机。

6）培养室外应设有缓冲间或走廊。

7）培养室内用电量大，应设置供电专线和配电设备，并且配电板置于培养室外，保证用电安全和方便控制。

此外，为适应液体培养的需要，在培养室内配备摇床和转床等设备，但要注意在大型摇床下面应有坚实的底座固定，以免摇床移位或因振动大而影响培养车间同其他静止培养。

（3）仪器与用具配置。空调器、排气扇、摇床、转床、光照培养箱或人工气候箱、除湿机、光照时控器、干湿温度计、温度自动记录仪及最高最低温度记录仪、培养架、日光灯、工作台、配电盘等。

1.1.2.7 观察室

（1）主要功能。对培养材料进行细胞学或解剖学观察与鉴定；植物材料的摄影记录；或对培养物的有效成分进行取样检测。

（2）设计要求。观察室可大可小，但一般不宜过大，以能摆放仪器和操作方便为准。要求房间安静、通风、清洁、明亮和干燥，保证光学仪器不振动、不受潮、不污染以及不受光直射。

（3）仪器与用具配置。倒置显微镜、荧光显微镜、解剖镜、图像拍摄处理设备，离心机、酶联免疫检测仪式、电子天平、PCR 扩增仪、血球计数器、微孔过滤器（细胞过滤器）水浴锅、细胞微室等理化实验设备和移液枪等用具。

1.1.2.8 驯化室

（1）主要功能。进行组培苗的驯化移栽。

（2）设计要求。组培苗的驯化移栽通常在温室或塑料大棚内进行。其面积大小视生产规模而定。要求环境无菌，具备控温、保湿、遮阴、防虫和采光良好等条件。

（3）仪器与用具配置。具备喷雾装置、遮阳网、暖气或地热线、移栽床（固定式或活动式）等设施；塑料钵、花盆和穴盘等移栽容器；草炭、沙子等移栽基质。

1.1.3 仪器设备和器皿用具

1.1.3.1 仪器设备

1. 超净工作台

超净工作台一般有封闭式和开放式两种。现已经成为植物组织培养中最常用和最普及的无菌操作装置，与接种箱相比具有方便舒适、无菌效果好，预备时间短的特点，在工厂化生产中，接种工作量很大，超净台是很理想的设备（图 1–1–2）。

超净台多由三相电机作鼓风动力，功率 145 ~ 260W 左右，采用台面后部排风至室外或台面上方全面排风至室外的处理方式，将空气通过由微孔泡沫塑料片层叠合组成的“超级滤清器”吹送出来，形成连续不断的无尘无菌的超净空气层流，即所谓“高效的特殊空气”，它除去了大于 0.3μm 的尘埃、真菌和细菌孢子等。超净空气的流速为 24 ~ 30m/min，这样的流速也不会妨碍采用酒精灯或本生灯对器械等的燃烧消毒。工作人员可在这样的无菌条件下操作，保持无菌材料在转移接种过程中不受污染。

图 1–1–2 超净工作台

超净工作台使用寿命的长短与空气的洁净程度有关，因此应放置在空气干净、地面无灰尘的地方，以延长使用期。

2. 高压灭菌锅

高压灭菌锅是组织培养中最为常用的基本设备，用以进行培养基和器械用具的灭菌。小规模实验室可选用小型手提式高压灭菌锅（图 1–1–3），以实现半自动灭菌，能省电 40%。如果是连续性大规模生产，就选用大型立式（图 1–1–4）或卧式的高压灭菌锅。

3. 空调机

接种室的温度控制，培养室的控温培养，均需要用空调机。培养室温度一般要求常年保持 23 ~ 27℃，空调机可以保证室内温度均匀、恒定。空调机应安置在室内较高的位置，如窗的上框等，以便于排热散凉，易使室温均匀。若将空调机安在窗下，室内的上层温度则始终难以下降。

图 1-1-3　手提式全自动高压灭菌锅

图 1-1-4　立式全自动高压灭菌锅

4. 除湿机

湿度也要求恒定，一般保持 70% ~ 80%。湿度过高易滋长杂菌，湿度过低培养器皿内的培养基会失水变干，从而影响外植体的正常生长。当湿度过高时，可采用小型室内除湿机除湿；当湿度过低时，可采用喷水来增湿。

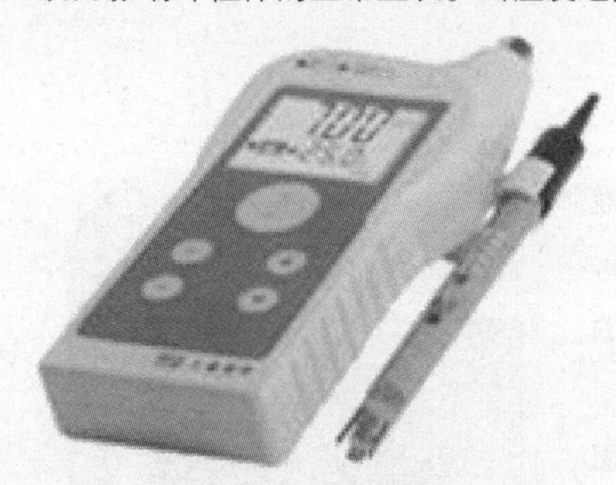

图 1-1-5　便携式酸度计

5. 酸度计

组织培养中培养基 pH 值的准确度是十分重要的，应当使用酸度计（图 1-1-5）。若无酸度计，也可使用 pH 值为 4 ~ 7 的精密试纸进行粗测。首次使用酸度计前，应用标准温度过高，测量时要调整 pH 值计上的温度钮，使设定温度和培养基温度相当。

6. 蒸馏水器

水中常含有无机和有机杂质，如不除去，定会影响培养效果。植物组织培养中常使用蒸馏水或去离子水，蒸馏水可用金属蒸馏水器大批制备，要求更高的用硬质玻璃蒸馏水器制备。去离子水是用离子交换器制备的，成本低，但不能除去水中有机成分。一般生产性的组培育苗，对水要求不太高，除配制各种母液用蒸馏水或去离子水外，配制培养基所用水可以用自来水代替，如果当地水质较硬，可以用煮沸过并沉淀去杂质后的白开水，以降低生产成本。

7. 烘箱

洗净后的玻璃器皿，如需迅速干燥，可放烘箱内烘干，温度 80 ~ 100℃为宜。若需要干热灭菌，温度升调到 150 ~ 180℃，持续 1 ~ 3h 即可。在进行培养物质干重分析时，可在 80℃条件下烘干。

8. 显微镜

一般用双目立体式显微镜较多，用于录取茎尖以及隔瓶观察内部植物组织的生长情况。同时也还要有生物显微镜，用以观察花粉发育时期及培养过程中细胞核的变化等。此外倒置显微镜可以从培养器皿的底部观察培养物，因此，在液体培养时，可用倒置显微镜进行观察。

9. 天平

（1）托盘天平，用来称取蔗糖、琼脂及大量元素等。其称量精确度为 0.1g。

（2）电子天平（图 1-1-6），精度有 0.01g 和 0.0001g 的，称量快、精度

图 1-1-6　电子天平

高，目前一般使用精度为 0.01g 以代替老式的托盘天平。高精度的电子天平因价格昂贵，可视经济条件选购。

在组培中高精度的天平是必备的，用以称量微量元素、植物生长物质及其他微量附加物等。

10. 冰箱

冰箱主要用于试剂、药品及培养基母液的保存。

11. 培养基分装设备

小型组织培养实验室可采用烧杯、漏斗等作为分装培养基的工具，也可采用医用“下口杯”作为分装工具。

12. 振荡培养箱和恒温摇床

植物组织培养中有时需要液体培养，通过液体振荡培养可改进培养细胞或组织的营养供应及氧气供应，从而加快细胞或组织的生长（图 1–1–7）。

13. 光照培养箱

光照培养箱是具有光照功能的高精度恒温设备，广泛用于恒温设备，广泛用于恒温，材料的组织培养实验（图 1–1–8）等。其主要特点是由集成电路控制、数字显示及直观清晰。光照培养箱应放置干燥、清洁、通风良好、远离热源和日晒的工作室内，放置平稳以防振动发出噪声。使用前，面板上的各控制开关均处于非工作状态。在箱内培养架上放置试验样品，旋转时各试验瓶（或器皿）之间应保持适当距离，以利于冷热空气对流循环。

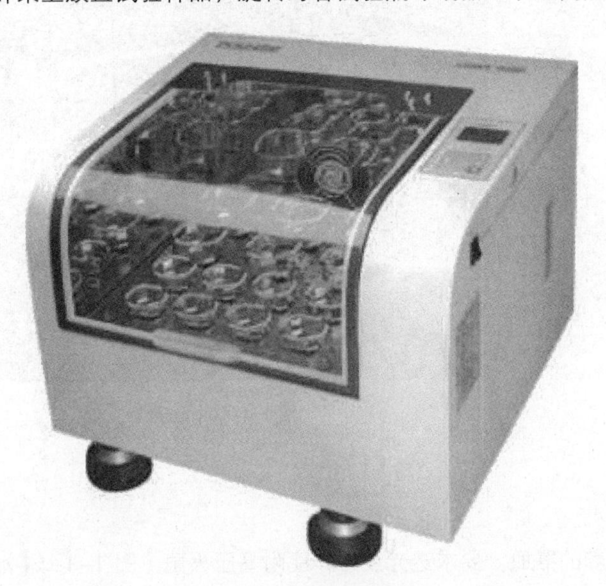

图 1–1–7　振荡培养箱

图 1–1–8　光照培养箱

14. 磁力搅拌器

磁力搅拌器用于加速搅拌难溶的物质，如各种化学物质、琼脂粉等。磁力搅拌器还可加热，使之更利于溶解。

15. 远红外灭菌器

最新电热高温灭菌设备，安全替代部分酒精灯（用于超净台、接种实验室的功能）。无明火，可控温，不怕风。外形精巧，便于携带。操作简单，工作温度可达到 900℃以上，杀菌迅速、高效（图 1–1–9）。最大消毒物品外径可达 20mm，长度可达 100mm，在加热管深处可灰化有机物质，不会对环境产生污染。发热部位外设有金属防烫护圈。

16. 培养架与灯光

培养架的高度可以根据培养室的高度来定，为了充分利用空间，培养架几乎可与培养室一样高。在 3m 多高的空间里，培养架可为 8 层，这样可以摆放大量的培养瓶，管理高层放置的瓶子可借助于梯子，由于培养期间并不需要太多照看，这样充分利用空间是可取的。如果以研究为主，架子就不要太高，以伸手能拿到瓶子为宜。一般每个架设 6 层，总高 200cm。每 30cm 为一层，最下一层距地 20cm，架宽以 60cm 较好（图 1–1–10）。可根据培养物需光程度，架上安装 1 ~ 2 个日光灯，40W 日光灯管的长度也往往决定了培养架的长度，即约 126cm。

可以用每边宽30mm角钢来焊制。制成后除锈涂一层防锈漆，再涂1～2层白漆。用5mm的玻璃做搁板，下面垫上有利于光线利用的锡薄纸。每层架子上安装固定或悬挂式的日光灯2个。固定式的整齐美观，但灯管螺钉的位置要求严格，稍不合规格就不亮，或拆换困难，固定后不能再调节灯的位置与高度。悬挂式的则比较灵活易调节。灯距边缘15cm，两灯之间距离30cm。每层架可放置100mL三角瓶8～10行，每行20瓶，总计160～200个瓶子。每个灯的两侧各2～3行瓶子。据实地测定，在灯管距搁板16cm处，第一排瓶子前强度为1400～1600lx，第一排瓶子之后光强度为1000lx左右，第二排瓶子之后光强度仍有800lx，这对于大多数培养物来说已无问题。对某些需强光的植物或需要强处理的材料，可将灯放在距搁板5～6cm处，恰好是三角瓶中部，这时光强度可提高到2400～3000lx（每只灯管的亮度不同，新旧程度也影响亮度），但距灯管太近时，要留心培养物受温度的影响。在培养阴生植物或耐弱光的植物时，可以每层架交替开亮一个灯管。

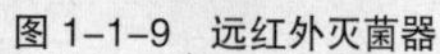
图1-1-9　远红外灭菌器

图1-1-10　培养架

1.1.3.2　各类器皿

1. 器皿的类型

（1）培养器皿，指用于放入培养材料进行培养的器皿。要求透光度好，能耐高压灭菌（图1-1-11）。

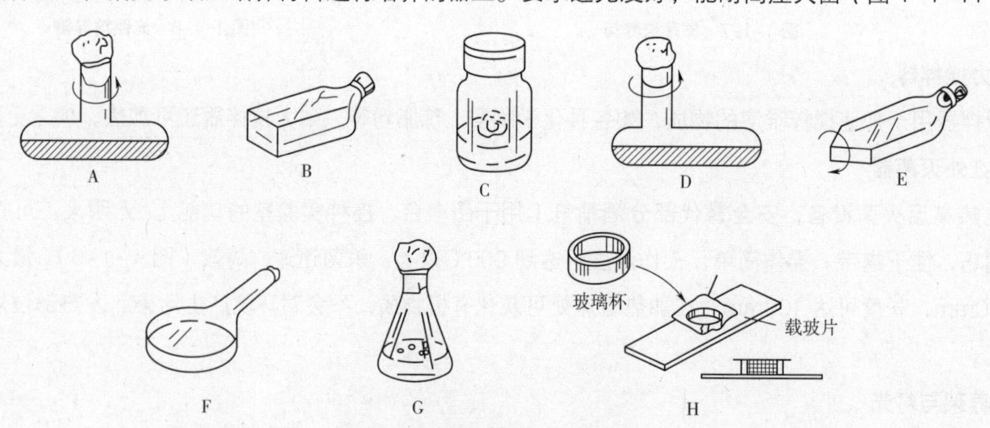

图1-1-11　组织培养常用的玻璃器皿

（引自 崔燮，桂耀林．经济植物的组织培养与快速繁殖．北京：农业出版社，1985）

A—T形管；B—角形培养瓶；C—圆形培养瓶；D—L形管；E—长方形扁瓶；F—圆形扁瓶；

G—三角瓶；H—细胞微室培养工具，玻璃杯及盖玻片、载玻片

试管，特别适合于用少量培养基及试验各种不同配方时选用，在茎尖培养及花药和单子叶植物分化长苗培养时更显方便。有圆底的和平底的两种。

三角瓶，是植物组织培养中最常用的培养器皿。常用的是 50mL、100mL、150mL、和 250mL 的三角瓶。其优点是：采光好，瓶口较小，不易失水和污染。

L 形管和 T 形管，为专用的旋转式液体培养试管。

培养皿，适于作单细胞的固体平板培养、胚和花药培养和无菌发芽。常用的有直径为 40mm、60mm、90mm 和 120mm 的培养皿。

角形培养瓶和圆形培养瓶，适于液体培养用。

果酱瓶，常用于试管苗的大量繁殖，一般用 200 ~ 500mL 的规格。

（2）分注器，分注器可以把配置好的培养基按一定量注入到培养皿中。一般由 4 ~ 6cm 的大型滴管、漏斗、橡皮管及铁夹组成。还有量筒式的分注器，上有刻度，便于控制。微量分注还可采用注射器。

（3）离心管，离心管用于离心，将培养的细胞或制备的原生体从培养基中分离出来，并进行收集。

（4）刻度移液管，在配制培养基时，生长调节物质和微量元素等溶液，用量很少，只有用相应刻度的移液管才能准确量取。同时，不同种类的生长调节物质，不能混淆，这就要求专管专用。常用的移液管容量有 0.1mL、0.2mL、0.5mL、1mL、2mL、5mL、10mL 等。

（5）细菌过滤器，培养基中有些生长调节物质以及有机附加物质如吲哚乙酸（IAA）、赤霉素（GA_3）等，在高温条件下易被分解破坏，而用细菌过滤器既可除菌又可保持试剂的功效。可用金属制的蔡式漏斗，以石棉滤膜来除去细菌。在过滤少量的液体时，宜用醋酸纤维素和硝酸纤维素混合物制成的微孔滤膜，其孔径为 0.45 μm。在过滤时需要一套减压吸滤设备（通常使用真空泵），漏斗下接吸滤瓶，吸嘴处接上一只内装脱脂棉的滤气玻璃管。

（6）实验器皿，主要是量筒（25mL、50mL、100mL、500mL、1000mL）量杯、烧杯（100mL、250mL、500mL 和 1000mL）、吸管、滴管、容量瓶（100mL、250mL、500mL、1000mL）称量瓶，试剂瓶、玻璃缸、玻璃瓶、塑料瓶、酒精灯等各种化学实验器皿用于配制基、储藏母液和材料灭菌等。

2. 组织培养需要的器械用具

组织培养需要的器械用具可选用医疗器械和微生物实验所用的器具。常用的器械用具（图 1-1-12）。

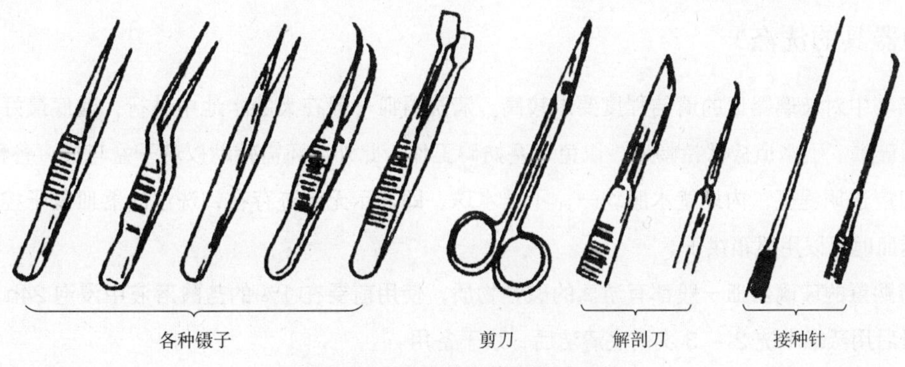

图 1-1-12　组织培养常用的接种工具

（1）镊子，尖头镊子，适用于取植物组织和分离茎尖、叶片表皮等。长 20 ~ 25cm 的枪形镊子，可用于接种和转移植物材料。

（2）剪刀，常用的有解剖剪和弯头剪，一般在转移植株时用。

（3）解剖刀，常用的解剖刀，有长柄和短柄两种，刀片也有双面及单面之分常更换。对大型材料如块茎、块根等就需用大型解剖刀。

（4）接种工具，包括接种针、接种钩及接种铲，由白金丝或镍丝制成，用来接种花药和转移植物组织。

（5）钻孔器，取肉质茎、块茎和肉质根内部的组织时使用。孔器一般做成 T 形口，口径有各种规格。

（6）其他，如微波炉、托盘、试管架及移液管架等。

1.2 器具洗涤

植物组织培养使用的各种器具均应清洗后方可使用，以防止带入一些有毒或影响培养效果的化学物质或微生物，对那些常用玻璃器皿的清洁程度要求更为严格。

1.2.1 洗涤液

洗涤液的种类很多，配制方法也不一样，可根据要求选择经济有效的洗涤液。常用的洗涤剂主要有肥皂、洗衣粉、洗洁精和铬酸洗涤液等。洗衣粉、洗洁精和肥皂均是很好的去污剂，对于带油脂太多的玻璃器皿，可先用其他洗涤液除污垢再用洗衣粉水等洗涤。

1.2.1.1 铬酸洗涤液

重铬酸钾（或重铬酸钠）的硫酸溶液，称为铬酸洗液，其成分是：重铬酸钾 60g，浓硫酸 460mL，水 300mL。配制方法为：重铬酸钾溶解在温水中，冷却后再徐徐加入浓硫酸（比重为 1.84 左右，可以用废硫酸），配制好的溶液呈红色，并有均匀的红色小结晶。铬酸洗液是一种强氧化剂去污能力很强，洗涤时器皿一定要干燥，注意不要把大量的还原性物质带入，切不可用于洗涤金属器皿。铬酸洗液加热后，去污作用更强，可反复使用，直至溶液呈现褐色为止。

1.2.1.2 其他洗涤液

（1）工业浓盐酸：可洗去水垢或某些无机盐沉淀。

（2）5%草酸溶液：用数滴硫酸酸化，可洗去高锰酸钾的痕迹。

（3）5%～10%磷酸三钠（$Na_3PO_4 \cdot 12H_2O$）溶液：可洗涤油污物。

（4）30%硝酸溶液：洗涤二氧化碳测定仪及微量滴管。

（5）5%～10%乙二胺四乙酸二钠（EDTA-Na_2）溶液：加热煮沸可洗脱玻璃仪器内壁的白色沉淀物。

（6）有机溶剂：如丙酮、乙醚、乙醇等可用于洗脱油脂和脂溶性染料污痕等，二甲苯可洗脱油漆的污垢。

1.2.2 各种器具的洗涤

植物组织培养中对玻璃器皿的清洁程度要求较高。清洗器皿一般在大的水池中进行，池底最好安放一张橡胶垫，以减少器皿破损。下水道应保持畅通，以免堵塞妨碍工作。此外，还需辅助以若干盆与桶，各种类型的刷子，洗好的玻璃器皿应透明锃亮，内外壁水膜均一，不挂水珠，即表示无污迹存在，洗过的器皿置于控水架上沥水晾干，急等使用器皿时可以用烘箱烘干。

新器皿：新购置的玻璃器皿一般都有游离的碱性物质，使用前要在 1% 的盐酸溶液中浸泡 24h 再清洗，再用自来水冲洗，最后用蒸馏水洗 2～3 次彻底清洁后，烘干备用。

用过器皿：用过后玻璃器皿如烧杯、试管和培养瓶等要先除去其残渣，清水冲洗后将器皿放入洗衣粉溶液中浸泡一段时间，然后刷去器皿内污物，如洗涤效果不好，可增加洗衣粉水浓度或适当加热，器皿内外都要刷到，再用水冲洗干净，最后用蒸馏水冲洗一遍，干燥后备用。

移液管、滴管：可用吸球和热洗衣粉吸洗，再放水龙头下流水冲净，垂直放置晾干。带刻度的计量仪器不宜烧烤，以免玻璃变形，影响计量的准确度。如洗后急等使用，只要用要吸量的液体吸、弃数次，或用 95% 酒精吸弃数次后，即可使用。对于污渍严重的器皿可以用铬酸洗液浸泡，方法是将待洗的器具浸泡在洗液中约 4h 或更长时间。再用自来水彻底冲洗干净。由于铬酸洗涤液腐蚀性很强，使用时要非常小心，以防烧坏衣物和身体。

霉菌污染器皿：对于已经被霉污染的玻璃器皿，非常重要的一环是不打开瓶盖，先把它们放入高压蒸汽锅内在 121℃高压蒸汽灭菌 30min，杀死污染微生物后，再行洗涤，注意即使带有污染物质培养容器是一次性消耗品，也应进行高压蒸汽灭菌后丢弃，以尽量降低细菌和真菌在实验室中扩散的几率，减少污染源。

1.3 培养基

培养基是提供植物生长发育所需各种养分的介质。在离体培养条件下，不同植物以及同种植物不同部位的组织对营养要求不同，只有满足了它们各自的特殊要求，才能更好地生长发育。因此，理解培养基的组成及其作用，掌握培养基的配制及筛选方法是组培成功的关键环节之一。

1.3.1 培养基的命名与分类

1.3.1.1 培养基的命名

最早产生的培养基是一种简单的无机盐溶液 Sacks（1860）和 Knop（1861），至今仍作为基本的无机盐培养基而得到广泛应用。此后，根据不同目的进行改良，产生了多种培养基。在 20 世纪 40 年代用得较多是 White 培养基，至今仍是常用培养基之一。直至 60 ~ 70 年代则大多采用 MS 等高浓度培养基，可以保证培养材料对营养的需要，并能生长快、分化快，且由于浓度高，在配制、消毒过程中某些成分有些出入，但也不致影响培养基的离子平衡。

培养基的名称，一直根据沿用习惯多数以发明人的名字来命名，再加上年代，如 White（1943）培养基；Murashige 和 Shoog（1962）培养基，简称 MS 培养基。也有对某些培养基的某些成分进行改良后，成为改良培养基，如 White 改良培养基。培养基中各种成分的计量单位在文献中有两种表示方法，一种是用 mol/L 来表示，另一种是用 mg/L 为单位。

1.3.1.2 培养基的种类

培养基的种类名称很多，但只要记住划分的依据就容易理解和记忆。

（1）根据态相不同进行分类。培养基可分为固体培养基与液体培养基。 固体培养基与液体培养基的区别是在培养基中是否添加了凝固剂。

（2）根据培养阶段不同进行分类。可分为初代培养基和继代培养基。

（3）根据培养进程和培养基的作用不同进行分类。培养基分为诱导（启动）培养基、增殖（扩繁）培养基及壮苗生根培养基。

（4）根据其营养水平不同进行分类。分为基本培养基和完全培养基。基本培养基即平常所说的培养基，如 MS、White 培养基。完全培养基由基本培养基和添加适宜的激素及有机附加物组成。

1.3.2 常见培养基配方及其特点

1.3.2.1 几种常见培养基配方

虽然培养基有许多类型，但在组培试验和生产中应根据植物种类、培养部位和培养目的的不同而选用不同的培养基。因为不同的培养基具有不同的适用范围。常用的培养基配方见下表（表 1-3-1）。

1.3.2.2 几种常见培养基的特点

1. MS 培养基

1962 年由 Murshige 和 Skoog 为培养烟草细胞而设计的。其特点是：无机盐和离子浓度较高，为较稳定的平衡溶液。其养分的数量和比例较合适，它的硝酸盐含量比其他培养基高，可满足植物的生理需要。广泛地应用于植物器官、花药、细胞和原生质体培养，效果良好。有些培养基是由它演变的。

表 1-3-1　　几种常用培养基配方

化合物名称	培养基含量（mg/L）						
	MS	White	B_5	WPM	N_6	KnudsonC	Nitsch
NH_4NO_3	1650						720
KNO_3	1900	80	2527.5	400			950
$(NH_4)_2SO$			134		2830	500	
$NaNO_3$					463		
KCl		65					
$CaCl_2 \cdot 2H_2O$	440		150	96	166		166
$Ca(NO_3)_2 \cdot 4H_2O$		300		556		1000	
$MgSO_4 \cdot 7H_2O$	370	720	246.5	370	185	250	185
K_2SO_4				900			
Na_2SO_4		200					
KH_2PO_4	170			170	400	250	68
$FeSO_4 \cdot 7H_2O$	27.8			27.8	27.8	25	27.85
Na_2-EDTA	37.3			37.3	37.3		37.75
Na_2-Fe-EDTA			28				
$Fe_2(SO_4)_3$		2.5					
$MnSO_4 \cdot H_2O$				22.3			
$MnSO_4 \cdot 4H_2O$	22.3	7	10		4.4	7.5	25
$ZnSO_4 \cdot 7H_2O$	8.6	3	2	8.6	1.5		10
$CoCl_2 \cdot 6H_2O$	0.025		0.025				0.025
$CuSO_4 \cdot 5H_2O$	0.025	0.03	0.025	0.025			
MoO_3							0.25
$Na_2MoO_3 \cdot 2H_2O$			0.25	0.25			
KI	0.83	0.75	0.75		0.8		10
H_3BO_3	6.2	1.5	3	6.2	1.6		
$NaH_2PO_4 \cdot H_2O$		16.5	150				
VPP	0.5	0.5	1	0.5	0.5		
VB_6	0.5	0.1	1	0.5	0.5		
VB_1	0.1	0.1	10	0.5	1		
肌醇	100		100	100			100
甘氨酸	2	3		2	2		
pH 值	5.8	5.6	5.5	5.8	5.8	5.8	6.0

2. B_5 培养基

1968 年由 Gamborg 等为培养大豆根细胞而设计的。其主要特点是：含有较低的铵，这可能对不少培养物的生长有抑制作用。从实践得知南洋杉、葡萄、豆科、十字花科等类植物在 B_5 培养基上生长更适宜。

3. White 培养基

1943 年由 White 为培养番茄根尖而设计的。1963 年又做了改良，称作 White 改良培养基，提高了 $MgSO_4$ 的浓度和增加了硼素。其特点是：无机盐量较低，适于生根培养。

4. N_6 培养基

1974 年朱至清等为水稻等禾谷类作物花药培养而设计的。其特点是：成分较简单，KNO_3 和（NH_4SO_4）SO_4 含量高。在国内已广泛应用于小麦、水稻及其他植物的花药培养和其他组织培养。

5. KM–P 培养基

1974 年由 Kao 为原生质体培养而设计的。其特点是：有机成分较复杂。它包括所有的单糖和维生素，广泛用于禾谷类和豆科植物的原生质融合的培养。

6. WPM 培养基

1933 年由 Mecown Lioyd 为木本植物茎尖培养而设计的。其特点是：硝态氮和 Ca、K 含量高，不含碘元素。

7. Knudson 培养基

1925 年由 Knudson 特为兰科种子的萌发培养而设计的。其特点是：成分简单，但不能满足大多数植物组织细胞的生长发育所需的营养物质所以很少用到。

1.3.3 培养基成分及作用

培养基的组成主要是通过研究分析植物体的成分而制定的。主要包括：无机营养、有机营养、植物生长调节物质、水和培养材料的支持物等。

1.3.3.1 无机营养

无机营养又叫矿质营养，是组成植物生命体的主要元素。根据植物对这些元素量的不同，以及在培养基中添加这些元素的多少，可将其分为大量元素和微量元素。培养基中大于 0.5mmol/L 的元素为大量元素；培养基中小于 0.5mmol/L 的元素为微量元素。

1. 大量元素

主要有氮（N）、磷（P）、钾（K）、钙（Ca）、镁（Mg）和硫（S）。

氮是构成核酸、蛋白质、酶、叶绿肥素、维生素等多种物质的组成成分，是生物体不可缺少的物质。培养基中氮主要以铵态氮、硝态氮两种形式被利用，常使用的含氮物质有硝酸铵、硝酸钾和硫酸铵等，大多数培养基二者兼而有之，以调节培养基中的离子平衡，利于细胞的生长与发育。

磷是许多生理活性物质的组成成分，如磷脂、核酸、酶及维生素等。磷参与植物生命活动中光合作用、呼吸作用以及能量的储存、转化与释放等重要大量的磷，磷常常是以磷酸二氢钾、磷酸二氢钠等盐的形式供给。

钾与碳水化合物的合成、转移以及氮代谢等有密切关系，主要由氯化钾、硝酸钾、磷酸二氢钾等提供。钙是植物细胞壁的组成成分，果胶酸钙是植物细胞胞间层的主要成分，钙对细胞也是激酶的活化剂；硫元素是氨基酸和蛋白质的组成成分，常以硫酸钾的形式供给。

2. 微量元素

主要有铁（Fe）、铜（Cu）、锌（Zn）、锰（Mn）、钼（Mo）、硼（B）及氯（Cl）等。微量元素是许多酶和辅酶的组成成分。植物对这些元素的需要量甚微，稍多即会发生外植体的蛋白质变性、酶系失活、代谢障碍等毒害现象。微量元素中，铁对叶绿素的合成起重要作用，通常以硫酸亚铁与 Na_2–EDTA 螯合物的形式存在培养基中，避免 Fe^{2+} 氧化产生氢氧化铁沉淀。铜能促进离体根生长的作用。锌是各种酶的构成成分，也有防止叶绿素分解，增加光合作用效率的作用。硼与糖的运输和蛋白质的合成有关。锰参与呼吸作用和光合作用代谢过程。

总之，这两类元素在培养基中的含量虽然相差悬殊，但都是离体组织生长和发育必不可少的营养成分。

1.3.3.2 有机营养

1. 氨基酸

氨基酸是蛋白质的组成成分，也是一种有机氮源，是构成生物大分子的基本单位，具有缓冲作用和调节培养物体内平衡的功能，对外植体芽、根、胚状体的生长、分化有良好的促进作用。植物组织培养中常用的有甘氨酸、谷氨酸、精氨酸、丝氨酸、丙氨酸、半胱氨酸的混合物（如水解酶蛋白、水解乳蛋白）等。其中甘氨酸能促进离体根的生长，丝氨酸和谷氨酰胺有利于花药胚状体或不定芽的分化，半胱氨酸可作为抗氧化剂，具有延缓酚类物质氧化，防止培养材料褐变的作用。有机氮作为培养基中的唯一氮源时，离体组织生长不良，只有在含有无机氮的情况下，氨基酸类物质才有较好的效果。用量在 1 ~ 3mg/L。

2. 维生素类

维生素类化合物在植物细胞里主要以各种辅酶的形式参与多项代谢活动，对生长、分化等有很好的促进作用。常用的维生素有盐酸硫胺素（维生素 B_1）、盐酸吡哆醇（维生素 B_6）、烟酸（维生素 B_3）、叶酸（维生素 B_{11}）、抗坏血酸（维生素 C）等。其中维生素 B_1 全面促进植物的生长，维生素 C 有抗氧化功能，可防止褐变发生，维生素 B_6 促进根的生长。维生素具有热变性，易在高温下降解，可进行过滤灭菌。常用的维生素浓度为 0.1 ~ 1.0mg/L。

3. 碳源

除蔗糖以外，葡萄糖和果糖也是较好的碳源，可支持许多组织很好的生长。不同植物不同组织的糖类需要量也不同，实验时要根据配方规定按量称取，不能任意取量。高压灭菌时部分糖发生分解、确定配方时要给予考虑。在大规模生产时，可用食用的绵白糖代替。

4. 肌醇

肌醇又称环己六醇，在糖类的相互转化中起重要作用。使用浓度一般为 100mg/L，适当使用肌醇，能促进愈伤组织的生长以及胚状体和芽的形成。对组织和细胞的繁殖、分化有促进作用，对细胞壁的形成也有作用。

5. 天然有机复合物

组织培养所用的天然有机复合物的成分比较复杂，大多含氨基酸、激素等一些活性物质，因而能明显促进细胞和组织的增殖与分化，尤其是对一些难以培养的材料有特殊作用。常用的天然有机复合物有椰乳、香蕉泥、马铃薯提取物、酵母提取液、苹果汁、番茄汁等。由于这些复合物营养非常丰富，所以培养基配制和接种时一定要十分小心，以免引起污染。

（1）椰乳（CM）。椰乳是椰子的液体胚乳，也是使用最多、效果最明显的一种天然复合物。一般使用浓度在 10% ~ 20%，使用效果与其果实成熟度及产地的关系也很大。据日本农事试验场（1963）报道，切取 0.2mm 大小的马铃薯茎尖分生组织，接种在加 10% 经无菌过滤椰乳的 Kassanis 琼脂培养基上，同时与添加经过加热灭菌和椰乳的相同培养基作对比，表现出椰乳对生长的明显促进作用，尤其是不加热的椰乳作用更为显著。但随培养期的延长，生长速度逐渐降低，经过 3 ~ 4 个月生长几乎完全停止，一度绿化的组织也褪色、黄化，并进而变褐枯死。此时如将停止生长的茎尖组织转移到无椰乳的培养基上，则生长再度好转，20d 后开始发芽，并能得到不少发芽的个体。在草莓茎尖培养中也发现同样的现象。茎尖组织的大小若超过 1mm 时，椰乳就不发生作用。

（2）香蕉。用量为 100 ~ 200g/L，一般用黄熟的小香蕉，加入培养基后变为淡褐色，具较大的 pH 缓冲作用。主要用于兰花的组织培养，对幼苗发育有促进作用。

（3）马铃薯。去皮、去芽后使用，用量为 150 ~ 200g/L，煮 30min，再经过滤即可加入培养基。马铃薯汁也具较大的 pH 缓冲作用，用添加马铃薯的培养可得到健壮的植株。

（4）其他。酵母提取液（YE），用量约 0.5%；麦芽提取液，用量为 0.01% ~ 0.5%；还有苹果汁、番茄汁、柑橘汁等。

1.3.3.3 植物生长调节物质

植物生长调节物质是一些调节植物生长发育的物质。植物生长物质可分为两类：一类是植物激素；另一类是植物生长调节剂。植物激素是指自然状态下的植物体内合成，并从产生处运送到别处，对生长发育产生显著作用的微量（1 μmol/L 以下）有机物。植物生长调节剂是指一些具有植物激素活性的人工合成的物质。但在平常工作中人们并没有将它们严格区分开来，而笼统称之为“激素”、“植物激素”或“植物生长调节物质”。这类物质既可以刺激植物生长，也可抑制植物生长，对植物的生命活动真正起到调节作用。在植物组织培养中使用的生长调节物质主要有生长素和细胞分裂素两大类。但少数培养基中还需添加赤霉素等其他生长调节剂。

1. 生长素类

指能够引起完整组织中的细胞扩展的化合物，主要生理作用是促进细胞的纵向伸长，生长素包括内源（存在于植物体内的）的和人工合成的。

生长素的作用具有两重性，既促进生长，又能抑制生长甚至杀死植物；既促进发芽，又会抑制发芽；既能防止落花落果，又可疏花疏果。这取决于浓度、细胞的年龄、器官和种类。一般低浓度促进生长，中浓度抑制生长，高浓度则杀死植物。在细胞年龄上，幼年细胞比成熟细胞敏感。在组织培养中，生长素主要被用于诱导愈伤组织形成。诱导根的分化和促进细胞分裂、伸长生长。在促进生长方面，根对生长素最敏感。在极低浓度下就可促进生长，其次是茎和芽。天然的生长素受热稳定性差，高温高压或受光条件易被破坏。在植物体内也易受到体内酶的分解。组织培养中常用人工合成的生长素类物质有吲哚乙酸（IAA）、吲哚丁酸（IBA）、萘乙酸（NAA）及2，4-D 等。

（1）吲哚乙酸（IAA）。天然存在的生长素，亦可人工合成，其活力较低，是生长素中活力最弱的激素，对器官形成的副作用小，高温高压易被破坏，也易被细胞中的 IAA 分酶降解，受光也易分解。

（2）吲哚丁酸（IBA）。促进发根能力较强的生长调节物质。

（3）萘乙酸（NAA）。在组织培养中的启动能力要比 IAA 高出 3 ~ 4 倍，且由于可大批量人工合成，耐高温高压，不易被分解破坏，所以应用较普遍。NAA 和 IBA 广泛用于生根，并与细胞分裂素互作，促进增殖和生长。

（4）2，4-D。启动比 IAA 高 10 倍，特别在促进愈伤组织的形成上活力最高，但它强烈抑制芽的形成，影响器官的发育。适宜的用量范围较狭窄，过量常有毒效应。

2. 细胞分裂素类

是一类具有促进细胞分裂和其他生理功能的物质总称。都为腺嘌呤的衍生物。在高等植物中普遍存在，特别是茎尖、根尖、未成熟的种子和生长发育中的果实等正在进行着细胞分裂的器官。包括 6- 苄基氨基嘌呤（6-BA）、激动素（KT）、玉米素（ZT）、ZT 活性最强等。它们作用的强弱顺序为玉米素（ZT）>2 - 异戊腺嘌呤 > 6- 苄基氨基嘌呤（6-BA）> 激动素（KT）。但玉米素（ZT）非常昂贵，常用的是 6-BA。

在培养基中添加细胞分裂素主要有以下 3 个作用。

（1）诱导芽的分化，促进侧芽萌发生长，细胞分裂素与生长素相互作用，当组织内细胞分裂素 / 生长素的比值高时，诱导愈伤组织或器官分化出不定芽。

（2）促进细胞分裂与扩大。

（3）抑制根的分化。因此，细胞分裂素多用于诱导不定芽的分化及茎、苗的增殖，而避免在生根培养时使用。

生长素与细胞分裂素的比例决定着发育的方向，是愈伤组织、长根还是长芽。如为了促进芽器官的分化，应除去或降低生长素的浓度，或者调整培养基中生长素与细胞分裂素的比例。

生长调节物质的使用甚微，一般用 mg/L 表示浓度。在组织培养中生长调节物质的使用浓度，因植物的种类、部位、时期、内源激素等的不同而异，一般生长素浓度的使用为 0.05 ~ 5mg/L，细胞分裂素 0.05 ~ 10mg/L。

3. 赤霉素（GA）

最初从赤霉菌中提取到的有 20 多种，生理活性及作用的种类、部位、效应等各有不同、培养基中添加的是 GA_3，主要用于促进幼苗茎的伸长生长，促进不定胚发育成小植株；赤霉素和生长素共同作用，对形成层的分化有影响，当生长素 / 赤霉素比例高时有利于木质部分分化，比值低时有利于韧皮部分分化。此外，赤霉素还用于打破休眠，促进种子、块茎、鳞茎等提前萌发。一般在器官形成后，添加赤霉素可促进器官或胚状体的生长。赤霉素溶于酒精，配制时可用少量 95% 酒精助溶。赤霉素不耐热，高压灭菌后将有 70% ~ 100% 失效，应当采用过滤灭菌法加入。

4. 其他生长调节剂

多效唑（PP_{333}，MET）、脱落酸（ABA）以及乙烯利（CEDP）等的一些生长调节剂在组培上也有一些应用，但使用很少。多效唑是一种生长抑制剂，可抑制植物亚顶端分化组织的生长，在组培上使用对地上部分的生长有一定的抑制作用，使苗长的更壮，而对根的生长没有影响。

脱落酸（ABA）和乙烯利（CEDP）只在一些特殊的情况下使用，其余情况应用很少。主要原因是这些激素一般生理效应是促进植物的成熟、脱落，而植物的组培是苗期的生长中，还未进入这一生理过程。但在特殊的培养中，如植物代谢物的获取、改变细胞和生理等愈伤组织和细胞培养时往往使用。

1.3.3.4 水

水是植物原生质体的组成成分，也是一切代谢过程的介质和溶媒。它是生命活动过程中不可缺少的物质。配制培养基母液时要用蒸馏水，以保持母液及培养基成分的精确性，防止储藏过程发霉变质，大规模生产时可用自来水。但在少量研究上尽量用蒸馏水，以防成分的变化引起不良效果。

1.3.3.5 培养材料的支持物及其他

1. 培养材料的支持物

除旋转和振荡培养外，为使培养材料在培养基上固定生长，要另加些支持物。就目前情况而言，琼脂是一种极为理想的支持物。琼脂是从红藻等到海藻中提取的一种高分子的碳水化合物，本身并不提供任何营养，可溶解于90℃以上热水中成为溶胶，当冷却至40℃以下时，可凝固为固体状的凝胶。为使培养材料能够在培养基上固定和生长，需要外加一些支持物。琼脂是使用最方便、最好的凝固剂和支持物，用量在6 ~ 10g/L，若浓度太高，培养基就会变得很硬，营养物质难以扩散到培养的组织中去。若浓度过低，凝固性不理想。

琼脂的质量和纯度不仅对培养基的硬度有影响，而且还会影响培养结果。琼脂以色白、透明和洁净的为佳。目前生产的琼脂粉比条状的使用更方便。同一厂家的产品，往往粉状的用量较少些。琼脂的凝固能力除与原料、厂家的加工方式等有关外，还与高压灭菌时的温度、时间及pH值等因素有关。长时间的高温会使凝固能力下降。过酸或过碱加之高温会使琼脂发生水解，而丧失凝固能力。存放时间过久，琼脂变褐，也会影响凝固能力。

琼脂作为支持物或凝固剂对绝大部分植物都是有利的，但也有一些报道表明琼脂对某些培养物不如其他成分。如在马铃薯、胡萝卜、烟草、小麦等作物组培中，均发现以淀粉代替琼脂更有利于培养物的生长和分化。

2. 抗生物质

抗生物质有青霉素、链霉素及庆大霉素等，用量在5 ~ 20mg/L。添加抗生物质可防止菌类污染，减少培养中材料的损失，尤其是快速繁殖中，常因污染而丢弃成百上千瓶的培养物，采用适当的抗生素便可节约人力、物力和时间。

3. 抗氧化物

抗酚类氧化常用的药剂有半胱氨酸及维生素C，可用50 ~ 200mg/L的浓度洗涤刚切割的外植体伤口表面，或过滤灭菌后加入固体培养基的表层。其他抗氧化剂有二硫苏糖醇、谷胱甘肽、硫乙醇及二乙硫氨基甲酸酯等。

4. 活性炭

使用浓度为0.5 ~ 10g/L。它可以吸附非极性物质和色素等大分子物质，包括琼脂中所含的杂质，培养物分泌的酚、醌类物质以及蔗糖在高压消毒时产生的5- 羟甲基糖尿病醛及激素等。茎尖初代培养，加入适量活性炭，可以吸附外植体产生的致死和褐化物，其效力优于维生素C半胱氨酸。在新梢增殖阶段，活性炭可明显促进新梢的形成和伸长，但其作用有一个范值，一般为0.1% ~ 0.2%，不能超过0.2%。活性炭在胚胎培养中也有一定作用，如在葡萄胚珠培养时向培养基加入0.1%的活性炭，可减少组织变褐和培养基变色，产生较少的愈伤组织。

1.3.4 培养基母液的配制与保存

在组织培养工作中，配制培养基是日常工作。配制培养基可按配方要求逐一加入。但每一种培养基往往需要

20 多种化合物，配制起来很不方便，也很难达到准确和精确，特别是微量元素和植物生长调节物质用量极少，很难准确称量。在实际工作中，为了使用方便和用量准确，常常将配方中的药品用量扩大一定倍数称量，配成一些浓缩液，用时稀释，这种浓缩液就是浓缩的储备液（简称母液）。常用的母液配制方法是将扩大一定倍数的大量元素进行称量，分别溶解后配成大量元素母液；微量元素母液注意防止产生沉淀。药品应采用纯度等级较高化学纯 CP（三级）或分析纯 AR（二级），以免带入杂质和有害物对培养材料产生不利影响。配制母液要纯度较高的蒸馏水或去离子水，药品称量和定容都要准确。基本培养基 4 种母液有：大量元素（浓缩 10 倍），微量元素（浓缩 100 倍），铁盐（浓缩 200 倍），有机物质（浓缩 100 倍）。在制备这 4 种储备液时，应使每一种成分分别溶解，然后再把它们依次混合。现以 MS 培养基配制为例进行母液的配制。

1.3.4.1 大量元素母液

大量元素母液在配制时原则上可以混在一起。但硫酸镁（$MgSO_4 \cdot 7H_2O$）和氯化钙（$CaCl_2 \cdot 2H_2O$）要分别单独配制，因为高浓度 Ca^{2+} 和 Mg^{2+} 与磷酸盐混合，会产生不溶性沉淀。Ca^{2+} 和 PO^-_4 一起混合易发生沉淀，但定容后，沉淀即会消失。所以在配制大量元素母液时一定要分别称量分别溶解，在定容时按表 1–3–2 中的序号依次加入容量瓶中，以防出现沉淀。之后贴好标签和标好记录后，可放入冰箱内保存。

表 1–3–2　　大量元素母液（配 1L 10 倍的母液）

序号	成分	规定量（mg）	扩大倍数	称取量（mg）	母液体积（mL）	配 1L 培养基时吸取量（mL）
1	KNO_3	1900	10	19000	1000	100
2	NH_4NO_3	1650		16500		
3	$MgSO_4 \cdot 7H_2O$	370		3700		
4	KH_2PO_4	170		1700		
5	$CaCl_2 \cdot 2H_2O$	440		4400		

1.3.4.2 微量元素母液

在配制微量元素母液时应分别称量和分别溶解。可用蒸馏水，也可用去离子水，定容时可不分先后次序依次入容量瓶中定容（表 1–3–3），一般不会出现沉淀现象。倒入储液瓶中，贴好标签和标好记录后，可放入冰箱内保存。

表 1–3–3　　微量元素母液（配 1L 100 倍的母液）

序号	成分	规定量（mg）	扩大倍数	称取量（mg）	母液体积（mL）	配 1L 培养基时吸取量（mL）
1	$MnSO_4 \cdot 4H_2O$	22.30	100	2230	1000	10
2	$ZnSO_4 \cdot 7H_2O$	8.6		860		
3	H_3BO_3	6.2		620		
4	KI	0.83		83		
5	$NaMoO_4 \cdot 2H_2O$	0.25		25		
6	$CuSO_4 \cdot 5H_2O$	0.025		2.5		
7	$CoCl_2 \cdot 6H_2O$	0.025		2.5		

1.3.4.3 铁盐母液

由于铁盐无机化合物不易被植物吸收利用，只有其螯合物才容易被植物吸收和利用，因此需要配成螯合物母液（表 1–3–4）。目前常用的铁盐硫酸亚铁和乙二胺四乙酸二钠的螯合物。此螯合物使用方便，又比较稳定，不易产生沉淀。

配制方法为：称取 5.57g 硫酸亚铁和 7.45g 乙二胺四乙酸二钠，分别用 450mL 的去离子水（蒸馏水）溶解，分别适当加热并不停搅拌，待分别溶解后，再将 2 种溶液混合在一起，调整 pH 值至 5.5，最后加蒸馏水或去离子水定容于 1000mL，倒入棕色储液瓶中，贴好标签和标好记录后放入冰箱内保存。

表 1-3-4　铁盐母液（配 1L 200 倍的母液）

序号	成分	规定量（mg）	扩大倍数	称取量（mg）	母液体积（mL）	配 1L 培养基时吸取量（mL）
1	Na_2-EDTA	37.25	200	7450	1000	5
2	$FeSO_4 \cdot 7H_2O$	27.85		5570		

注　在配制铁盐时，如果加热搅拌时间过短，会造成 $FeSO_4$ 和 Na_2-EDTA 螯合不彻底，此时若将其冷藏，$FeSO_4$ 会结晶析出。为避免此现象发生，配制铁盐母液时，$FeSO_4$ 和 Na_2-EDTA 应分别加热溶解后混合，并置于加热搅拌器上不断搅拌至溶液呈金黄色（约加热 20 ~ 30min），调 pH 值至 5.5，放置冷却后，再冷藏。

1.3.4.4　有机物母液

按表 1-3-5 中用量分别称取各种有机物，分别溶解后，用蒸馏水或去离子水定容于 1000mL，放入细口瓶中备用，贴好标签和标好记录后置于冰箱中低温保存。琼脂、蔗糖等用量较大的有机物质，不用配成母液，在配制培养基时按量直接称取，随取随用。

表 1-3-5　有机物母液（配 1L 100 倍的母液）

序号	成分	规定量（mL）	扩大倍数	称取量（mL）	母液体积（mL）	配 1L 培养基时吸取量（mL）
1	甘氨酸	2.0	100	200	1000	10
2	盐酸硫胺素	0.1		10		
3	盐酸吡哆素	0.5		50		
4	烟酸	0.5		50		
5	肌醇	100		10000		

1.3.4.5　生长调节物质母液

绝大多数生长调节物质不溶于水，需要加入稀酸或稀碱等物质促溶。各类植物生长调节物质的用量极微，一般也要配制成母液，即称量 100mg 生长调节物质溶解后用容量瓶定容至 100mL。常用的生长调节物质的溶解方法如下。

1. 生长素类

生长素类均溶于 95% 的酒精和 0.1mol/L 的 NaOH 中，用蒸馏水或去离子水定容，储于棕色储液瓶中，贴好标签后放入冰箱内低温保存。NAA、IBA、IAA 以及 2，4-D 一般多用少量 95% 的酒精溶解，然后用加热的蒸馏水定容。

2. 细胞分裂素类

细胞分裂素类溶于 0.5 或 1mol/L 的 HCl 中，然后用去离子水或蒸馏水定容，储于棕色储液瓶中，贴好标签后放入冰箱内低温保存。KT（激动素）、BA（6 - 苄基氨基腺嘌呤）可先用少量 1mol/L 的 HCl 溶解，然后用加热的蒸馏水定容。ZT（玉米素）先用少量 95% 酒精溶解，再用热的蒸馏水定容。

3. 赤霉素类

赤霉素易溶于冷水中，但溶于水后不稳定，易分解，最好用 95% 的酒精配制成母液存于冰箱。使用时用去离子水或蒸馏水稀释到所需要的浓度。

所有配制好的母液应分别贴上标签，注明母液名称、配制倍数和日期等。储存在 2 ~ 4℃冰箱中。储存时间不宜过长，在使用这些储备液之前必须轻轻摇动瓶子，如果发现沉淀悬浮物或微生物污染，必须立即将其淘汰和重新配制。

应当注意的是某些生长调节物质如吲哚乙酸、玉米素、脱落酸、赤霉素以及某些维生素等遇热不稳定物质，不能和其他营养物质一起高温灭菌，而要进行过滤灭菌。

每次配制培养基时，吸取母液量（mL）= 所配培养基的毫升数 / 母液浓度倍数，如果配制 1000mL 培养基，并且母液浓度倍数为 200 倍，则吸取母液量（mL）=1000mL/200 倍 =5mL。

1.3.5　培养基配制的目的

完整植物具根、茎和叶等器官，它们彼此分工协作，通过新陈代谢从环境中吸收营养，以自养方式建造自身。离体培养材料缺乏完整植株那样的自养机能，需要以异养方式从外界直接获得其生长发育所需的各种养分。配制培养基的目的就是人为提供离体培养材料的营养源，包括碳水化合物、矿质营养及维生素类等，以满足离体材料的生长发育。按照不同配方配制的培养基，是为满足不同类型离体材料的营养需要。

1.3.6　培养基的制备

1.3.6.1　培养基的配制流程图

配好各种母液后，就可以准备培养基了，配制培养基时可按如下图示进行（图 1–3–1）。

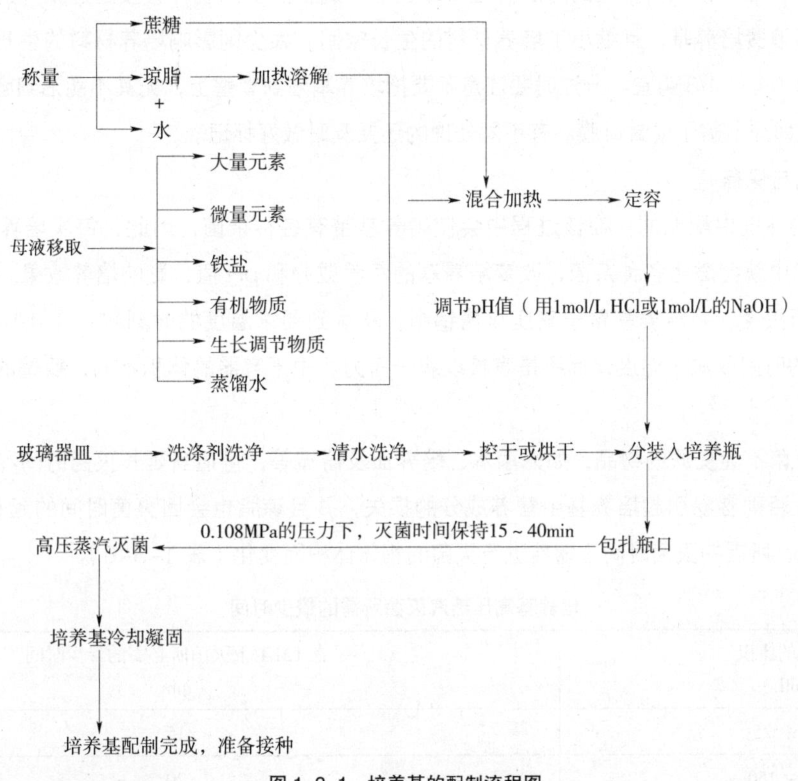

图 1–3–1　培养基的配制流程图

1.3.6.2　培养基的配制及其灭菌

1. 母液的量取及培养基的配制

配制培养基时要预先做好各种准备：首先将储藏母液按顺序排好，再将所需的各种玻璃器皿如量筒、烧杯、吸管、玻璃棒和漏斗等，放在指定的位置；称取所需的琼脂、蔗糖，配好所需的生长调节物质；准备好蒸馏水及盖瓶用的棉塞、包纸、橡皮筋或棉线等。由于琼脂比较难溶解，所以要及时放在水浴锅中，让其慢慢溶化。

先在量筒内放一定量的蒸馏水，以免加入药液时溅开。再依母液顺序，按其浓度量取规定量的母液。接着加入规定量的生长调节物质。加入母液或生长调节物质时，应事先检查这些药品是否已变色或产生沉淀，已失效的不能再用。加完后方可将其倒入已溶解的琼脂中，再放入蔗糖，继续加温，不断搅拌，直至琼脂和蔗糖完全溶解，最后定容到所需体积。琼脂必须充分溶化，以免造成浓度不匀。

2. 调整培养基的 pH 值

培养基的 pH 值是因培养材料不同而异，大多数植物都要求 pH 值在 5.6 ~ 5.8 的条件下进行培养。培养基 pH 值变化会影响到一些离子的溶解度，进而影响到植物对各种元素的吸收。所以过酸过碱的培养基都对培养材料的生长有很大影响。此外，琼脂培养基的 pH 值还影响到培养基的凝固情况。当培养基配制好以后，应立即进行 pH

值的调整。最好用酸度计测试，准确度高，对精密实验等研究工作有利。若开展一般性育苗和生产工作，可直接用精密 pH 值试纸进行测试。pH 值试纸应保存于干燥器中，以免受潮、吸湿而影响读数的准确性。根据不同植物的要求调节培养基的 pH 值，一般用 1mol/L 的 HCl 和 1mol/L 的 NaOH 进行调节。

由于在高压蒸汽灭菌过程中，培养基中的某些成分会发生分解或氧化，引起培养基的离子比例发生变化，使培养基的酸度提高，表现为 pH 值下降。因此需要注意两点：第一，经高温高灭菌后，培养基的 pH 值会下降 0.2 ~ 0.8，故调整后的 pH 值应高于目标 0.5 个单位；第二，pH 值的大小会影响琼脂的凝固力，一般培养基偏酸时，培养基凝固力较差，需要较多的琼脂才能凝固，反之培养基偏碱时，凝固效果好，但当 pH 值大于 6.0 时，培养基会变硬。

3. 培养基分装

配制好的培养基要趁热分注，分注的方法有虹吸分注法、滴管法及用烧杯直接通过漏斗进行分注。分注时要掌握好分注量，太多浪费培养基，且缩小了培养材料的生长空间；太少则影响培养材料的生长。一般以占试管或三角瓶等培养容器的 1/4 ~ 1/3 为宜。分注时要注意不要把培养基沾到管壁上，尤其不能沾到容器口上，以免导致杂菌污染，分注后立即加上盖子或封口膜。有不同处理的还要及时做好标记。

4. 培养基的灭菌与保存

培养基在有菌的环境中配制的，在该过程中会使培养基带有各种杂菌，因此，每次培养基分装完毕后应尽快灭菌，否则培养基中就会滋生各种杂菌，改变培养基的营养成分和 pH 值，影响培养效果。常用灭菌方法是用高压蒸汽灭菌法进行灭菌，将培养基置于高压灭菌锅中，从达到要求温度的时刻起，在 0.1MPa（121℃）灭菌 15 ~ 20min，灭菌的时间取决于温度，而不是直接取决于压力。由于容器的体积不同，瓶壁的厚度不同，所需灭菌的时间也不同。

一般经过高压灭菌不会变质的物品，如无菌水、培养皿及器械等，可适当延长灭菌时间和增加压力。培养基灭菌时间不能过长，否则容易引起培养基中营养成分的损失，并且琼脂也会因灭菌时间的延长，凝固能力下降，甚至不能凝固。因此，所需的灭菌时间应随着进行灭菌的物体体积而变化（表 1-3-6）。

表 1-3-6　培养基高压蒸汽灭菌所需的最少时间

容器的体积（mL）	在 121℃下灭菌所必需的最少时间（min）
20 ~ 25	15
75 ~ 150	20
250 ~ 500	25
1000	30
1500	35
2000	40

高压锅属于压力仪器，使用时必须严格按要求操作。如无问题先在锅内加水，加水量应按说明书要求，通常加到与锅支架平齐（手提式和立式）。加水后，将需要灭菌的物品放入。盖好灭菌锅盖，手提式和立式型号的高压灭菌锅要双手同时将成对角线的螺栓拧上，但不要一次拧紧，等全部螺栓拧好后，再逐个拧紧，以免偏斜漏气；对于卧式高压灭菌锅只要拧紧总螺栓即可。打开电源加热。灭菌加热过程中应使灭菌锅内空气放尽，以保证灭菌彻底。排气的方法有两种：开始就打开放气阀，等大量热空气排出以后再关闭；可采用先关闭放气阀，当压力升到 49Pa 时，打开放气阀排出空气后，再关闭放气阀进行升温。

灭菌完成后切断电源，使灭菌锅内的压力缓缓降下来，当高压锅的压力表指针近于零时，才可打开放气阀，排出剩余蒸汽后，打开锅盖取出培养基放置在无菌室使其凝固，并进行 3d 预培养，若没有污染反应，即证明是可靠的，可以使用。配好的培养基放置时间不宜太长，以免干燥变质。一般至多保存 2 周左右。

1.3.6.3 培养基的选择

培养基和培养条件是影响植物组织培养效果的两大重要因素。在组培苗大规模生产前，必须经过培养基和培养条件的筛选这一技术环节。只有经过试验筛选、验证确属最佳后才可以在生产上应用。以下介绍培养基的筛选方法。

1. 试验前的准备工作

（1）文献检索。在进行某种植物组织培养之前，需要通过查阅相关文献来了解培养对象的有关信息。查找文献的途径主要有：从专业杂志或有关杂志上查阅；从互联网上查找，特别是从收费的数据网上查找，资料和数据比较丰富，非常方便，效率高；从报纸或电视等媒体上获取。

（2）参观咨询。有时查找文献不方便，这时可通过参观组培育苗工厂或研究机构，向专业人员请教植物组培的试验方案。参观咨询可能较自己查阅文献来得更直接和便捷。

2. 预备试验

所谓预备试验就是指正式试验开始之前根据试验进行的过渡试验，为正式试验的开展所做的前期摸索。预备试验要求较低，往往凭经验进行试培养，然后观察培养物的反应，有反应的可接着做。即使是否定性的结果也能从中获得有用的信息。

3. 常用的试验方法

（1）单因子试验。单因子试验是指整个试验中保证其他因素不变，只比较一个试验因素不同水平的试验。其试验方案由该试验因素的所有水平构成。这是最基本、最简单的试验方法。如不同浓度 NAA 对生根影响的试验就是一种单因子试验。试验中要求对照组与试验组中的植物组织块或其他培养物必须在遗传性、生理状态及培养条件方面尽可能完全一致，以保证试验结果是来源于试验因子，而不是由于试验材料的不一致导致的。

（2）双因子试验。双因子试验是指在整个试验中其他因素不变，只比较两个试验因素的不同水平的试验如研究 NAA、6-BA 两种因子对薰衣草增殖率的影响时，可以按表 1-3-7 设计试验。从表中可以看出 NAA、6-BA 各有 3 种水平的组合，A 表示培养基中同时添加 NAA 0.1mg/L 与 6-BA 1mg/L，H 表示 NAA 2mg/L 与 6-BA 2mg/L 的组合添加，其余类推。

表 1-3-7　　双因子试验方法

		6-BA（mg/L）		
		1	2	5
NAA（mg/L）	0.1	A	B	C
	0.5	D	E	F
	2	G	H	I

（3）多因子试验。多因子试验是指在同一试验中同时研究两个以上试验因子的试验。多因子试验方案由该试验的所有试验因子的水平组合（即处理）构成。此种方法可用于同时探讨培养基中多种成分的适宜用量，如 KT、糖类及 NAA 的用量等。多因子试验方案分为完全方案和不完全方案两类。前者在试验因子和水平较多时，会费时费力，且试验误差不易控制，很少有人使用；而后者在全部水平组合中凭经验筛选部分水平组合所获得设计方案，工作效率高，故为多数人所采用。其中，正交试验用得最多，它是安排多因子试验、寻求最优不平组合的一种高效率的试验设计方法。

所谓正交试验是指利用正交表来安排与分析多因子试验的一种设计方法（表 1-3-8）。表头中的“L”代表正交表；L 右下角的数字“8”表示有 8 行，用这张正交表安排试验包含 8 个处理（水平组合）；括号内的底数“2”表示因子的水平数，括号内 2 的指数“7”表示有 7 列，用这张正交表最多可以安排 7 个因子。常用的正交表已由数学工作者制定出来，供正交设计时选用。

表 1-3-8　　$L_8(2^7)$ 正交表

试验号	列号						
	1	2	3	4	5	6	7
1	1	1	1	1	1	1	1
2	1	1	1	2	2	2	2
3	1	2	2	1	1	2	2
4	1	2	2	2	2	1	1
5	2	1	2	1	2	1	2
6	2	1	2	2	1	2	1
7	2	2	1	1	2	2	1
8	2	2	1	2	1	1	2

任何一张正交表都具有如下两个特性。

一是：任一列中，不同数字出现的次数相等。例如 $L_8(2^7)$ 中不同数字只有 1 和 2，它们各出现 4 次；$L_9(3^4)$ 中不同数字有 1、2 和 3，它们各出现 3 次。二是：任两列中，同一横行所组成的数字组合的次数相等，例如 $L_8(2^7)$ 中（1，1），（1，2），（2，1），（2，2）各出现两次；即每个因素的一个水平与另一因素的各个水平互碰次数相等，表明任意两列各个数字之间的搭配是均匀的。

正交试验虽然是多因子组合在一起的试验，但是在试验结果的分析中，每一种因素所起的作用却又能够明白无误地表现出来。因此，根据一次系统的试验结果，就可以把问题分析得清清楚楚，取得事半功倍的试验效果。

（4）逐步添加和逐步排除的试验方法。在植物组织分化与再生的研究中，在没有取得可靠的分化与再生之前，往往添加各种有机营养成分，以促使试验成功；而在取得了稳定的再生之后，就可以逐步减少这些成分，以便找到最有影响力的因子，或从经济方面考虑，简化培养基，以降低成本和得到推广。在寻求最佳激素配比时，经常用到这种逐步添加与逐步减少的简单方法。

（5）广谱试验法。在广谱试验法中，把培养基中所有成分分为四类：无机盐、有机营养物质（蔗糖、氨基酸和肌醇等）、生长素及细胞分裂素。对每一类物质选定低（L）、中（M）、高（H）3 个浓度。4 类物质各 3 种浓度的自由组合即构成了一项包括 81 个处理的试验。在这 81 个处理中最好的一个可用 4 个字母表示。例如，一个包含中等浓度无机盐、低等浓度生长素、中等浓度细胞分裂素和高等浓度有机营养物质的处理即可表示为 MLMH。达到这个阶段，再试用不同类型的生长素和细胞分裂素即可找到培养基的最佳配方。这是因为不同类型的生长素和细胞分裂素对不同植物的活性有所不同。

1.4　外植体

植物组织培养的成败除与培养基、培养条件的正确选择有关外，另一个重要因素就是外植体本身，即由活体植物上切取下来，作为进行离体培养的那部分组织或器官。外植体选择是否适宜，以及对其处理的方法是否得当，直接关系到组织培养的难易程度和培养方向。因此，掌握外植体的选择原则及其处理方法是十分重要的。

1.4.1　外植体的选择

从理论上讲，任何活的含完整细胞核的植物细胞都具全能性，只要条件适宜，都能再生成完整植株。所以，外植体可以是植物细胞、组织或器官，甚至是原生质体。由于不同植物种类以及同种植物的不同器官对诱导条件的反应是不一致的，有的部位诱导成功率高，有的部位很难脱分化，有的即使脱分化，再分化频率也很低，出芽不长根，或长根不长芽。因此，生产实践中必须选取容易表达全能性的部位，以降低生产成本。一般多选择茎段、茎尖、叶片及花药等作为组培快繁的外植体。选择外植体主要从植物的基因型、生理状态、取材季节和取材部位等考虑。

1.4.1.1 植物基因型

植物组织培养的难易程度与植物的基因型相关。一般来说，草本植物易于木本植物，双子叶植物易于单子叶植物。木本植物中，猕猴桃较易再生植株；而干果类、松树及柏树等就比较困难。植物基因型不同，组织培养的再生途径也不同。十字花科及伞形科中的胡萝卜、芥菜等易于诱导胚状体。茄科中的烟草、番茄及曼陀罗，易于诱导愈伤组织。因此，选取适宜的外植体，首先要对材料的选择有明确的目的，选取优良的或特殊的具有一定代表性的基因型，可以提高组织培养的成功率，增加其实用价值。

1.4.1.2 生理状态和发育年龄

作为外植体的器官的生理状态及年龄直接影响形态发生。按植物生理的基本观点，同一植株上的器官具有不同生理年龄，同种器官上的不同部位也具有不同的生理年龄。沿植物的主轴，越向上的部分所形成的器官其生长的时间越短，其生理年龄也越老，越接近发育上的成熟，越易形成花器官。反之，越向下，其生理年龄越小。在组织培养中不少实例证实了这一点，如在烟草、西番莲的培养中发现植株下部组织产生营养比例高，而上部组织产生花器官的比例高。在蕙兰、卡德利来兰等洋兰的组织培养中也发现，试管苗诱导的植株成幼态苗，而温室几年植株茎尖诱导再生植株呈成熟态，叶片肥厚，色深，分泌醌类物质多等。在木本植物的组织培养中，以幼龄树的春梢嫩枝段或基部的萌条较好，下胚轴与具有 3 ~ 4 对真叶的嫩茎段，生长效果也较好，而下胚腊梅花以靠近顶芽的一段容易诱导产生芽，茎尖（带有 1 ~ 2 个叶原基顶端组织）也较理想，但树龄小的要比树龄大的容易获得成功。一般情况下，越幼嫩，年限越短的组织具有较高的形态发生能力，组织培养越易成功。

1.4.1.3 取材季节

外植体最好在植物生长最适季节取材。即在植物生长开始的季节采样。若在生长末期或已进入休眠期取样，则外植体会对诱导反应迟钝或无反应。如苹果芽在春季取材成活率为 60%，夏季取材下降到 10%，冬季取材在 10% 以下；百合鳞片外植体，春、秋季取材培养易形成小鳞茎，夏、冬季取材培养则难以形成小鳞茎。马铃薯在 4 月和 12 月里采的茎作为外植体有较高的块茎发生能力，而 2 ~ 3 月或 5 ~ 11 月取的外植体则很少有块茎发生能力。

1.4.1.4 植物的质量

只有具有优良遗传性状的材料，才能繁殖出好的苗。因此，要选择纯度高、具备品种典型特征、生长健壮及无病虫害的植株作为外植体来的母株。如母株较小，最好在室内培养，这样既不受季节影响又容易消毒。

1.4.1.5 取材部位

日前组织培养已经获得成功的植物几乎包括了植物体的各个部位，但是，不同种类的植物以及同种植物不同的器官对诱导条件的反应是不一样的，有的部位诱导的成功率高，而有的部位很难脱分化，有时即使脱分化，再分化频率却很低，或者只分化出芽不长根，或者只长根不长芽。如百合科不同属的植物：风信子及虎眼万年青等比较容易形成再生小植株，而郁金香就比较困难。同种百合其鳞茎的鳞片再生能力差别也很大，外层比内层的再生能力强，下段比中、上段再生能力强。因此，在生产实践中必须选取最易表达植物细胞全能性的部位，以利尽快成苗。

对大多数植物来讲，茎尖是较好的部位，由于其形态已基本建成，生长速度快，遗传性稳定，也是获得无病毒苗的重要途径。但茎尖往往受到材料来源的限制，为此茎段也得到了广泛的应用。解决培养材料不足的困难，如薄荷、雪松、四季橘、桉树和油橄榄等植物。而叶片的培养利用更为普遍，材料的来源最为丰富，如罗汉果、秋海棠、猕猴桃、番茄和豆瓣绿等许多植物。花药和花粉培养成为育种和得到无病毒苗（草莓等植物）的重要途径之一，其他还可根据需要，采用根、花瓣和鳞茎等部位来培养。

总之，在确定取材部位时，一方面要考虑培养材料的来源有保证，容易成苗；另一方面在考虑到特别是经过脱分化产生愈伤组织培养途径是否会引起不良变异，丧失原品种的优良性状。对于培养较困难的植物在培养材料较多的情况下，最好比较各部位的诱导及分化能力，方能做到既保质又保量。

1.4.1.6 外植体大小

选择外植体的大小，应根据培养目的而定。如果是胚胎培养或脱除病毒，则外植体茎尖在 0.2 ~ 0.3mm 或更小；如果是进行快繁，外植体宜大，但外植体过大，消毒往往不彻底易造成污染；过小则离体培养难以成活。一般外植体大小在 0.5 ~ 1.0cm 为宜，具体说，叶片、花瓣等约为 5mm x 5mm，茎段带 1 ~ 2 个节，茎尖分生组织带 1 ~ 2 个叶原基，0.2 ~ 0.5mm 大小不等。

1.4.2 采取外植体时应注意事项

离体培养大多是为了建立试管苗无性系，进行良种苗木的批量生产，但组织培养过程中的污染是经常发生的。如果消毒不彻底，会导致污染率升高，有时甚至可达到 100%；如果消毒处理过重，虽然污染率很低，但植物材料却损伤严重，造成生长极其缓慢，甚至死亡。无菌培养物能否顺利建立起来，直接影响大规模生产的经济效益。若材料很洁净，消毒措施又很恰当，污染率就可能很低，同时还能获得足量有活力的材料。因此，要注重取材前的栽培管理，保持外界环境清洁，尽可能减少对材料的污染，同时尽量使其正常生长发育。为此外植体采集时应注意以下几个方面。

1.4.2.1 避免连作苗

特别对于取地下球茎、鳞茎等作为培养材料的植物，土传病害危害很大，连作为病原菌生存和繁殖提供了丰富的营养和寄主，使有益微生物受到抑制，土壤微生物区系发生变化，根区土壤微生物生态失衡。所以应避免选取连作植物。

1.4.2.2 基质的选择和处理

基质应该在栽种前用药物或高温蒸汽进行消毒灭菌，肥料应充分腐熟再施入。有条件的可用蛭石、珍珠岩及泥炭等基质。另外，进行无土栽培更为理想，可以大大减少材料的带菌量。

1.4.2.3 细致施肥操作

基肥可以适当施些腐熟的有机肥，追肥则尽可能使用无机肥料，以保证田间的清洁度，减少病菌活动的机会。有机肥如要使用也应在取材前 1 ~ 2 个月进行，并且不能浇泼到植株上。

1.4.2.4 加强病虫害防治

要搞好田园清洁，及时做好病虫防治工作。应针对主要危害病虫，1 ~ 2 周喷一次农药进行防治，以确保培养材料的健壮生长，特别是临近取材期，更要抓紧做好病虫的防治工作。

1.4.2.5 要保证生长环境良好

植物材料生长的场地要开阔、阳光充足及通风透气，为此可在播种期和定植期，将栽植密度和株型给予调整。如能进行温室栽培则较理想，可比在田间栽培减少杂菌污染的机会，最好在能控制光照、温度等的人工气候室内栽培，这样可以人工创造植物生长发育的最适宜条件。选取洁净、无病虫危害、比较幼嫩和生长能力较强部位。

1.4.2.6 避免阴雨天在田间采取外植体

在晴天采材料时，下午采取的外植体要比早晨采的污染少，因材料经达日晒可杀死部分细菌或真菌。

1.4.2.7 要加强植株管护

如果室外栽培的材料污染太严重，多次接种都难以获得无菌材料，就要进行特殊的栽培管理。方法是先将植物从田间掘出，剪去一些不必要的枝条，栽入室内。同时加强管理，经常喷洒杀虫剂、杀菌剂和施肥。

1.4.2.8 提高无菌材料的获得率

对于有些大型植物不便移栽的，可套塑料袋，避免灰尘和病虫侵染。待植物材料长出新枝条后，再进行采集，这样可以大大增加无菌材料的获得率。

1.4.2.9 采用打破休眠的方法

将休眠期带腋芽的枝条，带回室内进行清洗，喷洒杀菌剂，插入含有少量 GA_3 或少量无机盐溶液中，增加温度，进行水培，48h 换水 1 次，待长出新枝后，去掉小叶，将其嫩茎作为外植体材料进行组织培养。

1.4.3 外植体的消毒

1.4.3.1 外植体的消毒原则

外植体接种前必须进行表面消毒。由于植物种类取材部位、母体植株的生长环境、取材季节和天气状况的不同，所采集的材料带菌程度也不同，而且材料对不同种类与不同浓度的消毒剂的敏感度也不一样。所以选择哪种消毒剂、浓度大小和消毒时间的长短一定要有针对性，这样才有可能达到预期的消毒效果。为此，需要掌握的消毒原则是既要杀死离体材料表面的全部微生物，又不损伤植物材料。

1.4.3.2 外植体的消毒方法

1. 一般消毒法

（1）对植物组织进行修整，去掉不需要的部分，并将外植体用流水冲洗干净。

（2）用 70% ~ 75% 的酒精浸润材料 30s 左右。

（3）用灭菌剂浸泡灭菌，并且灭菌时要不时搅动，使植物材料与灭菌剂有良好的接触，若灭菌过程中加入数滴土温 -20，则灭菌效果更好。

（4）植物材料用无菌水冲洗 3 ~ 5 次，以除去灭菌剂。

2. 多次灭菌法

（1）对外植体进行预处理，去除特别容易污染的部分。

（2）将外植体浸入 1% 的次氯酸钠溶液中 30min，无菌水漂洗 3 次。

（3）将材料封闭于无菌培养皿中保温过夜。

（4）次日用 2% 次氯酸钠溶液浸泡 30min，无菌水漂洗 3 次。

3. 多种药液交替浸泡法

（1）对外植体进行预处理，去除特别容易污染的部分。

（2）将材料放入 70% ~ 75% 的酒精中灭菌数秒。

（3）在 500 倍 RoccalB（杀藻铵，一种商品灭菌剂）稀释液中浸 5min。

（4）放入 5% ~ 10% 次氯酸钠溶液中并滴入吐温 -20 数滴，浸泡 15 ~ 30min。

（5）无菌水冲洗 5 次。

1.4.3.3 常用消毒剂

消毒剂要求具有良好的消毒作用，既不会杀死植物的组织细胞，又易被无菌水冲洗掉，没有残毒存留或自行分解、挥发，消毒后不影响外植体的生长和分化。常用消毒剂效果比较见表 1-4-1。

表 1-4-1 常用消毒剂效果

消毒剂	使用浓度（%）	去除难易	消毒时间（min）	效果评价	是否有毒
酒精	70 ~ 75	易	0.2 ~ 2	好	有
次氯酸钙	9 ~ 10	易	5 ~ 30	很好	低毒
次氯酸钠	0.5 ~ 5.0	易	5 ~ 20	很好	无
氯化汞	0.1 ~ 1.0	较难	2 ~ 10	最好	剧毒
过氧化氢	10 ~ 12	最易	5 ~ 15	好	无
新洁尔灭	0.5 ~ 5.0	易	20 ~ 30	好	低毒
抗生素类	4 ~ 50（mg/L）	较难	5 ~ 30	较好	低毒
溴水	10 ~ 12	易	2 ~ 10	很好	有
硝酸银	1	较难	5 ~ 30	好	有

下面对常用消毒剂的特性加以介绍。

1. 70% ~ 75% 酒精

70% ~ 75% 酒精是最常用的消毒剂，酒精具有很强的穿透力和杀菌力，通常外植体浸入 15 ~ 30s 即可起到消毒作用。由于酒精对组织细胞的杀伤力比较强，使用时间不能过长，常作为灭菌的第一步。酒精具有浸润和灭菌双重作用。有时为了提高酒精的杀菌效果，可在酒精溶液中加入 0.1% 的酸或碱，因为 H^+ 和 OH^- 可以改变细胞所带电荷的性质，增加膜的透性，从而提高酒精的杀菌效果。由于酒精浸泡外植体的时间不宜过长，一般达不到彻底消毒的要求，必须结合使用其他消毒剂。同时，酒精的浸润作用又可促进其他消毒剂渗透到外植体表层，提高杀菌效率。

2. 次氯酸钙（漂白粉）

次氯酸钙（漂白粉）的化学纯度这几年来试剂的使用浓度为 9% ~ 10%，而市场上销售的漂白粉的纯度较低，需要用其饱和溶液，取其上清液来消毒。次氯酸钙的分子式 $Ca(ClO)_2$，吸潮后会失去有效杀菌成分氯气。氯气失去的越多，杀菌能力就越低。因此，次氯酸钙必须防潮解，要求密封储存并随配随用。次氯酸钙对植物组织细胞的杀伤能力比较小，并容易被无菌水冲洗掉。因其杀菌力不是很强，消毒较长时间（通常 10min 以上）也不会杀死外植体并能提高杀菌效果。

3. 次氯酸钠（安替福民）

次氯酸钠（安替福民）的化学试剂一般的使用浓度为 2% ~ 5%。次氯酸钠的分子式为 NaClO 和 $Ca(ClO)_2$ 一样可以分解释放氯气，具有杀菌作用，也必须防潮解，要求密封储存，使用时随配随用。其具有较强的杀菌力，对植物组织细胞的杀伤力比次氯酸钙强一些，一般消毒 10min 左右为宜。

4. 氯化汞（升汞）

氯化汞（升汞）是有剧毒的重金属盐杀菌剂，分子式为 $HgCl_2$，起杀菌作用的不是 Cl^-，因为氯离子不会形成氯气，这里 Hg^+ 可与带负电荷的蛋白质结合，使微生物菌体蛋白变性而失去活性。升汞使用浓度为 0.1% ~ 1.0%，一般用 0.1% 即可。外植体在升汞溶液中浸泡 2 ~ 10min，即可有效地杀死附着在外植体表面的细菌和真菌芽孢。升汞是一种极有效的杀菌剂，但用升汞消毒的外植体要用无菌水反复冲洗，一定要洗去残留的汞，否则会对外植体产生毒害作用。通常用无菌水冲洗不得少于 3 次。因消毒剂对人体也有毒害作用，使用后必须将接触过的用具洗刷干净。升汞溶液比较稳定，配制好的溶液可以长期存放。为了提高升汞杀菌能力，在配制升汞母液中加一滴 1mol/L HCl，灭菌效果更好。

5. 过氧化氢（双氧水）

过氧化氢（双氧水）的分子式为 H_2O_2，是很强的氧化剂，可利用其氧化作用杀死微生物，常用浓度为 10% ~ 12%，消毒时间为 5 ~ 10min。过氧化氢对植物组织细胞的杀伤力比较大，特别是伤口细胞，所以通常用于叶片表面的消毒（由于叶片表面有角质层或蜡质层保护，用其消毒不易杀伤内部细胞，杀菌效果较好），而茎尖消毒很少使用。

6. 新洁尔灭

新洁尔灭是一种广谱性的阳离子表面活性灭菌剂，在医疗上应用广泛。杀菌力强，对皮肤和组织无刺激性，对金属和橡胶制品无腐蚀作用。1 ∶ 1000 ~ 1 ∶ 2000 溶液广泛用于手、皮肤、黏膜及器械等的消毒。可长期保存效力不减。

7. 抗生素类

抗生素有很多种类，杀菌作用有一定的专一性，某种抗生素只杀死某些菌，对大多数微生物只起到抑制作用。往往用抗生素消毒后，短时间内很有效，但进一步培养，有些菌类又能生长活动，从而增加了无菌培养的难度。所以，一般在外植体消毒时可在杀菌剂中加入抗生素混合使用，单独使用效果差。目前基因工程中常将农杆菌导入植物体中，而后用抗生素杀死农杆菌。

溴水和硝酸银做消毒剂，在组培实践中极少应用，这里不作介绍。另外，吐温 20、吐温 40 及吐温 80 是表面活性剂，加上小滴在消毒剂中即可提高消毒剂的渗透力和杀菌效果。

1.4.4 外植体的接种与培养

1.4.4.1 外植体的接种

外植体的接种是把经过表面灭菌植物材料切碎或分离出器官、组织及细胞，转放到无菌培养基上的全部操作过程。整个接种过程均需无菌操作。

（1）操作人员必需穿着无菌的白色工作服，戴口罩。进入无菌室前，工作人员的双手必须进行灭菌，用肥皂水充分洗涤，操作前再用 70% ~ 75% 的酒精擦洗双手。

（2）操作期间经常用 70% ~ 75% 酒精擦拭双手和台面。特别注意防止“双重传递”的污染，例如器械被手污染后再污染培养基等。

（3）在打开培养瓶、三角瓶或试管时，最大的污染危险是管口边沿沾染的微生物落入瓶（管）内。解决这个问题；可在打开前用火焰烧瓶口。如果培养液接触了瓶口，则瓶口要烧到足够的热度，以杀死存在的细菌。为避免灰尘污染瓶口，可用纸包扎瓶口和盖子，以遮盖瓶子颈部和试管口，相对减少污染机会。

（4）工具用后及时灭菌，避免交叉污染。

（5）工作人员的呼吸也是污染的主要途径。通常在平静呼吸时细菌是很少的，但是谈话或咳嗽时细菌便增多，因此操作过程中应禁止谈话，并戴上口罩。

（6）由于空气中有灰尘，因此在操作时，仍要注意避免灰尘的落入。尽量把盖子盖好，当打开瓶子或试管时，应拿成斜面，以免灰尘落入瓶中。刀、剪及镊子等用具，一般在使用前浸泡在 95% 酒精中，用时在火焰上灭菌（或使用器具高温灭菌器进行灭菌），待冷却后使用。每次使用前均需进行用具灭菌。

在操作时先把培养瓶的盖子（无菌封口膜）轻轻取下，放在一边，将培养瓶口靠近酒精灯火焰，瓶口倾斜与水平面成 45° 角，一般左手拿培养瓶，右手用镊子夹住外植体放入培养瓶中。如果 1 瓶接种 1 个外植体则放在中央，于茎尖、茎段的下端 1/3 左右插入培养基中。如果接种胚或种子，则胚根朝下插入培养基中 2/3 左右。接种叶片要将叶背面接触培养基。如果 1 瓶中接种几个材料，则要分布均匀地插入培养基中。接种后立即在火焰上盖好盖子。接种完成后注明植物名称、接种日期及处理方法等以免混淆。

1.4.4.2 外植体的培养

接种完成后的外植体应送到培养室去培养。培养室的培养条件要根据植物对环境条件的不同需求进行调控。其中最主要的是光照、温度、湿度、氧气和培养基的 pH 值、极性等。

1. 光照

光照对植物组培的影响主要表现在光周期、光照强度及光质 3 个方面。光周期影响植物的生长，也影响花形成和诱导。一般保证 14 ~ 16h/d 的光照时间就能满足大多数植物生长分化的要求。如天竺葵愈份组织诱导芽形成，以 15 ~ 16h 的光照，芽产生最多。16h 光照对烟草表皮薄层切块诱导花的形成也是最适合的等等。对于培养的植物材料来说，光强度的要求不是十分严格的，尤其是形态建成方面对光的要求。有实验证明，1/1000lx 的弱光已对根的形成起诱导作用。300 ~ 500lx 的光照强度基本可以满足光周期中对光强的要求。通常在培养系的建立阶段和中间繁殖体的增殖阶段，大约需 500 ~ 1000lx，而对于生根壮苗阶段，可提高到 3000 ~ 5000lx 甚至 10000lx，这主要是为了提高今后出瓶种植到土壤或其他介质中的成活率。此外，光强对成茎数目及苗的健壮也还有许多益处。光质对愈伤组织诱导、组织细胞的增殖以及器官的分化都有明显的影响。如百合珠芽在红光下培养 8 周后，分化出愈伤组织，但在蓝光下几周后就出现愈伤组织，而唐菖蒲子球块接种 15d 后，在蓝光下培养首先出现芽，形成的幼苗生长旺盛，而白光下幼苗纤细，红光下出苗少。从上可见，不同的植物对光质的反应有所差异。

2. 温度

离体培养中对温度的调控比光照要为突出。不同植物生长的最适宜温度不同，大多数植物在 24 ~ 26℃之间。

培养室一般采用的温度是 23 ~ 27℃。但是仍有不少例外，差异很大。水仙的生长和杜鹃生根以 25℃以上最好。天香百合鳞茎形成最好是 20℃，温度再高鳞茎形成的数目便开始减少。文竹以 17 ~ 24℃生长较好，13℃以下，24℃以上停止生长。倒挂金钟以 22 ~ 24℃生长较好，温度升高生长逐渐停止。花叶芋喜高温，以 28 ~ 30℃生长较快。现将若干观赏植物组织培养适温列表见表 1-4-2。

表 1-4-2　各种观赏植物组织培养适温

植物名称	培养适温（℃）	植物名称	培养适温（℃）
球根秋海棠	20 ~ 25	非洲紫罗兰	24 ~ 25
菊花	22 ~ 28	彩叶草	24
月季	22 ~ 26	杜鹃	25
康乃馨	24 ~ 26	文竹	17 ~ 24
蝴蝶兰	25 ~ 27	郁金香	20
大花君子兰	21 ~ 25	红叶石楠	24 ~ 26
百合	20 ~ 23	大岩桐	21 ~ 23

表中只是很少部分，多数在 26℃左右的种类没有列入。整体植物对温度的需求也在颇大程度上反映到培养物对温度的需求。有时一些植物在培养中生长逐渐变慢，如松树，有人采用 2 ~ 3 个月的模拟冬天的低温处理，可使生长恢复。花棱草种子需低温休眠，当在试管中做胚培养时，需给予 2 周 6℃的低温处理，胚的这种表现非常类似种子的休眠。对于一些需低温的种类，满足其对低温的要求才能引发后续的一系列形态发生过程。一种秋海棠（B.xcheimantha）如用 15 ~ 18℃处理 2 周，对诱导茎形成的在大小和数目方面都有促进。

培养物也受到昼夜温度循环的影响，如菊芋根发生最好是在交替的温度条件下。

有时温度可能影响到形态发生的类型。例如，蝴蝶兰花梗芽培养，在 25℃时表现出上部的芽发育出生殖茎，而下部的芽产生营养茎；要是在 28℃下培养，则所有的芽都产生营养茎。在莴苣中发现，17℃时苗的分化要求高水平的激动素，而在 28℃时则只要提供适当水平的生长素即可。鳞茎或球茎类的观赏植物，往往要求适当的温差，如唐菖蒲的小球茎或小植株移至土壤后，并不能正常生长，如预先给予 2℃的 4 ~ 6 周处理，则可正常生长。百合也有类似现象。

3. 湿度

组织培养中的湿度影响主要有两个方面：一是培养容器内的湿度，容器内湿度主要受培养基的含水量和封口材料的影响。前者又受到琼脂含量的影响。冬季应适当减少琼脂用量，否则，将使培养基变硬，不利于外植体插入培养基和吸水，导致生长发育受阻。另外，封口材料直接影响容器内湿度情况，封闭性较高的封口材料易引起透气性受阻，也会导致植物生长发育受影响。二是培养环境的相对湿度，一般要求 70% ~ 80% 的相对湿度，其变化随季节和天气而有很大变化。湿度过高或过低都是不利的，过低会造成培养基失水而干枯，或渗透压升高，影响培养物的生长和分化；湿度过高时易引起长霉，导致污染。若要室内湿度过高可用除湿机降湿，过低时可用喷水来增湿。

4. 氧气

培养瓶中的气体成分会影响到培养物的生长和分化。在固体培养中要选取透气性好及耐高温无菌培养容器盖或透气无菌封口膜来增加通气度。如果采用液体振荡培养，要考虑振荡的次数、振幅、容器的类型及培养基等。再有培养室还要注意经常换气，以改善室内的通气状况。

5. pH 值

培养基的 pH 值是影响培养物对营养物质的吸收与其生长速度。不同植物组织培养对环境的最适宜 pH 值的要求是不同的（表 1-4-3），大多数植物的最适宜 pH 值在 5.0 ~ 6.5 之间，一般培养基 pH 值为 5.8，但在蝴蝶兰培养时，pH 值只能用 5.3，否则会影响原球茎的形成和分化；杜鹃的培养基则要求 pH 值为 4.0。pH 值过高，不但培养基变硬还阻碍培养物对水分的吸收，而且影响离子的解离释放；pH 值过低，则容易导致琼脂水解，培养基不能凝固。

表 1-4-3　　不同植物组织培养的最适宜 pH 值

各类	杜鹃	月季	康乃馨	山茶花	菊花	红叶石楠	大岩桐	百合
pH 值	4.0	5.5	5.8	5.5	6.5	5.6	5.8	5.7

6. 极性

植物的极性现象有着广泛的作用和影响。很多研究都有此证明，因此，在离体培养中有时明显地表露出来也并不奇怪。如在唐菖蒲、朱顶红及石刁柏等花序轴切段，以及杜鹃茎的切段培养中被发现。当外植体以它形态学的基部放在培养基上时，从远离基部的表面上，诱导出的茎的数目较多。当把唐菖蒲外植体的基部向着培养基上方放置时，也能产生茎，但数量较少，茎诱导被延迟。可在水仙中，如用花葶切段作外植体，那么器官发生只出现在花葶切段倒在培养基上的外植体上。要注意的是，极性的影响在不同植物上有着不同的反应。

1.4.5　外植体的成苗途径

外植体再生途径一般可划分为无菌短枝型、器官发生型、丛生芽增殖型、胚状体发生型及原球茎发生型五种类型（图 1-4-1）。所以植株称为再生植株。

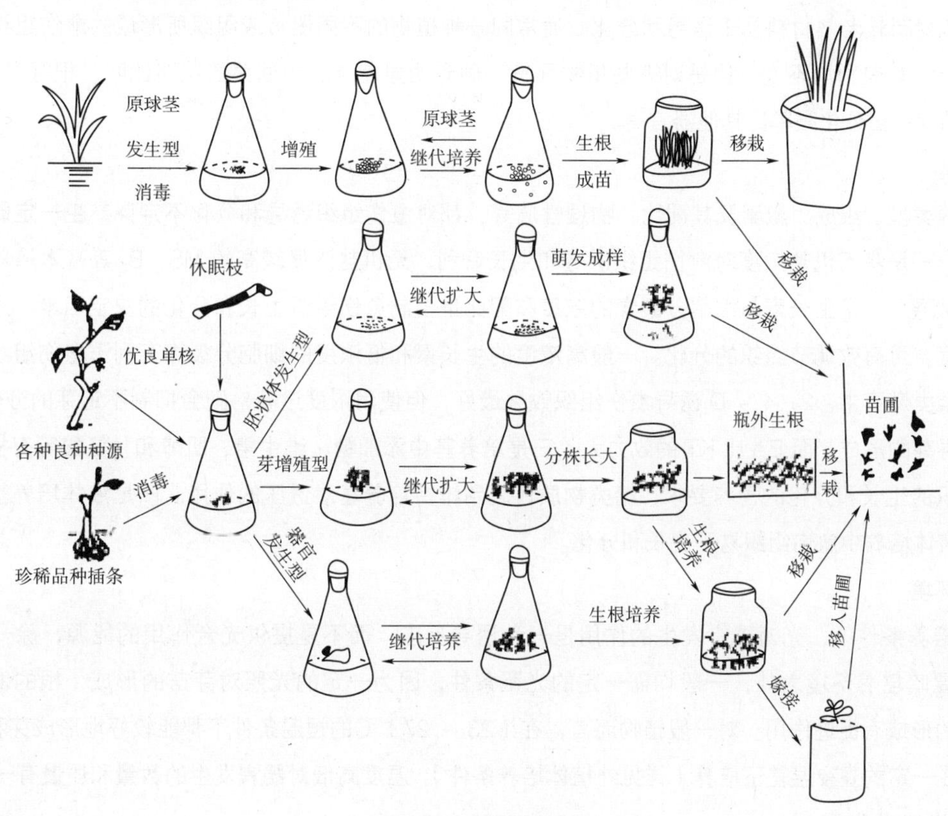

图 1-4-1　植株再生途径

1.4.5.1　无菌短枝型

将顶芽、侧芽或带有芽的茎切段接种到诱导（或生长）培养基上，进行诱导培养，逐渐形成一个微型的多枝多芽的小灌木丛状的结构。继代时将丛生芽苗反复切段转接，重复芽—苗增殖的培养，从而迅速获得较多嫩茎（在特殊情况下也会生出不定芽，形成芽丛）。这种增殖方式也称作“微型扦插”或“无菌短枝扦插”。将一部分嫩茎切段转移到生根培养基上，即可培养出完整的试管苗。这种方法主要适用顶端优势明显或枝条生长迅速，或对组培苗质量要求较高的一些木本植物和少数草本植物，如月季、枣树、葡萄、矮牵牛、茶花、菊花及香石竹等。由于不经过愈伤组织诱导阶段，是最能使无性系后代保持原品种特性的一种繁殖方式。实践中应注意芽位的选取，一般以上部 3 ~ 4 节的茎段或顶芽为宜。

1.4.5.2 丛生芽增殖型

茎尖、带有腋芽的茎段或初代培养的芽，在适宜的培养基上诱导，可使芽不断萌发、生长及形成丛生芽。将丛生芽分割成单芽增殖培养成新的丛生芽，如此重复芽生芽的过程，可实现快速、大量繁殖的目的。将长势强的单个嫩枝进行生根培养，培养成再生植株。

1.4.5.3 器官发生型

外植体经诱导脱分化形成愈伤组织，在愈伤组织上同时长出芽和根，以后连成统一的轴状结构（较少），育成植株；通过外在愈伤组织中先形成茎，后诱导成根，再发育成植株；在愈伤组织中先形成根，再诱导出芽，得到完整植株。但在培养中一般先形成根的，往往抑制芽的形成；而相反，一般先产生芽的，则以后较易产生根。通过培养茎尖、茎段及鳞茎盘等外植体，使之萌发，产生丛生芽，诱导生根成苗；通过外植体直接诱导形成胚状体，胚状体萌发形成完成的植株。

影响器官发生的主要因素有外植体、培养基和培养环境等。

1. 外植体

理论上讲的所有的植物都有被诱导产生愈伤组织的潜力，但不同植物种类被诱导的难易程度大不同。一般来说，苔藓、蕨类、裸子植物与被子植物相比，诱导比较困难；在同类植物中，草本植物比木本植物容易；在一种植物中，幼年材料较老熟材料易于诱导和分化。通常同一种植物的不同器官或组织所形成的愈伤组织，无论在生理上或形态上，其差别均不大。但是对有些植物而言，确有明显差异。如油菜的花器比叶、根等易于分化成苗；水稻和小麦幼穗的苗分化频率比其他器官高。

2. 培养基

培养基的类型、组成、激素及其配比、物理性质等，都对愈伤组织诱导和分化不定芽产生一定影响。主要表现以下特点：一是高无机盐浓度对愈伤组织诱导和生长有利，无机盐浓度较高的 MS、B_5 等基本培养基均可用于愈伤组织的诱导。二是生长素与细胞分裂素的浓度和配比是控制愈伤组织生长和分化的决定因素。通过改变激素的种类和浓度，可有效调节组织的分化。一般高浓度的生长素和低浓度的细胞分裂素有利于愈伤组织的诱导和生长。在生长素类激素中，2，4 – D 诱导愈伤组织效果最好，但使用浓度过高，则会抑制不定芽的分化；KT 和 BA 能广泛地诱导芽的形成，而 BA 比 KT 的效力大。三是培养基中添加糖、维生素、肌醇和甘氨酸等有机成分，可以满足愈伤组织的生长和分化的营养要求，糖类物质还起到维持培养基渗透压的作用。四是液体培养基要比固体培养基好，在液体培养中愈伤组织易于生长和分化。

3. 培养环境

在离体培养条件下，光对器官发生的作用是一种诱导反应，而不是提供光合作用的能源，除一些植物愈伤组织培养需要暗培养环境之外，一般均需一定的光照条件，因为一定的光照对芽苗的形成、根的发生、枝的分化和胚状体的形成有促进作用。对一般植物而言，在（23 ~ 27）℃的恒温条件下都能较好地形成芽和根，而有些植物则需要在一定的昼夜温差下培养（详见外植体培养条件）。温度高低对器官发生的数量和质量有一定的影响。

1.4.5.4 胚状体发生型

胚状体类似于合子胚但又有所不同，它也通过球形胚、心形胚、鱼雷形胚和子叶形胚胎发育过程，形成类似胚胎的结构，最终发育成小苗，但它是由体细胞发生的。胚状体可以从愈伤组织表面或悬浮培养的细胞发生，也可从外植体表面已分化的细胞产生。它是植物离体无性繁殖最快捷的途径，也是人工种子和细胞工程常用的发生途径，但有的胚状体存在一定的变异，应经过试验和检测后才能在生产上大量应用图 1-4-2 和图 1-4-3 显示胡萝卜和石龙芮胚状体的形成和分化过程。

由于胚状体发生和器官发生均可起源于愈伤组织或者直接来自于外植体，因此这两种再生植株常常容易混淆，表 1-4-4 是再生植株的主要区别。

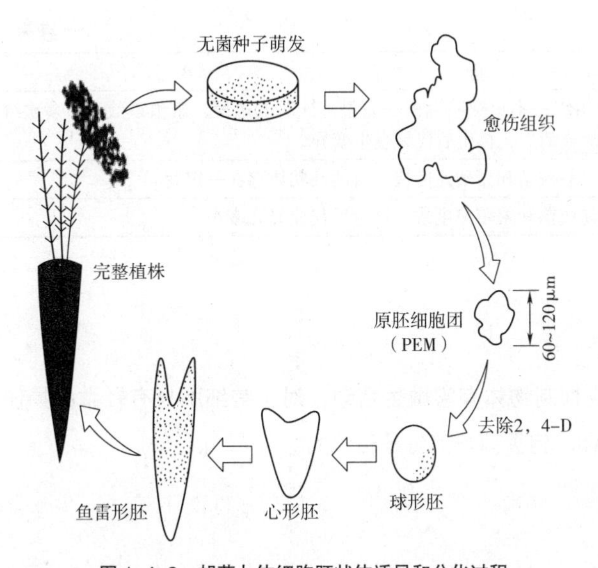

图 1-4-2 胡萝卜体细胞胚状体诱导和分化过程

（引自 肖尊安．植物生物技术．北京：化学工业出版社，2005）

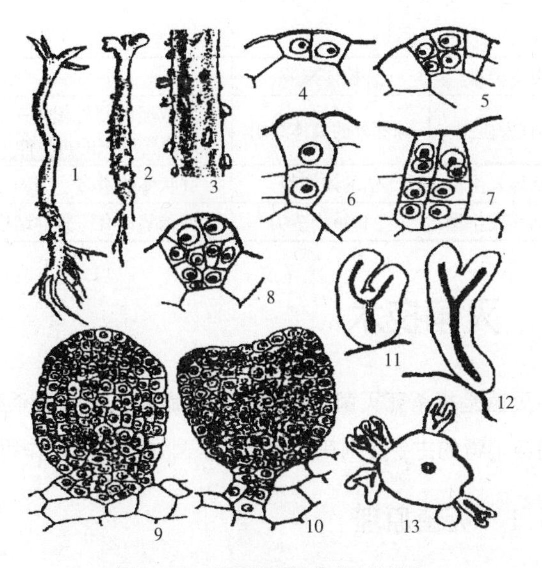

图 1-4-3 石龙芮胚状体发生的过程

1 ～ 2—实生苗下胚轴表面出现的胚状体；3—下胚轴一部分放大；4—表皮细胞的最初启动；5 ～ 8—产生胚状体的表面细胞启动情况；9—球形状；10—早期的心形胚；11 ～ 12—已产生子叶和胚根的胚状体；13—下胚轴横切面示不同发育情况的胚状体

表 1-4-4 胚状体苗与器官发生苗的区别

类别	胚状体苗	器官发生苗
最初形成	多来自单个细胞，双向极性，两个分生中心，较早分化出茎端和根端（方向相反的）	多来自多细胞，单向极性，单个分生中心
维管组织	胚状体维管组织与外植体维管组织不相连	不定芽和不定根与愈伤组织的维管组织相连
胚胎形态	具有典型的胚胎形态发生过程	无胚胎形态，分生中心直接分化器官
幼苗子叶	形成的幼苗具有子叶	不定芽的苗无子叶
生根	胚状体发育的苗，根和芽齐全，不经历诱导生根阶段	一般先长芽后诱导生根，或先长根后长芽

影响胚状体发生的因素主要是培养基中的激素和含氮化合物。

1. 植物激素

在愈伤组织的产生和增殖过程中，在 2，4 － D 等生长素的作用下，有时会在愈伤组织的若干部位分化形成胚性细胞团，但只有降低或者完全去除培养基中的 2，4 － D 等生长素（如金鱼草、矮牵牛）才能发育成胚状体。有些植物在只有细胞分裂素的培养基上也能诱导胚状体（如大麦、檀香）；大多数植物可在生长素与分裂素结合的培养基才能诱导出胚状体（如山茶、花叶芋）。

2. 含氮化合物

除生长素外，培养基中还要求有一定量的含氮化合物。对胚状体的形成有作用的是铵根离子。如果愈伤组织是在含有 KNO_3 和 NH_4Cl 培养基上建立起来的，无论分化培养基上是否含有 NH_4Cl，愈伤组织都能形成胚状体。另外，水解酪蛋白，谷氨酰胺和丙氨酸等对胚状体的发生有一定的作用。

1.4.5.5 原球茎发生型

原球茎是一种类胚组织，可以看作呈珠粒状短缩的、由胚性细胞组成的类似嫩茎的器官。一些兰科植物的茎尖或侧芽培养可直接诱导产生原球茎，继而分化成植株，也可以通过原球茎切割或针刺损伤手段进行增殖培养。

各种再生类型的特点比较见表 1-4-5。

表 1-4-5 各种再生类型的特点比较

再生类型	外植体来源	特　　点
无菌短枝型	嫩节段或芽	一次成苗，培养过程简单，适用范围广，移栽容易成活，再生后代遗传性状稳定，但初期繁殖较慢
丛生芽增殖型	茎尖、茎段或初代培养的芽	与无菌短枝型相似，繁殖速度较快，成苗量大，再生后代遗传性状稳定

续表

再生类型	外植体来源	特　　点
器官发生型	除芽外的离体组织	多数经历“外植体—愈伤组织—不定芽—生根—完整植株”的过程，繁殖系数高，多次继代后愈伤组织的再生能力下降或消失，再生后代易发生变异
胚状体发生型	活的体细胞	胚状体数量多、结构完整、易成苗和繁殖速度快，有的胚状体存在一定变异
原球茎发生型	兰科植物茎尖	原球茎具有完整的结构，易成苗和繁殖速度快，再生后代变异几率小

1.5 灭菌技术

灭菌是指杀死灭菌对象的所有生命体，消毒是杀死或抑制物体有害微生活动，对正常细胞只有轻微的损伤。灭菌与消毒的主要区别在于前者的杀菌强烈；后者作用缓和。但灭菌与消毒是相对的。

1.5.1 灭菌原理

植物组织培养对无菌条件是非常严格的，这是因为培养基含有丰富的营养，易被微生物污染。要达到彻底灭菌，必须根据灭菌对象采取不同的确实有效的方法灭菌，才能保护材料培养时不受杂菌的影响，实现正常生长分化。

1.5.2 灭菌方法

组织培养灭菌方法分为物理灭菌和化学灭菌两类。物理方法是利用高温、射线等杀菌或滤膜过滤除菌等物理措施而实现无菌目的，如干热（烧烤和灼烧）、湿热（蒸煮或加压蒸煮）、射线处理、超声波、微波处理、流体过滤除菌（空气、溶液）、离心沉淀及大量无菌水反复冲洗等技术措施。化学方法是利用各种化学药剂对杂菌进行杀灭作用而实现无菌的目的，常使用灭菌剂有氯化汞（升汞）双氧水、来苏水、高锰酸钾、漂白粉和酒精等。

1.5.2.1 物理方法

物理灭菌是指能杀灭或去除外环境中一切微生物的物理方法。以下着重介绍组织培养中常用的灭菌方法。

1. 过滤灭菌

包括空气过滤除菌和液体过滤除菌。其过滤原理是空气或液体通过滤膜后，使空气或溶液中的细菌和真菌的孢子因大于滤膜直径而无法通过滤膜，从而达到灭菌的效果。超净工作台的工作区就是采用空气过滤除菌，通过不同等级滤膜的层层过滤而实现除菌，即首先通过粗的过滤膜将空气中的较大颗粒的灰尘过滤掉，再通过亚高效过滤膜将较小的灰尘颗粒和各种微生物过滤掉，最后只有无菌的空气渡过，接种创造一个无菌的场所。液体过滤灭菌主要用于对高温、高压不稳定的物质，如赤霉素、玉米素和某些维生素的灭菌。溶液量大时，常使用抽滤装置；溶液量小时，可用注射器（图 1-5-1）注射器在使用前对其高压灭菌，将滤膜装在注射器的靠针管处，将待过滤的液体装入注射器，推压注射器活塞杆，溶液压出滤膜（其孔径一般为 0.3 ~ 0.45 μm 左右），从针管压出的溶液就是无菌溶液。

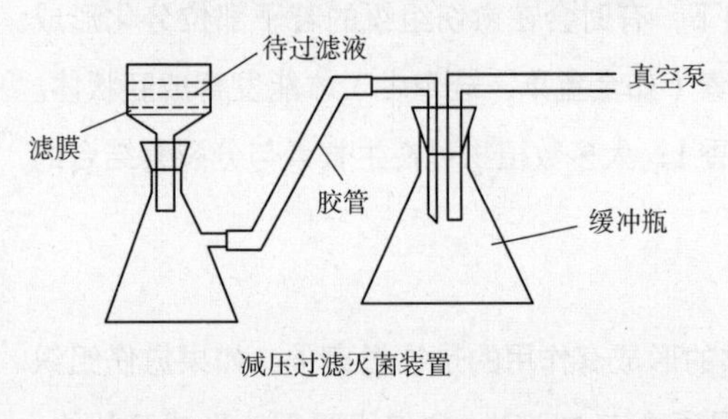

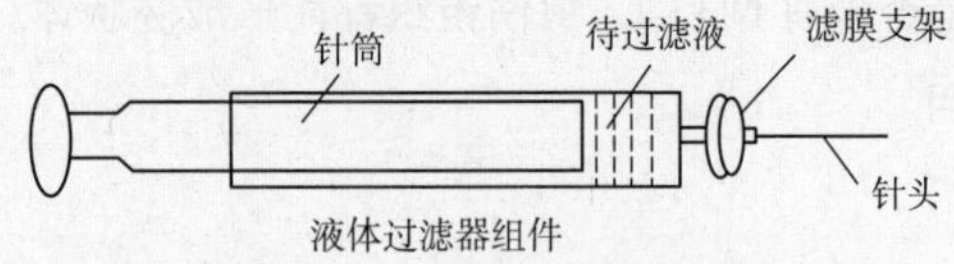

图 1-5-1　液体过滤灭菌装置

（引自 程家胜．植物组织培养与工厂化育苗技术．北京：金盾出版社，2003）

2. 干热灭菌

干热灭菌又包括灼烧灭菌和烘烤灭菌两种。

（1）灼烧灭菌。是组培工作中常用来对接种工具灭菌的方法之一。将镊子、剪子及解剖刀浸在 95% 的酒精中，使用之前取出在酒精灯火焰上灼烧灭菌。冷却后即可使用。

（2）烘烤灭菌。是利用烘箱加热到 160 ~ 180℃的温度来杀死微生物。原理是利用高温的烘烤实现灭菌，灭菌温度与灭菌时间成反比，即温度较高时，灭菌时间较短。一般设定为 170℃，灭菌时间为 2 ~ 3h。玻璃器皿（如三角瓶和培养皿等）金属操作器械（剪子、镊子、解剖刀及接种针等）均可用此方法灭菌，干热灭菌的物品要预先洗干净并干燥，还要妥善包扎，以免灭菌后取用时重新污染。在进行烘烤灭菌时应注意以下几点。

1）在进行干热灭菌时，待灭菌的物品不应在烘箱内排得太满、太挤，以妨碍空气流通，造成温度不均匀。

2）达到设定温度后要记录时间，到规定时间后切断电源。必须待到充分冷却后才能打开烘箱，以防玻璃器皿因骤冷而收缩不均匀造成破裂。

3. 压力蒸汽灭菌

压力蒸汽灭菌主要用于培养基、接种工具及无菌水等的灭菌。其灭菌原理：在密闭的蒸汽锅内，其中的蒸汽不能外溢，压力不断上升，使水的沸点不断提高，从而锅内的温度也随之增加。在 0.1MPa 压力下，锅内温度达 121℃。在此蒸汽温度下，可以很快杀死各种细菌及其高度耐热的芽孢。影响湿热灭菌效果的因素有以下几方面。

（1）灭菌器内冷空气排出的程度。冷空气的存在影响蒸汽的温度和穿透力。冷空气排出的程度和灭菌器内温度的关系见表 1–5–1。

表 1–5–1　压力蒸汽灭菌锅内空气排出量与温度的关系

表压			排出不同程度冷空气时灭菌器内温度（℃）				
lb/in^2	kg/cm^2	kPa	全排出	排出 2/3	排出 1/2	排出 1/3	未排出
5	0.35	34.48	109	100	94	90	72
10	0.70	68.95	115	109	105	100	90
15	1.05	103.43	121	115	112	109	100
20	1.41	137.90	126	121	118	115	109
25	1.76	172.38	130	126	124	121	115
30	2.11	206.85	135	130	128	126	121

注　lb/in^2 表示磅每平方英寸（引自 薛广波，1993）。

（2）灭菌物品的数量、包装和放置。灭菌物品的包装不宜太大，也不宜扎太紧。放入高压锅内的物品应少于内锅容积的 85%，摆放物品时，应留有空隙以利于蒸汽的穿透，切忌形成死腔。陶瓷的盆、实验服及口罩纺织品等应垂直放置，空瓶的瓶口不应向上。

（3）加热速度。由于蒸汽穿透需要时间，所以当加热速度太快时，灭菌器内的温度已达到所需的温度，但物品内温度仍然没有达到，则杀菌效果就不理想。所以应按正常速度加热。

（4）超高热蒸汽。在一定压力下，若锅内的蒸汽温度超过饱和状态下应达到温度的 2℃以上，则为超高热蒸汽。虽然温度高，但水分不足，遇到灭菌物品不能凝结成水，导致不能释放出潜热，所以对灭菌不利。为了避免这种现象出现，锅内的水量应多于产生蒸汽所需的水量，即水量应放足。另外，灭菌物品不宜太干燥。

4. 紫外线灭菌

主要用于接种室、缓冲室、超净工作台或接种箱的灭菌。其原理是利用辐射因子灭菌。细菌吸收紫外线后，蛋白质和核酸发生结构变化，引起细菌的染色体变异，导致死亡。紫外线的波长为 200 ~ 300nm，其中以 260nm 的杀菌能力最强，但是由于紫外线的穿透力很弱，所以只适于空气和物体表面的灭菌，而且要求距照射物以不超过 1.2m 为宜。

1.5.2.2　化学灭菌

化学灭菌是指利用化学物质杀灭及抑制微生物质方法。这物质称为灭菌剂（有时也称为消毒剂）。按其作用水平，可分为灭菌剂（即高效消毒剂）、中效消毒剂、低效消毒剂、防腐剂和保藏剂。植物组培中用到的消毒剂主要是高效消毒剂和中效消毒剂。高效消毒剂能杀灭一切微生物，如甲醛与高锰酸钾混合进行室内熏蒸灭菌。中效消毒剂除不能杀灭有足够有机物保护的细菌、芽孢外，其他微生物均可被杀灭，如用次氯酸钠对植物进行消毒。植物组织中常用的化学灭菌方法如下。

1. 熏蒸灭菌

即用加热焚烧、氧化等方法，使化学药剂变为气体状态扩散到空气中，以杀死空气和物体表面的微生物。这种方法简便，只需要把消毒的空间密封即可。在组培中常用此方法［按照甲醛（40%）10mL/m^{3}和高锰酸钾5g/m^{3}计算用量］对无菌室和培养室灭菌。

2. 涂抹灭菌

桌面、墙面、双手及植物材料表面等可用70% ~ 75%的酒精或0.2%新洁尔灭等化学药剂反复涂抹灭菌。

3. 喷雾灭菌

接种室空间或物体表面可用70% ~ 75%酒精或0.2%新洁尔灭溶液作喷雾处理，可杀死空间的微生物。此外，也可使悬浮在空间的灰尘沉降到地面。

4. 浸泡灭菌

把接种器械、接种材料直接浸泡在一定浓度的消毒剂中，达到灭菌的目的。

1.5.3 无菌室空气污染情况的检验

定期检验无菌室空气污染情况，对改进灭菌措施及提高成品率是非常必要的。

1.5.3.1 平板检验法

在事先熏蒸好的接种室使用前0.5h或1h，将盛有常规培养平板的培养皿打开，不同时间段盖好培养皿。以不打开的培养皿作为对照皿。供试培养皿与对照培养皿一起放入30℃的温箱中培养48h，检查有无菌丝生长，并由菌落形态，判断杂菌种类。一般要求开盖5min的培养皿中菌落不超过3个。

1.5.3.2 斜面检验法

将常用的琼脂斜面培养基各取两管放入接种室，按无菌操作将其中一管的棉塞通过火焰，塞回试管，连同对照一起培养。经48h后，检验有无杂菌生长。以开塞30min的斜面培养基不出现菌落为合格。

1.5.3.3 空气污染情况检验

在接种操作开始时，按上述方法打开盛有常规培养基的培养皿盖子或试管塞，经5min、30min或直到工作结束时再盖好，以检验在不同的使用时间内空气污染的程度。

本 章 小 结

植物组织培养的基本技术
- 实验室的设计
  - 设计原则：防止污染；设计科学和高效；工作方便；安全
  - 实验室组成：洗涤室；配制室；灭菌室；缓冲室；接种室；培养室；观察室；驯化室
- 培养基
  - 配制培养基的目的：提供外植体的营养源，以满足其正常生长发育
  - 培养基的主要成分：大量元素；微量元素；铁盐；有机质；激素
  - 常用培养基的特点：MS培养基可满足绝大多数植物的营养和生理需要
  - 培养基的筛选：阐明了培养基筛选的途径及常用筛选的方法
- 外植体
  - 种类：主要有细胞；原生质体；器官；组织
  - 灭菌剂的选择：常用的有酒精；次氯酸钠；氯化汞等
  - 接种与培养
    - 接种方法：横插法和竖插法
    - 培养条件：主要指对光照；温度；湿度；pH值
- 灭菌技术
  - 原理：必须根据灭菌对象采取不同的确实有效的方法灭菌
  - 方法
    - 物理灭菌法：高温高湿灭菌法；燃烧灭菌法；过滤灭菌法
    - 化学灭菌法：熏蒸法；涂抹法；浸泡法；喷雾法

复习思考题

1. 名词解释

培养基　外植体　接种　胚状体

2. 填空题

（1）植物组织培养要在严格无菌的条件下进行操作，因此实验室的设计首先要有________室。其次，被培养的植物器官、组织及细胞等外植体的生长、发育必须要有适宜的温度、湿度、光照等条件，所以必须具备有一定设备和条件的________室。此外，器皿洗涤、化学药品的配制以及培养基的高压灭菌等项工作也需要一定的场所及设备，还需建立________室等。

（2）组培中常用的仪器设备有用于保存和组培材料的________；控制接种室和培养室温度的________；用于试剂和母液的储藏以及某些材料预处理的________；用于溶解难溶药品和熔化琼脂用的________。

（3）细胞分裂素 / 生长素浓度的高低决定了外植体的发育方向，比值________促进行根的生长，这时________占主导地位；比值________促进芽的生长，这时________占主导地位。

（4）用烘箱迅速干燥洗净后的玻璃器皿时温度可以设在________℃温度范围内，而若用它高温干燥灭菌需在________℃温度下 1 ~ 3h；烘干植物材料的温度是________℃。

3. 选择题

（1）MS 培养基配方中规定：NH_4NO_3、KNO_3 和 $MgSO_4 \cdot 7H_2O$ 的量分别为 1650mg/L、1900mg/L 和 370mg/L，现在要将这三种物质配成 1 个母液（先用少量蒸馏水分别溶解，然后依次混合，再加蒸馏水定容至 1000mL，配成 50 倍液），那么这三种物质应分别称取________g。

A. 165、195 和 37　　B. 0.165、0.195 和 0.37　　C. 82.5、95 和 18.5　　D. 825、950 和 185

（2）在组培中用于灭菌的主要仪器设备有________。

A. 电炉、过滤器、煤气灶　　B. 超净工作台、超低温冰箱

C. 高压灭菌器或过滤器、超净工作台　　D. 微波炉、煤气灶、纯水发生器

（3）植物组织培养的培养基，其数量多至几十种。其中应用最广泛的是________培养基；水稻花药培养诱导愈伤组织过程中常用________培养基；________培养基常用于离体根的液体培养。

A. N_6　　B. SH　　C. B_5　　D. MS　　F. White

（4）外植体表面灭菌的灭菌剂常采用________，低毒有效的灭菌剂常采用________，灭菌效果最好但较难清除的是________。

A. 2% 次氯酸钠　　B. 2% 次氯酸钙　　C. 漂白粉饱和溶液

D. 95% 酒精　　E. 70% 酒精　　F. 0.1% ~ 1% 升汞（氯化汞）

（5）分装后的培养基应放于________条件下进行灭菌。

A. 110℃，10 ~ 15min　　B. 123℃，10 ~ 15min

C. 150℃，15 ~ 20min　　D. 121℃，15 ~ 20min

（6）外植体接种时，刀、剪子、镊子等用具一般在使用前浸泡在________中，用时在火焰上灼烧灭菌，冷却后使用。

A. 70% 酒精　　B. 95% 酒精　　C. 85% 酒精　　D. 0.1% 氯化汞

4. 判断题

（1）琼脂是常用的凝固剂，一般适宜的浓度为 0.6% ~ 1.0%（即 6 ~ 10g/L）。现有一种固体培养基未能很好地凝固，这可能是由于培养基的 pH 值偏低或琼脂量太少等原因造成的。

（2）在培养基中加入适量的活性炭，其目的主要是利用其吸附能力，减少一些有害物质的影响，例如防止酚类物质污染而引起组织褐化死亡。这在兰花组织培养中效果更明显。

（3）生长素一般溶于 0.1mol/L 的 NaOH 中，常配成浓度为 0.1 ~ 1.0mg/mL 的溶液储于冰箱中备用。

（4）糖在植物组织培养中是不可缺少的，它作为离体组织赖以生长的碳源，而且还能使培养基维持一定的渗透压。一般多用蔗糖，其浓度为 1% ~ 5%，也可用砂糖、葡萄糖或果糖等。

（5）灭菌时应注意某些生长调节物质如 GA_3 及 ZT 等以及某些维生素遇热不稳定，不能和培养基一起高温高压灭菌，而要进行过滤灭菌。

（6）玻璃器皿可采用湿热灭菌法，即将玻璃器皿包扎后置入蒸汽灭菌锅中进行高温高压灭菌 25 ~ 30min。

5. 问答题

（1）培养基母液配制的意义是什么?

（2）外植体选择时应注意哪些?

技能 1-1　参观学习植物组织培养实验室

【要求目标】

1. 能够准确说出组培室的设计原则与总体要求。
2. 掌握植物组织培养的生产工艺流程。
3. 熟悉组培中常用仪器设备及用具的原理和使用方法。

【仪器用具】

超净工作台、空调机、蒸馏水发生器、高压灭菌锅、远红外高温灭菌器、普通冰箱、微波炉、电磁炉、显微镜、电子天平、普通天平、分注器、培养架、摇床、酸度计、培养箱、烘箱等设备，以及各种玻璃器皿和各种器械用具。

【方法步骤】

1. 由指导教师讲解本次实验的目的、要求及内容。
2. 将全班同学分成 2 组，学生带着问题分组参观并讨论实验室设计原理及要求。
3. 由指导教师介绍仪器设备的构造、原理、使用方法及注意事项。
4. 由教师介绍组培苗生产工艺流程。
5. 每个小组的同学设计一个比较合理的组培实验室。

【考核标准】

考核方案详见技能表 1-1-1。

技能表 1-1-1　　考 核 方 案

序号	考核项目	考 核 标 准	分值
1	实训态度	遵守实验室规定和实训纪律要求，认真听讲，积极思考，具有合作意识	10
2	实验室组成与设计要求	能够准确说出实验室的设计原则；总体要求；基本组成；以及各分室的功能与具体设计要求	10

续表

序号	考核项目	考核标准	分值
3	仪器设备的构造与原理	比较全面、准确地说出或指出仪器设备的构造；清楚仪器设备的工作原理	20
4	仪器设备的使用	操作规范、准确、熟练	20
5	组培工艺流程	准确说出组培苗的工艺流程，上下工序环节衔接紧凑、顺畅	20
6	组培室的设计方案	结构科学合理	10
7	实训报告	书写字迹工整；内容准确	10
合计			100

【注意事项】

1. 实训前指导教师必须做好充分的准备。明确组织培养实验室的规章制度及其特殊性，强调参观的纪律。

2. 指导教师集中介绍仪器设备的安全隐患，培养学生安全意识，要求学生正确操作和安全使用仪器设备。

3. 受实验室空间、仪器设备台数和教学时间的限制，学生应分组交替训练。教师加强组织与协调。

技能 1–2　玻璃器皿及用具的洗涤

【要求目标】

要求对玻璃器皿及用具的洗涤做到洗涤及时与彻底，达到玻璃器皿洗涤标准。

【材料与试剂】

新购和用过的培养皿、锥形瓶、罐头瓶、果酱瓶、试管及广口瓶等玻璃器皿；污染瓶（管）；待洗的移液管、吸管、量筒、量杯及容量瓶等量具；重铬酸钾、浓硫酸、浓盐酸、市售洗涤剂和洗衣粉、高锰酸钾、95% 酒精与蒸馏水等洗涤用品。

【仪器用具】

磁力搅拌器、烘箱、高压灭菌器、分析天平、水池（槽）、工作台、无尘柜、电炉子、铝锅、塑料盆、塑料桶、烧杯（500mL、1000mL）、容量瓶（500mL、1000mL）、量筒（100mL、500mL、1000mL）、试管夹、试管刷、玻璃棒、晾干架、橡胶手套以及周转筐等。

【方法步骤】

1. 配液

根据洗涤玻璃器皿的数量和盛装洗涤的器具大小，分别配制 70% 酒精溶液、0.1% ~ 1% 高锰酸钾溶液、1% 稀盐酸溶液、4% 的重铬酸钾 – 硫酸溶液（洗液）、10% ~ 20% 洗衣粉溶液及洗涤液等。

2. 根据洗涤对象不同进行分类洗涤

（1）新购玻璃器皿的洗涤方法。一种是酸洗法：先用 1% 稀盐酸或洗液浸泡 4h 以上（或改用洗涤剂洗液），然后用来水清洗，接下来再用蒸馏水冲洗，然后将其倒扣在晾干架或工作台上晾干或烘干存放在无尘柜子中保存以待备用。另一种是碱洗法：先用 10% ~ 20% 温热洗衣粉液刷洗，然后用 60 ~ 70℃ 热水或自来水清洗，接下来再用蒸馏水冲洗，最后将其倒扣在晾干架或工作台上晾干或烘干存放在无尘柜子中保存以待备用。

（2）使用过的玻璃器皿的洗涤方法。先除去残余培养基或残渣用自来水浸泡 1h，然后用洗涤剂或洗衣粉溶液浸泡并刷洗，接下来再用自来水或清水漂洗干净，最后将其用蒸馏水冲洗 1 次后晾干存放于无尘柜子中以待备用。

（3）污染瓶（管）的洗涤方法。用 1%$KMnO_4$ 溶液或 70% ~ 75% 酒精浸泡消毒后再清洗。清洗时一般选用碱洗法，如果玻璃器皿上粘有蛋白质或其他有机物时，就用酸洗法，也可将污染瓶（管）先高压灭菌后现用碱洗法洗涤。

（4）移液管、量筒（杯）和容量瓶的洗涤方法。在溶化的洗衣粉水溶液或洗液浸泡若干小时或用95% 酒精溶液反复吸洗数次后，戴上橡胶手套或用试管夹取出器皿，经流水冲洗干净后再用蒸馏水冲洗1～3次，然后将移液管、量筒（杯）分别倒放在移液架或工作台上，垂直晾干，容量瓶置于工作台上，自然晾干。

【考核标准】

考核方案详见技能表1-2-1。

技能表1-2-1　　考核方案

序号	考核内容	考核标准	分值
1	实训态度	能够正确使用信息资源，学习期间积极主动；遵守实验室规定和实训纪律要求	10
2	药品使用	能够按要求配制各类洗涤液	30
3	技能要求	程序正确，操作快	20
4	洗涤效果	玻璃器皿洗涤后透明锃亮，内外壁水膜均一，不挂水珠，无油污和有机物残留	20
5	思考、答辩能力	对工作过程中出现的问题能独立进行分析和解决，并能正确回答工作任务中的主要知识点，具有创新精神	10
6	实训报告	书写文字工整、内容条理清晰	10
合计			100

【注意事项】

1. 为保持洗液能长时间保存不变质，切忌将盛过酒精及甲醛等还原剂药品的玻璃器皿直接放入洗液。使用洗液洗涤时，玻璃器皿一定要干燥。

2. 用于制备或储存培养基母液的玻璃器皿最好专用，且洗涤要及时。

3. 如果玻璃器皿不能及时洗涤，应该立即用清水冲洗后浸泡在水中。

4. 玻璃量具洗涤后最好不要高温烘干，否则易引起量具变形，影响到量取液体的准确性。

5. 洗液是一种危险品，使用时要格外小心。不能用裸露的手伸入洗液中捞取待洗物件。

技能1-3　MS培养基母液的配制与保存

【要求目标】

能够熟练地进行MS培养基母液的配制和保存。

【材料与试剂】

KNO_3、H_4NO_3、$CaCl_2 \cdot 2H_2O$、KH_2PO_4、$MgSO_4 \cdot 7H_2O$、KI、$Na_2MoO_4 \cdot 2H_2O$、H_3BO_3、$ZnSO_4 \cdot 7H_2O$、$MnSO_4 \cdot 4H_2O$、$CuSO_4 \cdot 5H_2O$、$CoCl_2 \cdot 6H_2O$、Na_2-EDTA、$FeSO_4 \cdot 7H_2O$、肌醇、烟酸、VB1、VB6、甘氨酸、6-BA、GA_3、NAA、IBA、1mol/L HCl、1mol/L NaOH、95% 酒精及蒸馏水。

【仪器用具】

电子天平（感量0.0001和0.001）、普通天平（感量0.01）、烧杯（100mL、200mL）、量筒（100mL、10mL）、容量瓶（1000mL、500mL、100mL、50mL）、磨口瓶（1000mL、500mL、100mL）、玻璃棒、胶头滴管、标签纸、钢笔、棕色瓶、药勺及冰箱。

【方法步骤】

1. MS培养基母液的配制。按技能表1-3-1进行MS培养基的母液配制。

2. 将配制好的各种母液分别倒入磨口瓶或棕色瓶中，贴上标签，注明MS培养基母液名称、浓缩倍数（浓度）、配制日期及配制1L培养基时应移取的量。将母液瓶放入普通冰箱内临时保存或低温冰箱内长期低温（1～5℃）保存备用。

3. 填写记录表：母液配制完成后，填写母液配制登记表（技能表1-3-2）以备查阅。

技能表 1-3-1　　　　MS 培养基的母液

母液名称	成分	规定量（mg/L）	扩大倍数	称取量（g/L）	母液体积（mL）	1L 培养吸取量（mL）
大量元素母液（Ⅰ）	KNO_3	1900	50	95.0	1000	20
	NH_4NO_3	1650		82.5		
	$MgSO_4 \cdot 7H_2O$	370		18.5		
	KH_2PO_4	170		8.5		
钙盐	$CaCl_2 \cdot 2H_2O$	440	100	22.0	500	10
微量元素母液（Ⅱ）	H_3BO_3	6.2	200	0.62	500	5
	$MnSO_4 \cdot 4H_2O$	22.3		2.23		
	$ZnSO_4 \cdot 7H_2O$	8.6		0.86		
	KI	0.83		0.083		
	$Na_2MoO_4 \cdot 2H_2O$	0.25		0.025		
	$CuSO_4 \cdot 5H_2O$	0.025		0.0025		
	$CoCl_2 \cdot 6H_2O$	0.025		0.0025		
铁盐母液（Ⅲ）	Na_2-EDTA	37.3	100	1.865	500	10
	$FeSO_4 \cdot 7H_2O$	27.8		1.390		
有机质母液（Ⅳ）	肌醇	100	200	5.0	250	5
	甘氨酸	2		0.1		
	烟酸	0.5		0.025		
	VB6	0.5		0.025		
	VB1	0.1		0.005		

技能表 1-3-2　　　　MS 母液和常用激素母液配制登记表

母液名称 / 单位名称	大量元素母液（Ⅰ）	钙盐母液	微量元素母液（Ⅱ）	铁盐母液（Ⅲ）	有机质母液（Ⅳ）	激素母液			
						6-BA	NAA	IBA	GA_3
浓缩倍数									
母液配制日期									
主要负责人签字			计算人签字			配制母液人签字			

【考核标准】

考核方案详见技能表 1-3-3。

技能表 1-3-3　　　　考核方案

序号	考核内容	考核标准	分值
1	实训态度	能够正确使用信息资源，学习积极主动，全部出席	10
2	准备工作	认真准备实验用品、计算正确	15
3	称药熟练度	天平操作正确、称药熟练	15
4	玻璃棒使用	玻璃棒使用正确、试剂完全溶解	15
5	母液管理	定容准确、标识清楚、无沉淀发生、存放于4℃冰箱内	15
6	协作精神	分工合理、相互协作、台面干净、完成速度快	10
7	解决问题能力	对工作过程中出现的问题进行分析和解决，并能正确回答工作任务中的主要知识点，具有创新精神	10
8	实训报告	书写文字工整、内容条理清晰	10
合计			100

【注意事项】

1. 配制母液所需药品应采用分析纯或化学纯试剂。

2. 配制母液用水为蒸馏水或去离子水，试剂可以通过加热或磁力搅拌器上加速溶解。

3. 母液保存时间不宜过长，大量元素母液最好在 1 个月内用完，如发现母液有混浊或沉淀现象发生，则弃之勿用。

4. 母液浓度不能过高，否则易产生结晶，影响试验效果。

技能 1–4 MS 固体培养基的配制

【要求目标】

熟练掌握 MS 固体培养基配制与灭菌的过程。

【材料与试剂】

MS 培养基的各种母液和激素母液、琼脂、蔗糖、蒸馏水、0.1mol/L NaOH 和 0.1mol/L HCl。

【仪器用具】

电磁炉、托盘天平、酸度计、移液管架、移液管、吸球、量筒、刻度烧杯、带有刻度的搪瓷杯、玻璃棒、培养瓶、注射器、无菌封口膜、标签或记号笔及棉绳等。

【操作步骤】

本次试验以 1L MS 不加生长调节物质的固体培养基的配制为例。

1. 准备工作：培养基配制前，首先要培养对象、培养部位、培养方式确定培养基配方，然后根据培养材料和实验处理的多少，确定培养基用量。

2. 移取母液：首先按照大量元素母液、钙盐母液、微量元素母液、铁盐母液及有机质母液顺序排列好。然后用吸管提取母液，放入盛有一定蒸馏水的烧杯中。配制 1L MS 培养基所需各母液量如下。

大量元素母液（Ⅰ）20mL　　钙盐母液 10mL

微量元素母液（Ⅱ）5mL　　铁盐母液（Ⅲ）10mL

有机质母液（Ⅳ）5mL

3. 称量蔗糖和琼脂：用托盘天平分别称取 0.6% ~ 1.0% 的琼脂和 2% ~ 3% 的蔗糖。

4. 培养基熬制：按配方称出规定数量的琼脂放入带有刻度的搪瓷杯中，再加入蒸馏水至培养基最终容积的 3/4 左右，在电磁炉上进行加热。先旺火烧开，再文火煮，并经常搅拌（防止糊锅和溢出），使之完全溶解为止。然后放入白糖和母液的混合液。

5. 定容：将熬制好的培养基倒入 1000mL 量筒中加入蒸馏水定容至 1L。

6. pH 值调整：待培养基温度下降 50 ~ 55℃时，用酸度计检测 pH 值，如果培养基 pH 值不符合规定值，可滴加 0.1mol/L NaOH 或 0.1mol/L HCl 溶液，进行调整至合适的值，多数植物要求 pH 值 5.8。

7. 分装与封口：趁热将培养基分装到培养容器中。培养基的量应占容器的 1/5 ~ 1/3。分装后立即加盖或用棉线绳扎紧高压聚丙烯塑料封口膜。

8. 标识与记录：先在培养容器上贴上标签或记号笔在瓶壁上注明培养基的代号及配制时间。然后填好培养基配制登记表（技能表 1–4–1）以便查对。

技能表 1–4–1　　培养基配制登记表

配制日期	培养基代号	使用对象	培养基体积	培养基 pH 值	制作人签字

【训练标准】

考核方案详见技能表 1–4–2。

技能表 1–4–2　　考 核 方 案

序号	考核项目	考 核 标 准	分值
1	实训态度	能够正确使用信息资源，学习期间积极主动，全部出席	10
2	母液的移取	母液移取准确；一次性移取；不滴不漏；移液管与母液瓶一一对应；母液不要吸入吸球内；2min内完成母液的移取工作	15
3	琼脂的溶解	先用旺火烧开，再用文火煮溶；熬制时不糊锅；熬好的培养基液体为澄清透明	10
4	pH 值	能够正确调节培养基 pH 值	10
5	定容	平视溶液凹面与刻度线对齐	10
6	分瓶	培养基不能溅留在培养瓶口	15
7	封口	采用无菌封口膜时，扎绳位置在瓶颈处，松紧适宜，线绳不重叠。1min 内封完 10 个培养瓶为满分	10
8	思考、答辩能力	对工作过程中出现的问题能独立进行分析和解决，并能正确回答工作任务中的主要知识点，具有团结协作和创新精神	10
9	实训报告	书写文字工整、内容条理清晰	10
合　　计			100

【注意事项】

1. 配制固体培养基时，蔗糖在琼脂完全溶解后加入。

2. pH 值应比要求调高 0.3 ~ 0.5 个单位。

3. 培养基在分装时不要将培养基沾污容器口壁。

4. 预先检查好高压聚丙烯塑料封口膜确无损之处。

技能 1–5　外植体的选择与接种

【要求目标】

掌握植物外植体表面消毒的常规方法和接种技术。

【材料与试剂】

培养材料（根、茎、叶或种子等）、0.1%$HgCl_2$、漂白粉溶液、无菌水、70% 酒精、95% 酒精、2% ~ 10% 次氯酸钠、吐温 – 80、无菌水、肥皂及洗衣粉等。

【仪器用具】

超净工作台、盛有培养基的培养瓶、高温灭菌器、解剖刀、剪刀、镊子、酒精灯、废液杯、毛刷、纱布、酒精棉球、灭过菌的滤纸、记号笔、无菌培养皿及小型喷雾器等。

【方法步骤】

1. 外植体的预处理与消毒

对于不同材质的外植体应采用不同方法进行处理与消毒（详见技能表 1–5–1）。

2. 外植体的接种

（1）用水和肥皂洗净双手，穿上无菌专用实验服、帽子与鞋子，进入接种室。

（2）打开超净工作台和无菌操作室的紫外灯，照射 20min。

（3）操作前 10min 使超净工作台处于工作状态，让过滤室空气吹拂工作台面和四周的台壁。

（4）照射 20min 后，关闭紫外灯。

（5）用 70% 酒精擦拭工作台和双手。

技能表 1-5-1　　外植体的处理与消毒方法

外植体名称	预处理方法	灭菌方法
根及地下部器官	剪除老根、烂根；切除损伤及污染严重部位；用软毛刷刷洗，去除泥土、虫卵等附属物；幼根剪或切成 1 到几公分长的根段	首先进行流水冲洗—70%（75%）酒精漂洗 5min—无菌水漂洗 3 遍—0.1%$HgCl_2$ 浸泡 5min（2% 次氯酸钠液浸泡 15min）—无菌水漂洗 5 次
茎尖、茎段	剪或切除枝条上的叶片、叶柄及刺、卷须等附属物；软质枝条用软毛刷蘸着肥皂水刷洗、对于硬质枝条用刀刮去枝条表面的蜡质、油质茸毛等；然后将其剪成 2 ~ 3cm 长的并且带 2 ~ 3 腋芽茎段为宜	首先进行流水冲洗—70% 酒精浸泡 30s—根据材料老嫩程度分别采用 2% 的次氯酸钠溶液浸泡 10min 或用 0.1%$HgCl_2$ 浸泡 3min—无菌水漂洗 5 次
叶片	叶片带油脂、蜡质、茸毛，可以用毛笔蘸肥皂水刷洗；较大叶片可剪成若干带叶脉的叶块，大小以能放入冲洗用容器即可	首先进行流水冲洗 5min—70% 酒精浸泡 30s—0.1%$HgCl_2$ 浸泡 3min—无菌水漂洗 5 次
花器	通常无需修整	直接用于 70% 酒精浸泡 30s—无菌水冲洗 3 次—饱和漂白粉滤液中浸泡 10min—无菌水漂洗 5 次—方可用于接种
胚及胚乳	一般不用修整，直接冲洗。种子、胚、胚乳培养时，对于种皮较硬的种子，可去除种皮或预先用低浓度的盐酸泡或机械磨损	种子表面灭菌后剥离出胚或胚乳直接用于接种。
果实及种子		流水冲洗 10min—70% 酒精浸泡 5min—无菌水冲洗 3 次—用 0.1%$HgCl_2$ 浸泡 3min—无菌水漂洗 5 次

（6）用蘸有 70% 酒精的纱布擦拭装有培养基的培养器皿，放进工作台。

（7）把解剖刀、剪刀及镊子等器械插入高温灭菌器内 15s，取出后放在器械架上。

（8）将无菌的外植体从容器中取出放在无菌滤纸上进行吸干后进行切割。

（9）用火焰烧瓶口，转动瓶使瓶口各部分都烧到，打开瓶口。

（10）把外植体放入培养基上（插入培养基中）盖好瓶口。

（11）接种结束后，清理和关闭超净工作台。

（12）用装有 70% 酒精小喷壶对超净工作台进行再次消毒处理。

【训练标准】

考核方案详见技能表 1-5-2。

技能表 1-5-2　　考核方案

序号	考核内容	考核标准	分值
1	实训态度	能够正确使用信息资源，学习期间积极主动，全部出席	10
2	外植体选取	老幼程度、部位、大小、时期正确	10
3	外植体处理与灭菌	预处理得当，正确地使用消毒液	10
4	操作台准备工作	物品摆放正确，消毒正确	10
5	接种工具灭菌	正确使用高温灭菌器对接种工具进行灭菌	10
6	外植体切割与接种	外植体切割大小与接种方法正确	15
7	操作能力	在操作过程中同学达到规范、准确及迅速	15
8	思考、答辩能力	对工作过程中出现的问题能独立进行分析和解决，并能正确回答工作任务中的主要知识点，具有创新精神	10
9	实训报告	书写文字工整、内容条理清晰	10
		合计	100

【注意事项】

1. 外植体识别要准确，采集回来后应尽早使用。

2. 外植物在消毒时每个之间不能重叠，以免发生消毒不彻底现象。

3. 在使用消毒液量一定要充分浸没材料，并且要适度力搅拌以防损伤外植体。

4. 据外植体的取材部位和老幼程度来灵活掌握灭菌时间。

5. 切割外植体所用的无菌滤纸应及时更换。

6. 接种工具在每次使用前要全面充分灭菌。

7. 接种时外植体夹取力要适当，否则存在力小外植体会滑落，力大外植体会损伤。

8. 接种的培养瓶要在酒精灯火焰的有效范围内拿成与水平面形成 45° 角，防止灰尘落入瓶中。

技能1-6 灭 菌 技 术

【要求目标】

能够根据灭菌对象选用适合的灭菌方法和灭菌剂。

【材料与试剂】

待灭菌的培养基、手术刀、手术剪、镊子、培养皿、实验服、口罩、实验帽、定性滤纸、40% 甲醛、高锰酸钾、70% ~ 75% 酒精、0.1% 新洁尔灭、3% 来苏水及洗衣粉等。

【仪器用具】

臭氧发生机、高压锅、远红外高温灭菌器、液体过滤灭菌器、烘箱、分析天平、托盘天平、磁力搅拌器、移液枪、手按工喷壶、滤纸、手套、耐高温塑料袋、棉绳和脱脂棉球等。

【操作步骤】

1. 培养基灭菌

（1）高压蒸汽灭菌法。

1）加水。在高压灭菌锅中加入适量水，以淹没电热丝为宜。

2）装锅。将待灭菌培养基分层装入锅内，注意瓶与瓶之间适当要有一定空隙。然盖上锅盖，对称地拧紧螺旋，防止漏气。

3）排气。高压灭菌锅内空气排尽，排气的方法有两种：一种是先打开放汽阀，当放汽阀有大量蒸汽冒出时，继续排气 3 ~ 5min；另一种是当压力达 0.05MPa，缓慢打开放气阀，继续排气 3min 即可。

4）保压。关闭放气阀，继续加热，当压力达 0.108MPa，温度 121℃时，开始计时，保持压力 0.105 ~ 0.120MPa，持续时间参考技能表 1-6-1；最后切断电源或热源。

技能表 1-6-1　　培养基高压蒸汽灭菌所需最少时间

容器的体积（mL）	在 121℃灭菌所需最少时间（min）
20 ~ 50	15
75 ~ 150	20
250 ~ 500	25
1000	30

5）降压。可采用自然降压，或当压力降到 0.05MPa 以下时，缓慢放气，使压力降至 0。

6）出锅。打开锅盖，取出培养基。

（2）植物生长调节剂、抗生素及维生素过滤除菌法。

1）用具准备，将细菌过滤器与孔径小于 0.45μm 滤膜用报纸包扎好，在 0.108MPa 压力下灭菌 15 ~ 30min。

2）分别配制一定浓度的生长调节剂、抗生素及维生素等放入超净工作台上。

3）双手消毒，然后在超净工作台上组装过滤灭菌装置。

4）在超净工作台上，按配方要求将植物生长调节剂（抗生素、维生素）加入培养基中。若为固体培养基，在培养基冷却至 50 ~ 60℃时加入，再混合均匀即可；液体培养基可在培养基冷却至低于 30℃时加入。

2. 玻璃器皿和用具的消毒灭菌

（1）干热灭菌方法。

1）包扎。用牛皮纸将洁净的培养皿、吸管及三角瓶等玻璃器皿包扎起来，培养皿 10 套一包。

2）装箱。将包扎好的器皿均匀放烘箱内，关闭箱门。

3）灭菌。接通电源，开启干燥箱上的开关，打开箱顶排气孔以排除水汽。若配有鼓风机设备，可同时开动其，以加速干燥。待温度升至 100 ~ 105℃时关闭排气孔。温度升至 160 ~ 170℃时开始计时，维持此温 1h 后关闭电源。注意箱温勿超过 180℃，以免引起包装物着火。

4）取出物。灭菌完毕后，必须等箱温降至 60℃以下时方能开箱取物，以免造成玻璃器皿爆裂。

（2）高压湿热灭菌法。将玻璃器皿和接种工具装入耐压塑料袋，放入高压灭菌锅内与培养基同时灭菌。

（3）擦拭与灼烧灭菌法。接种前首先用酒精棉擦拭接种工具如接种用镊子、手术刀、剪子、滤纸，然后放在酒精灯外焰上烧烤灭菌。

3. 超净工作台消毒

（1）涂抹消毒。超净工作台台面用 70% ~ 75% 酒精棉球擦拭。

（2）紫外线照射。打开无菌操作室内的紫外线灯和操作台上的紫外灯进行照射 20 ~ 30min。

4. 实验服、口罩、帽子、滤纸、无菌水灭菌

（1）高压湿热灭菌。将实验服、口罩、帽子及滤纸分别装入耐压塑料袋中扎紧口；将蒸馏水装入三角瓶内用无菌封口膜封好，方法同培养基灭菌。

（2）紫外线照射。在接种前将实验服、口罩和帽子挂置接种室或放置于超净工作台上进行紫外灯照射 20 ~ 30min。

5. 培养材料灭菌

见技能 1–5。

6. 接种室与培养室的灭菌

（1）药物熏蒸灭菌法。按 5 ~ 8mL/m³ 、5mL/m³ 的用量分别量（称）取 40% 甲醛和高锰酸钾，倒入烧杯中，利用产生的烟雾对室内进行熏蒸灭菌。

（2）药物擦拭灭菌法。用 3% 来苏水拖地与用 0.1% 高锰酸钾溶液擦拭培养架进行灭菌。

（3）药物喷洒灭菌。用 70% ~ 75% 酒精或 0.2% 新洁尔灭喷洒室内及四周，要求喷洒全面、均匀。

【训练标准】

考核方案详见技能表 1–6–2。

技能表 1–6–2　　考 核 方 案

序号	考核内容	考 核 标 准	分值
1	实训态度	能够正确使用信息资源，学习期间积极主动，全部出席	10
2	准备工作	能够按照技能要求准备好各种试材与设备	20
3	知识的掌握	能够准确理解和说出灭菌原理	10
4	灭菌方法	灭菌方法选择适宜，针对性强	20
5	操作能力	操作程序规范，工序衔接紧凑	10
6	效果检验	经检验灭菌效果合格	10
7	具有解决和分析问题能力	对工作过程中出现的问题进行分析和解决，具有创新精神	10
8	实训报告	书写文字工整、内容条理清晰	10
合　计			100

【注意事项】

1. 培养基装锅时一定要注意容器的放置，防止过度倾斜溢出容器外或接触到瓶口。

2. 灭菌锅内空气必须排尽，否则会由于空气存在，蒸汽达不到应有的温度，而影响灭菌效果。

3. 在保持灭菌要求压力过程中，要严格控制灭菌时间和温度，时间过长或温度过高会使培养基中营养物质遭到破坏；时间过短或温度低于 121℃会影响灭菌效果。

4. 最好采用自然降温，如果排汽降压，一定要缓慢排汽，否则易造成锅内容器破裂或液体喷出伤人。

5. 在使用干燥箱灭菌时应注意箱温勿超过 180℃，以免引起包装物着火。

6. 在利用甲醛和高锰酸钾密闭熏蒸灭菌 3d 后放净气体，方可进入室内工作。

第2章 植物快速繁殖技术

知识目标

- 掌握愈伤组织、根、茎、叶的培养方法
- 掌握试管苗驯化和移栽方法
- 掌握组织培养中污染、褐变和玻璃化现象
- 熟悉植物无糖组培技术

能力目标

- 能够正确判断试管苗发育状况
- 能够进行试管苗的驯化与移栽
- 能独立完成植物的无糖培养

2.1 试管苗快速繁殖的意义和一般程序

2.1.1 试管苗快速繁殖的意义

试管苗快速繁殖，是指利用植物组织培养技术对外植体进行离体培养，使其短期内获得遗传性一致的大量再生植株的方法。试管苗快速繁殖是植物组织培养技术在农业生产中应用最广泛、产生经济效益最大的研究领域，涉及的植物种类繁多，技术日益成熟并程序化，繁殖速度突破了植物自然繁殖的界限，成就了工厂化育苗的梦想。

2.1.2 试管苗快速繁殖的一般程序

随着试管苗快速繁殖技术的不断成熟，其技术体系已程序化，一般选择根、茎、叶器官为培养材料进行培养、壮苗与生根培养、试管苗驯化与移栽几个环节。

2.2 器官培养

2.2.1 根的培养

离体根培养是研究根系生理代谢、器官分化及形态建成的优良实验体系。由于根系生长快、代谢强和变异小，加上离体培养时不受微生物的干扰，可以通过改变培养基的成分来研究其营养吸收、生长和代谢的变化规律。在生产上，通过建立根无性繁殖系，可以进行一些重要药物、微量活性物质的生产，因为有些化合物只能在根中合成，必须用离体根培养的方法，才能生产该化合物。此外对根细胞培养物进行诱变处理，可筛选出突变体，从而应用于育种实践。

2.2.1.1 离体根无性繁殖系的建立

首先将种子进行表面消毒，在无菌条件下萌发，待根伸长后从根尖一端切取长 0.5 ~ 1.5cm 的根尖接种于预先配制好的培养基中。这些根的培养物生长很快，几天后就能发出侧根。待侧根生长到一定长度后，可切取侧根的根尖进行扩大培养，它们又迅速生长并长出侧根，又可切下进行培养，如此反复切接就可得到由单个根尖形成

离体根无性繁殖系。

离体根在培养基中的培养方式有三种：①固体培养法，将根尖接种在固体培养基上，依靠培养基中的养分和生长调节物质而不断生长；②液体培养法，把根尖接种在无琼脂的液体培养基中，置摇床上经常振荡，保证根尖获得充足的氧气；③固体一液体法，将根基部插入固体琼脂培养基中，根尖浸在液体培养基中，根尖部生长而根不断伸长和分枝。

离体根的培养也可用来再生植株：①愈伤组织诱导，将无菌根尖接种在适宜愈伤组织诱导的培养基中，诱导愈伤组织形成；②植株再生，由愈伤组织诱导芽或根或芽、根同时产生，再进一步诱导无根芽形成根或无芽根形成芽，成为完整植株。需要注意的是，愈伤组织如果先形成根，则往往抑制芽的形成，但也有例外，如番茄愈伤组织细胞团中先分化根，然后在根尖另一端分化出不定芽，进一步发育成完整植株。

2.2.1.2 培养

离体条件下根的培养不需要离子浓度太高，故离体根培养多用无机盐浓度低的 White 培养基，也可采用 MS、B_5 等，但必须将其浓度稀释到 2/3 或 1/2，如水仙的小鳞茎在 1/2 MS 培养基上能发根。大量元素中硝态氮和钙、微量元素中硼和铁都有利于离体根的生长。离体根生长也需磷和钾，但量不宜多。有机元素中维生素 B_1 和维生素 B_6 最重要，缺少则根的生长受阻，使用浓度一般为 0.1 ~ 1.0mg/L。蔗糖是双子叶植物离体根培养最好的碳源。不同植物离体根对生长调节剂的反应有一定差异，如在番茄、樱桃等的培养过程中，生长素抑制离体根的生长；而在玉米、小麦、赤松和矮豌豆培养时，生长素促进离体根的生长；黑麦和小麦的一些变种离体根的生长依赖于生长素的作用。GA 能明显影响侧根的发生与生长，加速根分生组织的老化；KT 能增加根分生组织的活性，有抗老化的作用。离体根培养的温度一般以 25 ~ 27℃为最佳，一般情况下离体根均进行暗培养，也有些植物光照能够促进其根系生长。

2.2.2 茎尖培养

茎尖是植物组织培养常用的外植体，这是因为茎尖不仅生长速度快，繁殖率高，不易产生遗传变异，而且是获得无病毒苗木的有效途径。茎尖培养根据培养目的和取材大小可分为微茎尖培养和普通茎尖培养。微茎尖指带有 1 ~ 2 个叶原基的生长锥，其长度不超过 0.5mm，主要用于植物脱毒培养（详见植物脱毒技术章节）；普通茎尖是指较大的茎尖（几毫米到几十毫米）、芽尖及侧芽常用于植物离体快速繁殖如图 2-2-1 所示。这种培养技术简单易行，操作方便，容易成活，成苗所需时间短。

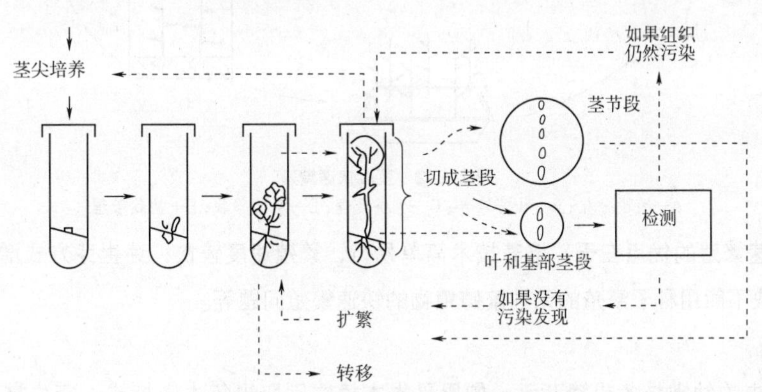

图 2-2-1　植物顶芽及侧芽快速繁殖示意图

2.2.2.1 取材与消毒

从生长健壮、无病的供试植株的茎、藤或匍匐枝上切取 2cm 以上的顶梢。木本植物可在取材前对茎尖喷几次灭菌药剂，以保证材料不带或少带杂菌。将采到的茎尖切成 0.5 ~ 1.0cm 长，并将大叶除去，休眠芽预先剥除鳞片。由于植物种类及材料来源不同，可采取不同的消毒方法。首先对茎尖进行流水冲洗，再用 70% 酒精漂洗几到十几秒钟，然后用 0.1% 升汞消毒，消毒时间一般在 2 ~ 10min，对于来自较老枝条上的顶尖和侧芽及有芽鳞片保护的芽消毒时间可长达 8 ~ 12min，消毒后的材料用无菌水漂洗 3 ~ 5 次。

2.2.2.2 接种

为了减少污染，可在接种前再剥掉一些叶片，使茎尖为 0.3 ~ 0.5cm 左右大小，可带 2 ~ 4 个叶原基或更多。有些植物的茎尖由于多酚氧化酶的氧化作用而发生褐化，所以在接种时，不能用生锈的解剖刀，动作要敏捷，随切随接，减少伤口在空气中暴露的时间；也可将切下的茎尖材料在 1% ~ 5% 的 Vc 液中浸蘸一下再接种。

2.2.2.3 培养

对大多数植物来说，常用的基本培养基为 MS 和 B5 培养基，前者适合大多数双子叶植物，后者适用于许多单子叶植物。培养基中附加生长素的目的是促进芽的生长发育，常用的是 NAA 和 IAA，浓度一般在 0.1mg/L 左右，高于此浓度，往往产生畸变芽或形成愈伤组织的几率会大大增强。附加细胞分裂素的目的是打破芽的休眠和克服顶端优势，促使接种的芽和腋芽萌动和生长，形成丛生芽，提高繁殖系数。其中，促进腋芽增殖最有效的细胞分裂素是 6-BA，其次是 KT 和 ZT，使用浓度在 0.1 ~ 10mg/L 之间。

大多数植物的茎尖培养需在光照条件下培养，光照强度 1000 ~ 3000lx，光周期使用连续光照或 16h 光照 8h 黑暗，有利于茎尖培养和芽的分化与增殖，但在进行块茎类植物（如马铃薯和花叶芋）和鳞茎类植物（如百合）的芽培养时，如果目的在于诱导小块茎或小鳞茎（珠芽）的分化和增殖，则需要暗培养。

茎尖培养的温度通常在 25±2℃，但应植物种类和培养过程的不同，有时也采用较低、较高的温度，或给予适当的昼夜温差等处理。由于生长点培养时间较长，琼脂培养基易于干燥，这可以通过定期转移和包口封严等加以解决。

2.2.3 茎段的培养

茎段培养指带有 1 个以上定芽或不定芽的茎段，包括块茎、球茎、鳞茎在内的幼茎切段进行的无菌培养。培养茎段的主要目的是快速繁殖，如图 2-2-2 所示。

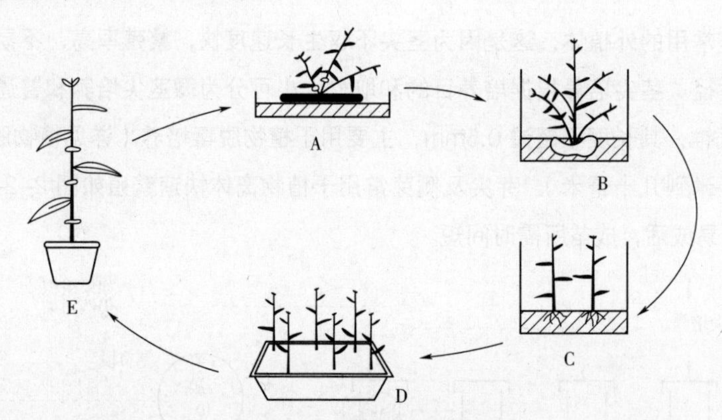

图 2-2-2 茎段快速繁殖

A—茎段分化；B—壮苗培养；C—生根处理；D—基质移栽；E—盆栽管理

茎段培养用于快速繁殖的优点在于：培养技术简单易行，繁殖速度较快；芽生芽方式增殖的苗木质量好，且无病，性状均一；解决不能用种子繁殖的无性繁殖植物的快速繁殖问题等。

2.2.3.1 取材与消毒

取生长健壮无病虫的幼嫩枝条或鳞茎盘，如果是木本植物则取当年生嫩枝或一年生枝条，去掉叶片，剪成 3 ~ 4cm 的小段。在自来水中冲洗 1 ~ 3h，于无菌条件下用 75% 酒精消毒 30 ~ 60s，再用 0.1% 升汞溶液浸泡 3 ~ 8min，或用饱和漂白粉溶液浸泡 10 ~ 20min，因材料老嫩和蜡质多少而定时间，最后用无菌水冲洗数次，以备接种。

取材时注意茎的基部比顶部切段、侧芽比顶芽的成活率低，所以应优先利用顶部的外植体，但由于每个新梢仅有一个顶芽，也可利用腋芽，茎上部的腋芽培养效果较好。还应注意尽量在生长期取芽，在休眠期取外植体，成活率降低。如苹果在 3 ~ 6 月取材成活率为 60%，7 ~ 11 月下降到 10%，12 月至次年 2 月下降到 10% 以下。

2.2.3.2 接种

将消毒好的茎段去除两端被消毒剂杀伤的部位，分切成单芽小段竖插于诱导培养基中。其他接种要求同普通茎尖培养。

2.2.3.3 培养

常用的基本培养基为 MS 培养基，加入 3% 蔗糖，用 0.7% 的琼脂固化。在茎段培养中，促进腋芽增殖用 6-BA 是最为有效的，其次为 KT 和 ZT 等。生长素虽不能促进腋芽增殖，但可改善苗的生长，使用最多的为 NAA，其次为 IBA、IAA 和 2，4-D，使用浓度多在 0.5mg/L 以下。GA_3 对芽伸长有促进作用，故常加少量的 GA_3，使用浓度约为 0.5 mg/L。温度保持在 25℃左右，给予充足的光照，每天照光 16h，光照强度 1000 ~ 3000lx 即可。

茎段接种后不久，有些直接形成不定芽，在切口处特别是基部切口处有时会形成少量愈伤组织，愈伤组织再脱分化形成再生苗，把再生苗进行切割，转接到生根培养基上培养，便可得到完整的小植株。

2.2.4 叶的培养

离体叶培养是对叶原基、叶柄、叶鞘、叶片及子叶在内的叶组织进行的无菌培养。叶是植物进行光合作用的自养器官，又是某些植物的繁殖器官。离体叶培养主要用于研究叶形态建成、光合作用和叶绿素形成等理论问题，也可利用离体叶组织建立快速无性繁殖系，提高某些不易繁殖植物的繁殖系数；此外利用叶细胞培养物的自然和人工诱变处理，筛选出突变体而应用于育种实践。

2.2.4.1 取材与消毒

选取植物的幼嫩叶片，经流水冲洗干净，经 70% 酒精消毒后，用 0.1% 升汞溶液消毒 2 ~ 10min，一般幼嫩叶片的消毒时间宜短些，再用无菌水冲洗数次。

2.2.4.2 接种

将消毒后的叶片转入到铺有无菌滤纸的培养皿内，并用无菌滤纸吸干水分，用解剖刀切成 0.5cm 见方的小块，然后上表皮朝上平放或竖插在培养基上。

2.2.4.3 培养

离体叶的培养常用 MS、White、N_6、B_5 等基本培养基。叶的培养比茎尖、茎段培养难度大，所以首先要选用容易培养成功的叶组织，如幼叶比成熟叶易培养，子叶比叶片易培养；其次需要多种生长调节物质的配合使用，并且不同培养阶段需要更换不同的生长调节物质组合。如杏离体叶培养使用 1/2MS 培养基，ZT 与 2，4-D 的组合可诱导其愈伤组织的产生，KT 与 NAA 的组合可从愈伤组织中诱导不定芽的产生；驱蚊草在 MS+6-BA 0.5 ~ 1.0mg/L +IAA 0.05 ~ 0.2mg/L 培养基中，可以直接使叶片产生愈伤组织，并分化出芽。碳源一般使用蔗糖，浓度为 3% 左右。附加 15% 椰子汁或 1mg/mL 水解酪蛋白等有机附加物，有利于叶组织的形态发生。

叶组织一般在 25 ~ 28℃条件下培养，光照 12 ~ 14h/d，光照强度 1500 ~ 3000lx，在不定芽的分化和生长期应增加光照强度到 3000 ~ 10000lx。

很多植物的叶组织在离体培养条件下先形成愈伤组织，然后通过愈伤组织再分化出胚状体、茎、叶和根（图 2-2-3）如从香石竹顶芽或腋芽下面取叶片，平放在 MS+6-BA 1mg/L

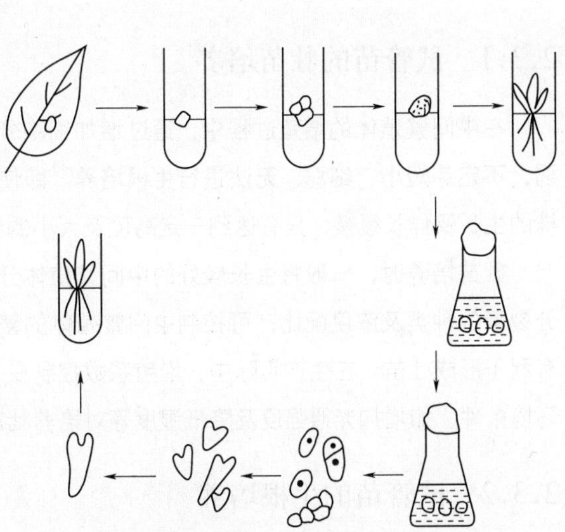
图 2-2-3 由叶组织培养经愈伤组织及胚状体再生植株

培养基上，5d 后叶切块开始增厚膨大，基部略有绿色愈伤组织形成，10d 后开始从基部分化出浅绿色小芽点，并逐渐长成小芽丛，经过生根培养后得到完整小植株。

2.2.4.4 植株再生途径

1. 直接产生不定芽

叶组织离体培养后，在离体叶片切口处组织迅速愈合并产生瘤状突起，进而产生大量不定芽，或由离体叶表皮下栅栏组织直接脱分化产生不定芽。这两种情况一般都不形成愈伤组织。

2. 形成愈伤组织

叶组织离体培养后，首先由离体叶组织在诱导分化培养基上诱导出愈伤组织并进一步分化出不定芽；或先在诱导培养基上诱导出愈伤组织，再转接到分化培养基上诱导出不定芽。植物种类、品种、培养条件、接种方式及培养条件不同，诱导出愈伤组织的时间长短和质地、活性也不同。一般叶片接种后培养约 2 ~ 4 周，叶切块开始增厚肿大，进而形成愈伤组织。当愈伤组织表面凹凸不平出现绿色芽点时，从外观上就可以明确断定进入分化期，以后陆续分化出大量不定芽。将不定芽分离转移到 MS+ NAA0.5–1mg/L 的生根培养基就可诱导生根，发育形成完整植株。

3. 形成胚状体

大量的研究证明，叶片组织离体培养诱导出的愈伤组织产生胚状体是很普遍的现象。如在菊花叶片培养中，一般由愈伤组织产生胚状体居多，这类胚胎体系由愈伤组织中的分生细胞先经过分裂形成胚性细胞团，胚性细胞团再进一步发育形成原胚、球形胚到鱼雷形胚。叶片栅栏组织、表皮细胞和海绵组织等经脱分化后都能产生胚状体。菊花、烟草、番茄、非洲紫罗兰等植物的叶片组织都有分化成胚状体的能力。

4. 其他途径

大蒜的储藏叶及水仙的鳞片叶经离体培养后，均能直接或经愈伤组织再生出球状体或小鳞茎而再发育成小植株。兰科植物切取尚未展开的幼叶进行培养后，可以得到愈伤组织和原球茎，再经培养而发育成小植株。

2.3 试管苗的壮苗与生根培养

继代培养对于任何植物来说都不可能无限度地进行：因为一方面继代次数过多易发生变异；另一方面受生产计划和生产规模的限制，增殖到一定数量或代数后，培养室的容量就会饱和。所以当中间繁殖体增殖到一定数量后，就要使部分培养物分流到生根阶段，若不能及时将培养物转移到生根培养基上，就会使久不转移的苗子发黄老化，或因过分拥挤而使无效苗增多，最后造成试管苗的浪费。试管内壮苗生根的目的是为了使试管苗能成功地移到试管外。

2.3.1 试管苗的壮苗培养

在中间繁殖体的增殖过程中，通过增加细胞分裂素浓度可提高增殖系数，但同时也会造成增殖的芽生长势减弱，不定芽短小、细弱，无法进行生根培养。即使部分材料能够生根，移栽成活率也不高。有的种类繁殖体中植株的生长及伸长缓慢，只有达到一定高度及大小的幼芽才能作为生根植株，否则生根苗太小，移栽后难以成活。

壮苗培养时，一般将生长较好的中间繁殖体分离成单苗，将较小的材料分成小丛苗培养。选择生长素与细胞分裂素的种类及浓度配比，可控制中间繁殖体的繁殖系数，一般较高浓度的生长素与较低浓度的细胞分裂素组合有利于形成壮苗。在生产实际中，增殖系数控制在 3.0 ~ 5.0 时可实现增殖和壮苗的双重目的。另外，改善培养室环境条件，如增加光照强度及降低湿度等对培养壮苗也有一定帮助。

2.3.2 试管苗的生根培养

试管苗生根培养是使无根苗生根的过程，这个过程的目的是使中间繁殖体生出的不定根浓密而粗壮。一般认为培养基中无机盐浓度高时有利于茎叶生长，而较低时有利于生根，所以生根培养多采用 1/2MS 或 1/2 大量元素培养基；培养基中去掉细胞分裂素，并加入适量的生长素（细胞分裂素 / 生长素比例低时有利于生根），其中最常用的是 NAA 和 IBA，浓度一般为 0.1 ~ 10.0mg/L。为了使生根小苗健壮生长利于移栽，生根培养基中的蔗糖用量可适当减少，用 1.5% ~ 2% 的浓度，以减少试管苗对异样条件的依赖；同时提高光照强度，促进光合作用。草本植物大约 7d 左右即可生根，木本植物约 10 ~ 15d 生根，当小植株生出 3 ~ 5 条水平根，每条根长 2 ~ 3cm 时，为最适宜的驯化移栽阶段。

2.3.2.1 诱导生根的方法

诱导生根可以采用下列方法：①将新梢基部浸入 50ppm 或 100ppm IBA 溶液中处理 4 ~ 8h；②在含有生长素的培养基中培养 4 ~ 6d；③直接移入含有生长素的生根培养基中。上述三种方法均能诱导新梢生根，但前两种方法对新生根的生长发育更为有利，而第三种对幼根的生长有抑制作用，其原因是当根原始体形成后较高浓度生长素的继续存在，则不利于幼根的生长发育。不过这种方法比较可行，实践中要选择好适宜的生长素及其浓度。

另外也可采用下列方法生根：①容易生根的植物，延长在增殖培养基中的培养时间即可生根；②适当降低增殖倍率，减少细胞分裂素的用量，既可增殖又可生根；③对易生根植物，切割粗壮的嫩枝，用生长素溶液浸醮处理后在营养钵中直接生根，此方法省去了生根阶段，但只适于一些容易生根的植物。

另外，少数植物生根比较困难时，需要在液体培养基中放置滤纸桥，使其略高于液面，靠滤纸的吸水性供应水和营养，解决生根时氧气不足的问题，从而诱发生根。

从胚状体发育成的小苗，常带有已分化的根，可以不经诱导生根阶段，直接成苗。但因经胚状体途径发育的苗数量特别多，并且个体较小，所以通常需要一个低浓度或没有植物激素的培养基培养的阶段，以便壮苗生根。

试管内生根壮苗的阶段，目的是为了成功地移植到试管外的环境中，以使试管苗适应外界的环境条件。通常不同植物的适宜驯化温度不同。如菊花，以 18 ~ 20℃为宜。实践证明，植物生长的温度过高不但影响蒸腾作用加强，而且菌类容易滋生。温度过低使幼苗生长迟缓，或不易成活。春季低温时苗床可加设电热线，使基质温度略高于气温 2 ~ 3℃，这不但有利于生根和促进根系发达，而且有利于提前成活。

移植到试管外的试管苗光强应比移栽前培养有所提高，以强度较高的漫射光为好（约 4000lx 左右），以维持光合作用所需光照强度，但光线过强刺激蒸腾加强。

2.3.2.2 影响试管苗生根的因素

影响试管苗生根的因素很多，有试管苗自身的生理生化状态，也有外部的多种因素。生根难易也与外植体母株所处的生理状态有关，同时与取材季节和外植体所处的环境条件有关。

1. 植物材料

不同植物、不同基因型、不同材料和不同年龄对根的分化都有决定性的影响。一般木本植物比草本植物难，成年树比幼年树难，乔木比灌木难，如 1 年生桉树的插条易生根，但 5 年的插条则不能生根。

2. 基本培养基

生根时所用的基本培养基，常需较低无机盐浓度，一般用 1/2MS、1/4MS 、B_5 及 White 等，如水仙小鳞茎在 1/2MS 培养基上才能生根。培养基中矿质元素对生根的影响也有一些报道，如 NH_4^+ 含量多，可能不利于发根，生根需要磷和钾元素，但不宜太多；另据多数报道，Ca^{2+} 有利于根的形成和生长；微量元素 B 和 Fe 对诱导生根有利。生根培养时通常使用的是蔗糖或食用砂糖，其浓度多数较低，为 1% ~ 3%，如桉树不定枝生根培养基的最适蔗糖浓度为 0.25%，马铃薯的为 1%。

3. 植物生长调节剂

生根培养基一般不用或用很低浓度的细胞分裂素，大都只添加一种或多种低浓度的生长素，但所需生长素的种类和浓度是不一致的。对胚轴、茎段及花梗等材料分化根时，使用 IBA 居多，浓度一般为 0.2 ~ 10.0mg/L，以

1.0mg/L 最多；对愈伤组织分化根时，大多使用 NAA，浓度在 0.02 ~ 6.0mg/L，一般以 1.0 ~ 2.0mg/L 最多。由此可见，诱导试管苗不定根形成，植物生长调节剂起着决定性的作用，生长素都有促进生根的作用。一般而言，赤霉素、细胞分裂素和乙烯通常不利于发根。如与生长素配合，应低于生长素浓度。

4. 培养条件

光照时间和光照强度对生根的影响十分复杂。一般认为，黑暗有利于根的形成，如将毛樱桃新梢转入附加 0.1mol/L NAA 培养基中经过 12d 暗处理比不经过暗处理发根率增加 20%。生根试管苗所需温度一般在 16 ~ 25℃，过高或过低都不利于生根，且不同植物生根的最适温度也不同。另外，培养基 pH 值也与试管苗的生根有一定关系，一般在 5.0 ~ 6.0 之间。

5. 其他物质

有些植物生根需要弱光或黑暗条件。活性炭可以起到遮光作用，同时还可以吸附一些抑制生长的有害物质，所以在一些生根培养基里常加入活性炭，用量 0.5% 左右。孙立华等在水稻试管苗繁殖中，加入 0.5% 活性炭显著促进次生根的生长，生根率提高 77.7%，移栽成活率提高 18.6%。

2.4 试管苗的驯化与移栽

试管苗驯化与移栽是植物组培快繁的最后一个环节，关系着试验的成败，如果做不好就会前功尽弃。同时由于试管苗的生存环境与自然环境有较大差异，只有充分了解和分析试管苗的特点，人为创设从试管苗生境逐渐向自然环境转化的过渡条件，才能确保试管苗的移栽成活率。

2.4.1 试管苗的特点

2.4.1.1 试管苗的生存环境与自然环境的差异

1. 高温且恒温

在试管苗整个生长过程中，通常采用恒温培养，即使某一阶段稍有变动，温差也是极小的，并且在培养过程中，通常温度控制在 25±2℃，有的植物温度要求控制的更高；而外界环境条件，温度处于不断变化之中，温度的调节完全是由自然界太阳辐射的日辐射量决定的，温差很大，而且一般不会达到 25±2℃。

2. 高湿

组织培养中，培养容器中的水分移动有两种途径：一是试管苗吸收的水分，从叶面气孔蒸腾；二是培养基向外蒸发，而后水汽凝结又进入培养基。这种循环就是培养瓶内的水分循环，其循环的结果造成培养瓶内空气的相对湿度接近于 100%，远远大于培养瓶外的空气湿度，所以试管苗的蒸腾量极小。可见培养容器内的水分状态直接影响着试管苗的生长和各种生理活性。

3. 弱光

组织培养中的光强与太阳光相比一般很弱，故幼苗一般生长也较弱，经受不了太阳光的直接照射。

4. 无菌

试管苗所在环境是无菌的，不仅培养基无菌，而且试管苗也无菌。在移栽过程中试管苗要经历由无菌向有菌的转换，这点若不注意，也会引起试管苗移栽过程中的死亡。

5. 异养

试管苗是在人工配制的培养基上生长和发育的，营养丰富，完全是异养条件，因此试管苗的光合能力很弱，移栽后要由异养转变为自养。

以上特点决定了试管苗移栽前的环境条件与移栽后的外界环境条件有极大的差异，只有有效地使试管苗适应这种差异，才能使之移栽成活，这就需要试管苗有一定的驯化时期。

2.4.1.2 试管苗的特点

试管苗由于是在无菌、有营养供给、适宜光照和温度、近 100% 相对湿度的环境条件下生长的，所以在生理及形态等方面都与自然条件下生长的小苗有很大差异，形成了自己的特点。

（1）试管苗生长细弱，茎、叶表面角质层不发达。

（2）试管苗茎、叶虽呈绿色，但叶绿体的光合作用功能较差。

（3）试管苗的叶片气孔数目少，活性差。

（4）试管苗根的吸收功能弱。

（5）对逆境的适应能力和抵抗能力差。

2.4.2 试管苗的驯化

试管苗一旦出瓶栽植，所接触的条件都是自然环境，空气相对干燥，昼夜温差大，营养的供给靠根系吸收，试管苗在短期内很难适应。所以，必须通过控水、减肥、增光及降温等措施，使它们逐渐适应外界环境，从而在生理、形态和组织上发生相应的变化，使之更适合于自然环境，把这个过程称为驯化或炼苗，只有这样才能保证试管苗顺利移栽成功。

2.4.2.1 驯化的目的

如果试管苗直接移栽到室外，由于生存环境发生了剧烈的变化，绝大多数试管苗因为难以适应而死亡。驯化的目的是人为创设一种由试管苗生茎逐渐向自然环境过渡的条件，促进试管苗在形态、结构及生理方面向正常苗转化，使之更能适应外界环境，从而提高试管苗移栽的成活率。

2.4.2.2 驯化的原则

试管苗从试管内移到试管外，由异养变为自养，由无菌变为有菌，由恒温、高湿、弱光向自然变温、低湿、强光过渡，变化十分剧烈。因此，驯化应从温度、湿度、光照及有无杂菌等环境要素进行，驯化开始数天内，应和培养时的环境条件相似；驯化后期，则要与预计的栽培条件相似，从而达到逐步适应的目的。

2.4.2.3 驯化的方法

驯化的方法是将培养试管苗的培养容器由培养室转移到半遮阴的自然光下进行锻炼，在自然光下恢复植物体内叶绿体的光合作用能力和健壮度，并打开瓶盖注入少量自来水使幼苗逐渐降低温度，转向有菌，这样幼苗周围的环境就会逐步与自然环境相似。驯化一般进行 1 ~ 2 周。驯化成功的标准是试管苗茎叶颜色加深，根系颜色由黄白色变为黄褐色并延长。

2.4.3 移栽基质的选配

适合于移栽试管苗的基质要疏松、透水及通气，有一定的保水性，易灭菌处理，且不利于杂菌滋生。一般来说，无土栽培所用的基质均可用于试管苗的移栽，常用的蛭石、河砂、珍珠岩、粗砂、炉灰渣、谷壳和锯木屑等，为了增加黏着力和一定的肥力可配合草炭土或腐殖土，配时需按比例搭配，一般用珍珠岩、蛭石、草炭土或腐殖土的比例为 1 ∶ 1 ∶ 0.5，也可用砂子：草炭土或腐殖土为 1 ∶ 1。要根据不同植物的栽培习性来进行配制，这样才能获得满意的栽培效果。

试管苗生长的环境是无菌的，为了防止微生物的侵染，要在移栽前对基质进行消毒。一般用 1% 高锰酸钾溶液消毒，也可用 50% 多菌灵等杀菌剂或高温处理。以下介绍几种常见的试管苗移栽基质。

2.4.3.1 河砂

河砂分为粗砂、细砂两种类型。粗砂即平常所说的河砂，其颗粒直径为 1 ~ 2mm。细砂即通常所说的面砂，其颗粒直径为 0.1 ~ 0.2mm。河砂的特点是排水性强，但保水蓄肥能力较差，一般不单独用来直接栽种试管苗。

2.4.3.2 草炭土

草炭土是由沉积在沼泽中的植物残骸经过长时间的腐烂所形成，其保水性好，蓄肥能力强，呈中性或微酸性反应，但通常不能单独用来栽种试管苗，宜与河砂等种类相互混合配成盆土而加以使用。

2.4.3.3 腐殖土

腐殖土是由植物落叶经腐烂所形成。一种是自然形成，一种是人为造成。人工制造时可将秋季的落叶收集起来，然后埋在坑中，灌水压实令其腐烂。第二年春季将其取出置于空气中，在经常喷水保湿的条件下使其风化，然后过筛即可获得。腐叶上含有大量的矿质营养、有机物质，它通常不能单独使用。掺有腐殖土的栽培基质有助于植株发根。

2.4.4 试管苗的移栽

试管苗经过上述炼苗以后，对自然环境有了一定的适应能力，此时可进行出瓶移栽工作，试管苗的移栽往往和驯化同步。

2.4.4.1 移栽方法

不同种类的植物材料，对自然环境条件的适应能力是有差异的，可针对各自特点采用适宜的移栽方法。常用的移栽方法如下。

1. 常规移栽法

将试管苗在生长素浓度较高的培养基上诱导生根，当获得大量不定根后，进行驯化炼苗。将驯化后的小苗轻轻取出，用清水洗去附着于根部的培养基，要轻拿轻放，动作要轻，尽量减少对根系和叶片的伤害。栽植深度适宜，不要埋没叶片，也不要弄脏叶片。栽后把苗周围基质压实，栽前基质浇透水，栽后轻浇薄水。保持一定的温度和水分，适当遮阴。当长出 2 ~ 3 片新叶时，就可将其移栽到田间或盆钵中。这种移栽方法适合草莓、百合、非洲菊、马铃薯等多数植物。

2. 直接移栽法

直接将试管苗移栽到盆钵的方法。这种移栽方法适合于凤梨、万年青、花叶芋及绿巨人等温室盆栽植物，它们的盆栽基质较好，有进行专业化生产的温室条件，随着植株的生长，逐渐换大型号的花盆。

3. 嫁接移栽法

选取生长良好的同一植物的实生苗或幼苗作砧木，用试管苗作接穗进行嫁接的方法。据王连清等人对棉花试管苗进行嫁接移栽的有关试验表明，试管苗的嫁接移栽法与常规移栽法相比具有许多优点，其最主要的有以下几点。

表 2-4-1　嫁接移栽法移栽棉花试管苗的效果

试管苗种类	移栽方法	移栽植株数	成活植株数	成活率（%）
壮苗	嫁接移栽法	35	33	94.29
	常规移栽法	50	24	48.00
	直接移栽法	21	0	0.00
弱苗	嫁接移栽法	30	21	70.00
	常规移栽法	27	2	7.41
	直接移栽法	15	0	0.00

（1）移栽成活率高。由表 2-4-1 可以看出，采用嫁接移栽法移栽的棉花试管苗成活率较高，一般在 70% 以上，在条件好的情况下可 100% 地移栽成活；而采用常规移栽法，健壮的试管苗也仅有 48% 能移栽成活，对于弱苗来说则大多数不能移栽成活。

（2）适用范围广。嫁接移栽法不仅适用于壮苗，而且还适用于弱苗。从表 2-4-1 可以看出，对于弱苗嫁接移栽法仍有 70% 的移栽成活率；而此时采用常规移栽法移栽的弱苗仅有 7.41% 的成活率，二者相差近 10 倍。对于部分污染苗，嫁接移栽法也可进行移栽。嫁接移栽法由于是采用嫁接技术进行移栽，故对试管苗的要求较少，一般生长到 2cm 左右就可进行嫁接；而对于常规移栽法则要求试管苗到 5cm 左右时才易移栽成活。故嫁接移栽法不仅适用于大苗，而且还适用于小苗的移栽；而常规移栽法则需要移栽的试管苗生长发育到一定的程度。

（3）所需的时间短。常规移栽法往往需要试管苗生长发育到一定的时期才能移栽，而且还需要先诱导形成新鲜的不定根，因而移栽周期较长，一般从获得再生小植株到移栽成活需要 50d 左右的时间，而且还存在着 20 ~ 30d 的缓苗期；而采用嫁接移栽法移栽则可以移栽刚出现叶片的小植株，且不用诱导形成根系，因而大大缩短了移栽周期，一般从获得再生小植株到移栽成活仅需要 20d 左右的时间，而且嫁接移栽的试管苗缓苗期较短，一般仅 10 ~ 15d 左右。这样从获得试管苗到移栽至田间并获得健康成长的幼苗，采用嫁接移栽法仅需 30 ~ 35d，而常规移栽法则需 70 ~ 80d，嫁接移栽法比常规移栽法缩短了 40 ~ 45d。

（4）有利于移栽植株的生长发育。由于嫁接移栽法移栽的试管苗缓苗期限短，再加上砧木作用，因而生长发育较快。

2.4.4.2 影响试管苗移栽成活率的因素

影响试管苗移栽成活率的因素有许多种，包括内因与外因。不同的植物和不同的试管苗种类对移栽的具体要求是不同的。但是总的来说，提高试管苗移栽成活率的途径有以下几点。

1. 植物种类及生理状况

不同种类的植物，移栽成活率不同，如菊花、薰衣草试管苗对移栽条件要求不高，容易成活；而仙客来试管苗对移栽条件较苛刻，稍不小心，就会引起大量死亡。另外，试管苗的生理状况也影响移栽成活率，试管苗细长、黄化及根系发育不良，移栽时极易死亡，而叶片浓绿、茎粗壮和根系发达及长势好则容易成活。

2. 植物生长调节剂

一般来说，生长素能促进生根，故也能提高试管苗移栽的成活率。不同的植物有其适宜的生长素种类。如月季以 NAA 诱导生根和提高移栽成活率效果最好，而 IAA 不理想，当 IAA 的浓度超过 1mg/L 时，反而急剧降低移栽成活率。细胞分裂素一般抑制根的生长，不利于移栽，如在月季的试验中表明，无论是 6-BA 或 2ip 对生根和移栽都有抑制作用，即使在很低的浓度下也可发现。

3. 无机盐浓度

实验结果表明，降低无机盐浓度对植物生根效果较好，有利于移栽成活。

4. 活性炭

在生根培养基中加入少许活性炭，对某些月季的嫩茎生根有良好作用，尤其是用酸、碱和有机溶剂洗过的活性炭，效果更佳。但活性炭对某些月季品种的促根生长无反应。

5. 环境因子

环境条件也影响试管苗移栽的效果，关键是控制好移栽前 10d 的光、温及湿条件。适当遮阳，避免太阳光直射造成试管苗迅速失水而死亡。温度一般保持在 25 ~ 30℃为好。开始几天最好用塑料薄膜搭小拱棚罩住移栽苗，使其周围的相对湿度保持在 85% 以上。

6. 移栽过程中让试管苗从无菌向有菌逐渐过渡

试管苗出瓶后，要将其上面的培养基洗净，以免杂菌滋生。对于移栽后成活比较困难的植物，第一次移栽时最好选用灭菌过的基质，以提高移栽成活率。

2.5 移栽后管理

由于试管苗是在无菌、有营养供给、适宜光照、温度和近 100%的相对湿度环境条件下生长的，因此，在试管苗移栽到适宜的基质后，要注意控制温度、湿度、光照和洁净度等环境条件，满足试管苗生长的最适要求，促使小苗尽早定植成活。

2.5.1 保持小苗的水分供需平衡

移栽后的试管苗，其湿度的控制十分重要。因试管苗在高湿（90% ~ 100% 的相对湿度）环境中生长，茎叶表面防止水分散失的角质层等几乎全无，根系也不发达，移栽后很难保持水分平衡，即使根的周围有足够的水分也不行。所以，在移栽后 5 ~ 7d 内，应给予较高的空气湿度条件，使叶面的水分蒸发减少，尽量接近培养瓶内的条件，让小苗始终保持挺拔的状态。保持小苗水分供需平衡，首先营养钵的培养基质要浇透水，所放置的床面也要浇湿，然后搭设小拱棚，以减少水分的蒸发，初期要常喷雾处理，保持拱棚薄膜上有水珠出现。5 ~ 7d 后，小苗出现生长趋势，可逐渐降低湿度，减少喷水次数，将拱棚两端打开通风，使小苗适应湿度较小的条件。约 15d 以后揭去拱棚的薄膜，并给予水分控制，逐渐减少浇水，促进小苗生长健壮。

2.5.2 防止菌类滋生

由于试管苗原来的环境是无菌的，移出来以后难以保持完全无菌，因此，应尽量不使菌类大量滋生，以利成活。所以应对基质进行高压灭菌或烘烤灭菌。可以适当使用一定浓度的杀菌剂，可以有效保护幼苗，如喷多菌灵、百菌清及托布津等 800 ~ 1000 倍液，一般 7 ~ 10d 喷一次，水中可加入 0.1% 的尿素，或用 1/2MS 大量元素的水溶液作追肥，可加快苗的生长与成活；另外，试管苗出瓶时，要仔细洗去附着在小苗上的培养基，移苗时尽量少伤苗，伤口过多、根损伤过多都是造成死苗的原因。

2.5.3 温度、光照条件的控制

试管苗移栽后生长所需的适宜温度与植物种类有关，喜温性植物以 25℃左右为宜，喜凉性植物则以 18 ~ 20℃为宜。温度过高导致蒸腾作用加强，从而使水分平衡受到破坏，并促使微生物滋生；温度过低会使幼苗生长迟缓或不易成活。如使基质温度高于空气温度 2 ~ 3℃，则有利于生根和促进根系发育，提高存活率。因此，冬春季地温较低时，可用电热线来加温。

此外，在光照管理的初期可用较弱的光照，如在小拱棚上加盖遮阳网或报纸等，以防阳光灼伤小苗和增加水分的蒸发；经过一段时间适应后，当小植株有了新的生长时，逐渐增加光照强度，如 1500 ~ 4000lx，甚至 10000lx，后期可直接利用自然光照，促进光合产物的积累，增强抗性，促进其成活。

2.5.4 保持基质适当的通气性

要选择适当的颗粒状基质，保证良好的通气作用。在管理过程中不要浇水过多，过多的水应迅速沥除，以利根系的呼吸，有助于生根成活。

综上所述，试管苗在移栽的过程中，只要把握水分平衡、基质适宜、控制杂菌、光及温条件适宜，就很容易成活。

2.6 组培中三大难题

2.6.1 污染

污染是指在组织培养过程中，由于真菌、细菌等微生物的侵染，在培养容器内滋生大量菌斑，导致培养材料不能正常生长和发育的现象。

2.6.1.1 污染的类型与症状

引起污染的微生物主要有芽孢杆菌、大肠杆菌等细菌和毛霉、根霉、青霉等真菌，与此相对应的污染类型分

为细菌性污染和真菌性污染。

细菌性污染的症状主要表现在：培养基或培养材料表面出现黏液状或浑浊的水迹状菌落，颜色多为白色，与培养基表面界限清楚，有时甚至出现泡沫发酵状的现象，一般接种后 1 ~ 2d 就能发现。细菌性污染中以芽孢杆菌最普遍，除培养材料带菌或培养基灭菌不彻底会造成成批接种材料被细菌污染外，操作人员的不慎也是造成细菌污染的重要原因。

真菌性污染的症状主要表现在：培养基或培养材料表面出现不同颜色的菌落，继而很快形成黑、白、黄及绿等孢子，与培养基界限不清，一般接种 3 ~ 10d 后才能发现，造成真菌性污染的原因多为周围环境不清洁、超净工作台的过滤装置失效以及培养器皿的口径过大等。实际培养中要明确辨认出是哪种污染，以便有针对性地采取防治措施，从而提高组培成功率。

2.6.1.2 造成污染的因素

（1）培养基及各种使用器具灭菌不彻底。

（2）外植体灭菌不彻底，有菌残存在细胞组织中。

（3）操作时人为因素带入。

（4）环境不清洁。

（5）超净工作区域不清洁。

2.6.1.3 控制污染的措施

1. 培养基和接种器具彻底灭菌

在组培生产中，使用的所有器具均需进行高温灭菌后才能使用。培养基和玻璃器皿灭菌时，在 121℃的高温下持续灭菌 20 ~ 30min，灭菌前充分排尽锅内的冷气，灭菌效果取决于初始温度及高温持续时间和压力；接种用的金属器具除经过高温灭菌外，在接种的过程中，每使用一次，还需在酒精灯火焰上彻底灼烧灭菌或插入远红外高温灭菌器中进行灭菌。

2. 防止外植体带菌

采集外植体时，尽量避免阴雨天。在晴天采集材料时，下午采集的外植体要比早晨采的污染少，因材料经过日晒后可杀死部分细菌或真菌。对一些灭菌困难的外植体，可采取多次灭菌和多种药液交替浸泡的方法，以提高灭菌效果。另外，对一些有内生菌的外植体，先将取材的植株或枝条放在温室或无菌培养室内预培养，再向培养液中添加一些抗生素或消毒剂。

经过灭菌的外植体，并不一定已完全将微生物杀死，有相当多的材料仍带菌，这些材料培养 2 ~ 3d 后就开始长菌，需要及时地进行检查和淘汰，否则还会马上传染其他个体。经过认真观察，将无菌的个体及时转接到新鲜的培养基上。

3. 严格遵守无菌操作规程

在无菌操作过程中，很容易人为带入各种微生物，引起比较严重的污染。因此应注意以下问题。

（1）接种人员要注意个人卫生，特别是手要认真清洗，接种时经常用 75% 的酒精擦拭双手。

（2）在酒精灯火焰的有效控制区域内操作，在操作规范的前提下尽量提高接种速度。

（3）接种时，接种人员双手不能离开操作台，如果离开必须用 75% 酒精擦拭双手后再接种。

（4）用于材料表面消毒的烧杯和需要转接的种苗瓶，放入超净工作台前用 75% 酒精擦拭，以免瓶子上的大量微生物在风机的吹动下，在操作区内流动盘旋引起培养材料的大量污染。

（5）操作区内不要一次性放入过多待用培养基，避免气流被挡住。

4. 保持环境清洁

在组培过程中，环境的污染也会使各个环节的污染明显增加，严重时会造成试验无法进行。因此应注意以下问题。

（1）污染的培养材料不能随便就地清洗，必须经高压灭菌，彻底杀死微生物后再进行清洗。

（2）无菌操作室和培养室要定期进行熏蒸、紫外灯照射或臭氧发生机产生臭氧来灭菌。

（3）无菌操作室的地面和墙壁要定期用 2% 的新洁尔灭或 70% 的酒精擦洗，使用前用 70% 的酒精喷雾，使环境内的灰尘落下。

5. 超净工作台

定期清洗或更换过滤器，过滤器不必经常更换，但每隔一定时间要进行带菌试验；每次使用应提前 15 ~ 20min 打开进行预处理，并经常用涂抹或喷雾方式清洁超净工作台；定期测定操作区的风速，使其达到 20 ~ 30m/min。

2.6.2 褐变

褐变是指在组培过程中，培养材料向培养基中释放褐色物质，致使培养基逐渐变褐，培养材料也随之变褐而死亡的现象。

2.6.2.1 褐变的原因

褐变的发生与外植体组织中所含的酚类化合物多少和多酚氧化酶活性有直接关系。酚类化合物在完整的植物组织和细胞中，与多酚氧化酶是分隔存在的，因而比较稳定。当外植体切割后，切口附近细胞的分隔效应被打破，使得酚类化合物在多酚氧化酶的催化作用下迅速氧化成褐色的醌类物质，醌类物质又在酪氨酸酶的作用下，与外植体组织中的蛋白质发生聚合，进一步引起其他酶系统失活，从而导致组织代谢紊乱，生长受阻，最终衰老死亡。

在组织培养中，褐变是普遍存在的，这种现象与污染和玻璃化并称为植物组织培养的三大难题。而控制褐变比控制污染和玻璃化更加困难。因此，能否有效控制褐变是某些植物能否组培成功的关键。

2.6.2.2 影响褐变的因素

1. 植物材料

（1）植物基因型。在不同植物或同种植物不同基因型的组培过程中，褐变发生的频率和严重程度存在很大差异，这是由于各种植物体内所含的单宁及其他酚类化合物的数量不同。一般木本植物的酚类化合物含量比草本植物高，因此木本植物更易发生褐变，增加组织培养难度。如核桃单宁含量很高，极易褐变，接种初期就褐变，继而在形成愈伤组织后还会因褐变而出现死亡。因此，在组织培养中，对于容易褐变的植物，应考虑对基因型的筛选，力争采用不褐变或褐变程度轻的外植体来进行培养。

（2）材料年龄。外植体老化程度越高，木质素含量也越高，越容易发生褐变。幼龄材料一般都有比成龄材料褐变轻的趋势。

（3）取材部位。幼嫩茎尖较其他部位褐变程度轻，木质化程度高的节段在经表面消毒剂处理后褐变现象更严重；一些种类如蝴蝶兰、香蕉等随着培养时间的延长，褐变程度会加剧，甚至超过一定时间不进行继代转接，褐变物质的积累还会引起培养材料的死亡。

（4）取材时期。植物体内酚类化合物含量和多酚氧化酶活性呈季节性变化，一般植物在生长季节含有较多的酚类化合物，而多酚氧化酶活性和酚类化合物含量基本是对应的，春季较弱，随着生长季节的到来，酶活性逐渐增强。因而有人认为取材时期比取材部位更加重要，如在苹果和核桃上，冬、春季取材褐变死亡率最低，夏季取材很容易褐变。

（5）外植体大小及受伤程度。外植体越小，越易发生褐变，相对较大的外植体则褐变轻。如金冠苹果茎尖小于 0.5mm 时褐变严重，当茎尖长度在 5 ~ 15mm 时褐变较轻。另外，选择外植体时还要考虑其粗度，细的可切短些，粗的可切长些。

外植体受伤程度直接影响褐变。切口越大，酚类物质的被氧化面也越大，褐变程度就会更严重。为了减轻褐变，在切取外植体时，尽可能减小其伤口面积，伤口剪切尽可能平整些。表面消毒剂也可使外植体受伤而引起褐变，如次氯酸钠使不易发生褐变的植物产生褐变。

2. 培养条件

（1）光照。光照过强，可使多酚氧化酶的活性提高，从而加速外植体的褐变。因为氧化过程中许多反应受酶系统控制，而酶系统的活性又受光照影响。在苹果和桃等的茎尖培养中，如果外植体取自田间自然光照下的枝条，那么接种后很容易褐变，而事先对取材母株进行遮光处理，则可有效控制褐变。

（2）温度。温度对褐变的发生影响很大。低温降低多酚氧化酶的活性，抑制酚类化合物氧化，从而减轻褐变。Ishii 等发现卡特兰在 15 ~ 25℃条件下培养比在 25℃以上条件褐变轻。

3. 培养基

（1）培养基状态。液体培养基可有效克服外植体褐变。液体培养基中，外植体溢出的有毒物质可以很快扩散，因而对外植体造成的伤害较轻。

（2）无机盐。初代培养时，培养基中无机盐浓度过高，酚类化合物将大量外溢，导致外植体褐变。原因是无机盐中的有些离子，如 Mn^{2+}、Cu^{2+} 是参与酚类化合物合成与氧化酶类的组成成分或辅助因子，因此盐浓度过高会增加这些酶的活性，酶又进一步促进酚类化合物的合成与氧化。为了抑制褐变，在初代培养时，使用低无机盐浓度的培养基，可以收到较好的效果。

（3）植物生长调节物质。生长调节物质的存在是影响褐变的主要原因，去除生长调节物质可减轻褐变。细胞分裂素 6-BA 或 KT 不仅能促进酚类化合物的合成，而且还能刺激多酚氧化酶的活性，增加褐变，这一现象在甘蔗的组织培养中十分明显。而生长素类如 2，4-D 和 IAA 可延缓酚类化合物的合成，减轻褐变现象发生。

（4）pH 值。培养基的 pH 值较低时，可降低多酚氧化酶活性和底物利用率，从而抑制褐变，而 pH 值升高则明显加重褐变。

4. 材料转瓶周期

对于易褐变的材料，接种后转瓶不及时，伤口周围积累醌类物质增多，褐变加重，以致全部死亡。而缩短转瓶周期可减轻褐变。

2.6.2.3 褐变的预防措施

1. 选择适宜的外植体

选择分生能力较强的材料，如实生苗茎尖、枝条顶芽及幼胚等材料培养褐变程度比较轻；在冬春季节取材，选择幼嫩、褐变程度轻的品种和部位作为外植体，并加大接种数量。

2. 外植体预处理

外植体和培养材料进行 20 ~ 40d 遮光培养或暗培养，可以减轻一些种类的褐变程度；或先用流水冲洗外植体，然后放置在 5℃左右的冰箱中低温处理 12 ~ 14h，对于减轻褐变有一定效果。

3. 选择合适的培养基和培养条件

选择适宜的培养基，调整植物生长调节剂用量，控制温度和光照。一般采用降低无机盐浓度，减少 BA 和 KT 的使用，采取液体培养，在不影响正常生长和分化的前提下，尽量降低温度，减少光照，初期黑暗或弱光条件下培养，保持较低温度（15 ~ 20℃）均可有效降低褐变发生。

4. 添加抗氧化剂或其他抑制剂

在培养基中添加抗氧化剂，或用抗氧化剂进行材料的预处理或预培养，可预防醌类物质的形成，对易褐变材料的培养有很好的辅助作用。常用的抗氧化剂有抗坏血酸、牛血清蛋白、聚乙烯吡咯烷酮（PVP）、柠檬酸、硫代硫酸钠、半胱氨酸及其盐酸盐、亚硫酸氢钠等。

5. 缩短转瓶周期

对易发生褐变的植物，在外植体接种后 1 ~ 2d 立即转移到新鲜培养基上，可减轻酚类物质对培养物的毒害作用，连续转移 5 ~ 6 次可基本解决外植体的褐变问题。

6. 添加活性炭等吸附剂

培养基中加入 0.1% ~ 2.5% 的活性炭对吸附酚类化合物有明显效果。但要注意，用吸附剂抑制褐变有一个负作用，在吸附剂吸附有毒物质的同时，也要吸附培养基中的生长调节物质。

2.6.3 玻璃化

植物材料进行离体繁殖时，有些组培苗的嫩梢、叶片出现透明或半透明水浸状，这种现象称为玻璃化。它是试管苗的一种生理失调症状。发生玻璃化的试管苗称为玻璃化苗。

玻璃化苗与正常苗有显著差异：其叶片、嫩梢呈水浸透明或半透明，植株矮小肿胀，失绿，叶片皱缩成纵向卷曲，脆弱易碎；叶表皮缺少角质层蜡质，没有功能性气孔，不具有栅栏组织，仅有海绵组织；体内含水量高，但干物质、叶绿素、蛋白质、纤维素和木质素含量低；由于其组织畸形，吸收养料与光合器官功能不全，分化能力大大降低，因而很难继续用作继代培养和扩大繁殖的材料；加上生根困难，很难移栽成活。

2.6.3.1 玻璃化发生的原因

玻璃化苗是在芽分化启动后的生长过程中，碳、氮代谢和水分状态等发生生理性异常所引起的。其实质是植物细胞分裂与体积增大的速度超过了干物质生产与积累的速度，植物只好用水分来充涨体积，从而表现玻璃化。玻璃化的发生由多种因素影响和控制，主要原因如下。

1. 琼脂和蔗糖浓度

琼脂和蔗糖浓度与试管苗玻璃化程度呈负相关，即琼脂和蔗糖浓度越高，试管苗的玻璃化程度越低。琼脂和蔗糖浓度影响着培养基的渗透势，渗透势不适时，试管苗的玻璃化程度增加。琼脂浓度还影响着培养瓶内空气湿度，高湿条件下试管苗生长快，玻璃化发生频率相对高。

2. 生长调节剂浓度

高浓度的细胞分裂素可促进芽的分化，也使玻璃化发生比例提高。造成细胞分裂素浓度过高的原因有：一是培养基中一次加入过多细胞分裂素；二是细胞分裂素与生长素的比例失调，细胞分裂素含量远高于生长素，植物过多吸收细胞分裂素，体内生长调节物质比例严重失调；三是细胞分裂素经多次继代培养引起累加效应，通常继代次数越多，玻璃化苗的比例越大。但不同植物发生玻璃化的生长调节物质水平是不一致的。如香石竹在 6-BA 0.5mg/L 时，就有玻璃化发生；但非洲菊在不定芽诱导中，6-BA 的浓度可达 5.0 ~ 10.0mg/L，不定芽增殖时，6-BA 的浓度则只能是 1.0 mg/L。

3. 温度

温度主要影响试管苗的生长速度。温度升高时，苗的生长速度明显加快，但高温达到一定限度后，会对正常的生长和代谢产生不良影响，促进玻璃化的产生；变温培养时，温度变化幅度大，忽高忽低的温度变化容易在瓶内壁形成小水滴，增加瓶内湿度，提高玻璃化发生频率。

4. 湿度

瓶内湿度与通气条件密切相关，通过气体交换瓶内湿度降低，玻璃化苗的比例较低；如果不利于气体交换，瓶内空气湿度和培养基含水量过高，苗的生长势快，玻璃化的发生频率也相对较高。一般来说，单位体积内培养的材料越多，苗的长势越快，玻璃化出现的频率就越高。

5. 光照时间

增加光照强度可促进光合作用，提高碳水化合物的含量，使玻璃化的发生比例降低；光照不足再加上高温，极易引发组培苗的过度生长，加速玻璃化发生。大多数植物在光照时间 10 ~ 12h/d，光照强度 1500 ~ 2000lx 下都能生长良好。但光照时数大于 15h 时，玻璃化苗的比例明显增加。

6. 培养基成分

植物生长需要一定的矿质营养，但如果营养离子之间失去平衡，试管苗生长就会受到影响。植物种类不同，对矿物质的量、离子形态及离子间的比例要求不同。如果培养基中离子种类及其比例不适宜该种植物，玻璃化苗的比例就会增加。如培养基中含氮量高，特别是铵态氮含量高，易引起玻璃化发生。

2.6.3.2 玻璃化苗发生的机理

试管苗玻璃化的产生是由于内源激素乙烯在代谢调节中所起的关键性启动作用。试管苗在胁迫培养环境中，如水势不当、通气不畅、生长调节剂浓度过高及温度过高等，导致乙烯产生。培养瓶空气中过剩的乙烯抑制了试管苗体内乙烯的生物合成，但诱发了其他激素质和量的改变及酶类变化，如降低苯丙氨酸解氨酶和酸性过氧化物酶的活性，从而发生蛋白质、纤维素和木质素的合成障碍及降解，叶绿素分解黄化，壁压降低，细胞过分吸水，导致玻璃化苗形成。另外，培养瓶中气体组成的改变，也影响着磷酸戊糖途径、光呼吸途径的进行。当磷酸戊糖途径受阻时，细胞壁再生受抑制，戊糖化合物减少，核酸、蛋白质合成受阻；当光呼吸途径被抑制时，减弱了光呼吸对光合和保护作用，过剩的同化力损坏了光合细胞器，降低了光合作用，阻碍了乙酸醇的转化，加重了乙酸醇对植物的毒害作用，从而导致试管苗玻璃化的发生。

2.6.3.3 预防玻璃化的措施

1. 适当控制培养基中无机营养成分

适当增加培养基中钙、锌、锰、钾、铁、铜及镁含量，降低氮和氯比例，特别是降低铵态氮含量，提高硝态氮含量，可减少玻璃化苗的比例。

2. 适当提高培养基中蔗糖和琼脂浓度

适当提高培养基中蔗糖含量，可降低培养基的渗透势，从而减少外植体从培养基中可获得的水分，造成水分胁迫；适当提高培养基中琼脂含量，可降低培养基的衬质势，造成细胞吸水阻遏，也可降低玻璃化，如将琼脂浓度提高到 1.1% 时，洋蓟的玻璃化苗完全消失。

3. 适当降低细胞分裂素和赤霉素的浓度

适当降低培养基中细胞分裂素和赤霉素的浓度或增加生长素的比例；在继代培养时，要逐步减少细胞分裂素的含量；另外，可适当添加低浓度的多效唑、矮壮素等生长抑制物质。

4. 增加自然光照，控制光照时间

增加自然光照，玻璃化苗放在自然光下几天后茎、叶变红，玻璃化逐渐消失，这是因为自然光中的紫外线能促进试管苗成熟，加快木质化；光照时间不宜太长，大多数植物以 8 ~ 12h 为宜，光照强度在 1000 ~ 1800lx，就可满足植物生长的要求。

5. 适宜的培养温度

控制温度，适当低温处理，避免过高的培养温度；昼夜变温交替较恒温效果好；热击处理，可预防玻璃化的发生，如用 40℃热击处理瑞香愈伤组织培养物，可完全消除其再生苗的玻璃化，同时还能提高愈伤组织芽的分化频率。

6. 改善培养器皿的气体交换状况

使用透气性好的封口材料，如牛皮纸、棉塞、滤纸及封口膜等，尽可能降低培养内空气湿度，加强气体交换。

7. 培养基中添加其他物质

培养基中适当添加活性炭、间苯三酚、根皮苷、聚乙烯醇（PVA）或其他添加物，可有效减轻或控制玻璃化的发生。如马铃薯汁、活性炭可降低油菜玻璃化苗的发生频率；用 0.5mg/L 多效唑或 10mg/L 的矮壮素可减少重瓣丝石竹试管苗玻璃化的发生；而添加 1.5 ~ 2.5g/L 的聚乙烯醇也成为防治苹果砧木玻璃化的措施。

2.7 植物无糖培养

植物无糖培养快繁（sugar-free micropropagation）技术又称为光自养微繁殖技术，是指在植物组织培养中改变碳源的种类，以 CO_2 代替糖作为植物体的碳源，通过输入 CO_2 气体作为碳源，并控制影响试管苗生长发育的环境因子，促进植株光合作用，使试管苗由兼养型转变为自养型，进而生产优质种苗的一种新的植物微繁殖技术。

这一技术概念是在 1980 年提出的，其技术发明人是日本千叶大学的古在丰树教授。20 世纪 90 年代以后，这一技术成为植物微繁殖研究的新领域，受到广泛的关注，无糖组织培养技术也在各国开始得到推广应用。特别是近几年来，从事这一技术领域研究的科技人员越来越多，这一技术也逐渐成熟，并开始应用于植物微繁殖工厂化生产。

植物无糖培养微繁殖技术的原理就在于根据植物的生理特性和光合作用原理，采用环境控制的方法，用 CO_2 代替糖作为植物体的碳源，为植株的生长提供充足的 CO_2 和光照，最佳的物理或化学的环境条件，促进植株自身的光合作用（自养）。降低生产成本，在短时间和低成本的条件下快速繁殖遗传优良、生理一致、发育正常及无病无毒的群体植株。

2.7.1 无糖组培技术与常规组培技术的区别

2.7.1.1 CO_2 代替了糖类作为植物体的碳源

碳素营养是植物生命的基础，在一般的有糖培养微繁殖中，小植物是以糖（例如蔗糖、果 糖、葡萄糖和山梨糖等）作为主要碳源进行异养或兼养生长，糖被看做是植物组织培养中必不可少的物质。而无糖培养微繁殖是以 CO_2 作为小植株的唯一碳源，通过自然或强制性换气系统供给小植株生长所需 CO_2，促进植物的光合作用进行自养生长。

2.7.1.2 环境控制促进植株的光合速率

在传统的组织培养中，很少对植株生长的微环境进行研究，研究的重点是放在培养基的配方以及激素的用量和有机物质的添加上；无糖培养技术是建立在对培养容器内环境控制的基础上，提高小植株的光合速率是提高植株生长率的主要途径，为了促进容器内小植株的光合速率，必须了解容器内的环境条件，例如容器中的光照强度和 CO_2 浓度，以及如何保持在最佳的范围内，最大限度地提高植物的光合速率。

2.7.1.3 使用多功能大型培养容器

在传统的组织培养中，由于培养基中糖的存在，为了防止污染，一般使用或者说只能使用小的培养容器。而无糖培养可以使用各种类型大小的培养容器，小至试管，大到培养室，因为无糖培养可以将其污染率减至最低。

2.7.1.4 多孔的无机材料作为培养基质

在植物组织培养中，培养基质的种类是十分重要的，它直接影响植株根区的环境，影响植株的生根率。在传统培养中，凝胶状的物质如琼脂、卡拉胶通常被用作培养基质。但植株根系的发育在琼脂中通常是瘦小和脆弱的，当植株移植到土壤时容易被损坏。无糖培养采用多孔的无机的材料，例如蛭石、珍珠岩、砂、塑料泡沫、石棉、陶棉及纤维素等也能用作培养基质。试验表明，多孔的无机材料比凝胶状的物质好，因为它良好的透气性，使植物的根区环境中有较高的氧浓度，从而促进了植株根系的发育，生根率达 98% ~ 100%，而且多孔的无机材料代替价格昂贵的琼脂，生产成本低。

2.7.1.5 封闭型培养室

常规组织培养中的培养室是半开放型的，有门窗，目的是让自然光能够进入培养室加以利用，但同时也带进了各种微生物。为了更好地控制环境，减少污染，无糖培养室采用了封闭型，窗口全封闭，门也尽可能密闭，墙内加入保温材料，墙面光滑，防潮反光性好，室内不再受天气变化的影响，并有效地防止病菌和其他微生物的进入。

2.7.2 无糖培养微繁殖技术的优势

植物无糖组织培养技术改革了传统的用糖和瓶子作为碳源营养和生存空间的技术方法，增加了植物生长和生化反应所需的物质流的交换和循环，促进植株的生长和发育，实现了优质苗低成本的生产。其优势如下。

2.7.2.1 极大地促进了植株的生长和发育

在有效的控制适宜的环境条件下，光自养小植株的光合速率和生长率能被促进。培养基中是否加入糖以及糖量的多少对植物光合作用影响极大。在无糖培养的条件下，小植株的光合速率高于一般的有糖培养。许多的研究表明，当小植株培养在无糖的培养基上，在高光照和高 CO_2 浓度下。光合速率显著高于培养在有糖培养基上的光合速率。例如：康乃馨（Kozai，1988），烟草（Fujiwara，1993），马铃薯（Heo，1999），咖啡（Nguyen，1997），西红柿（Kubota，2000），等等。通过人工控制，动态调整优化植物生长环境，为种苗繁殖生长提供最佳的 CO_2 浓度、光照、湿度及温度等环境条件，促进了植株的生长发育，同时也缩短培养周期。

2.7.2.2 污染率大幅度减少

培养基中除去糖以后，微生物失去了最佳繁殖的营养条件，污染的几率减少。由此极大地减少了植物的损失。并可减轻工人工作的劳动负荷，提高接种工作速度，从而提高劳动生产率。降低生产成本。在无糖培养中，可以允许一些有益的微生物存在，只有它们不是病原菌。

2.7.2.3 提高试管苗移植的成活率

光自养的小植株有非常高的光合能力和适应外界环境的能力，移植到外界的环境条件中它们能保持正常的组织结构和气孔的功能。对提高过渡苗的成活率极为有利。从植株的生理条件说，当小植株从试管移到外界环境时，光自养的小植株不存在生理转化的过程，而有糖培养的植株是从异养进入完全自养的过程，很多小植株在这一生理转化过程中，由于不能适应而死亡。据相关资料报道情人草和马铃薯小植株在容器内培养和移植到温室驯化后的成活率得出：马铃薯的最终成苗率，在无糖培养的条件下是 96%，在有糖培养的条件下是 72%，情人草在无糖培养的条件下是 91%，在有糖培养的条件下是 62%。由于试管苗生长健壮，过渡苗的成活率大幅度提高，使复杂的驯化过程变得简单，甚至可以省略。

2.7.2.4 消除了小植株生理和形态方面的紊乱

在一般的微繁殖中，存在着玻璃化、黄化、畸形和变异等问题。这些问题产生的主要原因是由于小植株生长的环境条件不良和大量使用激素而造成的。在无糖培养中，我们可以通过人为的环境控制来为小植株的生长提供各种适宜的光照、温度、湿度、CO_2、营养及促进容器内空气的流通速度等生长条件，并且可以不使用激素或只使用很少的激素，因此，在无糖培养微繁殖中，小植株生理和形态发育正常。

2.7.2.5 工程方面的优越

1. 大型培养容器能够应用并得到扩展

在光自养微繁殖中，培养容器的尺寸和材料的选择被扩展，因为微生物的污染率很低，在无病菌植物繁殖的概念上，不需要小植株生长在特殊的条件下，只要病原菌除去即可。并且容器的灭菌可以变得简单。

2. 自动化

在光自养微繁殖系统中，由于容器的尺寸不受限制，自动化能够在外植体接种到新容器的过程中实施。因此，只需用一个非常简单的微繁殖基础上的穴盘苗生产系统，便可进行穴盘苗商业化生产。但是在微繁殖的各个阶段，要使自动化得以应用成功，需要植株的生长非常整齐。在环境控制的光自养微繁殖的条件下，均匀的 CO_2 输入和分布使植株的光合速率提高，生长均匀一致，机器人能进行工作。无糖培养生产工艺的简单化，流程缩短，技术和设备的集成度提高，降低了工作技术难度和劳动作业强度，易于该技术在规模化生产中推广应用。

2.7.3 无糖培养与有糖培养相结合

实践证明，无糖培养与有糖培养相结合，可以进行两者之间的优势互补，既能降低成本，又可在短期内培养育出大量合格的组培苗木，是当前组培工作中一项可行的技术措施。

我们知道，植物组织培养技术用于脱毒和快速繁殖时，大体上可分为 3 个阶段：第一阶段是取茎尖等外植体诱导成植株，脱毒工作在这个阶段完成；第二阶段是继代培养，主要是增加植株的数量；第三阶段是试管生根和移栽。第一阶段必须在有糖的条件培养；第二阶段如果以不定芽的芽团增殖或产生胚状体、原球茎进行增殖也需要在有糖的条件下培养，但如果用切段利用腋芽增殖，如试管中扦插繁殖，可以用无糖培养；第三阶段可以用无糖培养促进试管苗生根，有利于提高移栽的成活率。

另外，胚培养、单细胞培养、用于单倍育种的花药培养及原生质体培养等都不能在无糖的条件下进行。因此，将无糖培养称为无糖组织培养不太合适，称为无糖微体繁殖则较为适宜。无糖培养作为微体快速繁殖的一个环节，是很有实际意义的。

2.7.4 植物无糖组培快繁技术的限制因素

2.7.4.1 需要相对复杂的微环境控制的知识和技巧

实际应用还是受到一定的限制，原因就是需要应用微环境控制方面专业的技术。没有充分理解容器中小植株的生理特性，容器内的环境，容器外的环境，培养容器的物理或构造特性之间的关系，将不可能成功地应用光自养微繁殖系统，使用最少的能源和原料生产高品质的植株。光自养微繁殖控制系统的复杂性会导致设施设计的失败，必须在充分认识和理解了光自养微繁殖的原理后，才能取得成功。

2.7.4.2 培养的植物材料受到限制

与一般的微繁殖相比，光自养微繁殖需要较高质量的芽和茎，外植体需具有一定的叶面积，带绿色子叶的体细胞胚也可进行光自养生长。外植体的质量越好培养效果越佳。

2.7.5 无糖组培技术国内外研究进展

无糖组培快繁技术通过多年的试验研究和生产示范，在引进消化吸收国外先进技术的基础上，结合国情，昆明市环境科学研究所研制开发了无糖培养微繁殖生产的配套设施，获得三项专利。目前，该项技术已初步应用于非洲菊、彩色马蹄莲、灯盏花、甘薯、葡萄及满天星等植物并获得成功。经上述植物研究结果表明，无糖组培技术培育出的苗具有抽叶多、植株健壮、节间距短、根系发达、干物质积累多和光合自养能力强等优良的生物学性状。美国、韩国、英国及日本等国家已将该项技术应用于生产，并显示出了巨大的优势和良好的效果。

无糖组培快繁技术可解决传统组织培养中存在的诸多问题，显著提高种苗质量，缩短培养周期，提高产苗率，降低生产成本。但目前，该项技术在药用植物方面的应用研究，除云南农大王荔课题组报道外尚未见其他报道。

2.7.6 植物无糖组培快繁技术应用前景

无糖组织培养微繁殖技术作为一项高新技术，在基础科学研究和实践生产中均具有广阔的应用前景。一是在无糖组织培养过程中，主要是通过环境调节来促进试管苗生长，因此，可以从环境调节角度来研究试管苗形态建成、生长发育机理等方面的基础科学研究；二是无糖组织快繁技术可有效解决藤木、木本植物生根难的问题，可进行这方面的应用基础研究；三是可进行试管苗继代、生根及驯化同步研究，缩短培养周期；四是可进行濒危珍稀植物及高附加值植物的人工培育等方面研究；五是可进行种质资源保存方面的研究；六是随着材料科学、物理农业的发展，以及植物无糖组织培养技术理论体系的成熟，这一技术将以低成本生产高质量种苗的优势，应用于植物种苗工厂化生产。

2.7.7 无糖培养技术应用实例

2.7.7.1 香石竹

用有糖培养的方法进行茎尖培养，并在继代培养过程中获得一定数的试管苗，在此基础上再进行无糖培养。

培养基用 MS 培养的大量和微量成分，不需要加糖、有机成分、激素和琼脂。用蛭石做基质，加入上述培养基，使基质中混有培养基。当培养基质用手能捏成团，并有一二滴水滴下时，将培养基质装入培养容器内。培养容器的大小可根据已有试管数量而定，一般开始用较小的容器，以后可用大型容器（120L）用大容器时，不可能将容器进行高压灭菌。一般用消毒液加5%的新洁尔灭，反复擦洗容器中的苗盘，主要是容器内壁。蛭石预先进行灭菌。这样容器内的培养环境基本上是无菌的。

将香石竹试管苗剪成小段，每一段带1个节和1片叶，下部插入基质中。每个大型培养容器放入3个苗盘，每个苗盘插500株苗，这样每个容器内可生长1500株苗，在培养室中要保证光照条件，要求1～6d内光照强度为3000lx，7～12d内光照强度增加到5000lx，13～20d时光照强度增加到8000lx，光照时间每天16h。光照的同时补充CO_2，通往CO_2浓度为1500mg/L，黑暗时不补充CO_2。培养室的温度为24℃左右，相对湿度60%，培养20d可以出苗。

在以上条件下无糖培养20d后，试管苗生根率达到100%，根系发达，有大量侧根形成。由于根系好，能促进地上部分的生长，使植株高长至7.5cm，每株平均叶片数14.7片，每株平均鲜重813mg，形成了健壮和生根苗。这种生根苗移栽成活率达95%以上。如果不移栽，需要继续扩繁，可以将上述生根苗再切段。每段可带1～2节、1～2个叶片，再插入上述培养容器中，但培养基质和培养液必须换新的，以保证在无菌条件下得到足够的营养插入的苗切段越健壮、生长速度就越快，效果也越好。

2.7.7.2 草莓

草莓的增殖不是用切段方法，而是通过基部产生不定芽，基部腋芽萌发，形成丛生芽团，而后再以芽团分割来继代增殖。而芽团的产生，即不定芽的形成和基部腋芽的萌生离不开细胞分裂素，一般用6－BA最为有效。在无糖无激素的条件下增殖很困难，所以草莓的无糖培养主要是用于生根和壮苗。培养基用MS培养基的大量和微量元素及铁盐。用蛭石做培养基质。如试管苗较少时可用中小型容器，试管苗多时则采用大型容器。首先对培养室、培养容器及苗盘等进行严格消毒处理，然后将灭菌后的蛭石和培养液混合均匀，装入苗盘内，而后进行插苗。

草莓苗从固体培养中取出，用无菌水洗去琼脂，从芽丛分出小植株，每株带2～3片小叶，插入蛭石基质中。每盘插500株，3个苗盘放入培养容器中，每个容器共有苗1500株培养时，1～6d光照强度3000lx，7d后光照强度增加到5000lx，每天14h。在光照同时通入CO_2，浓度为1500mg/L，在培养期间温度控制在25℃左右，相对湿度60%～70%，小型培养容器20d后可以出瓶，大型培养容器15d后可出苗。

通过15～20d的培养，草莓生根率可达100%，根系发达，并有大量侧根形成，植株健壮，株高3.5cm，每株平均叶片数5～6片，每株平均鲜重456mg，每株平均干重41.9mg，这些苗移栽入温室土中成活率可达100%。

2.7.7.3 情人草

将长为1.5cm左右的情人草丛芽在无糖条件下进行生根培养。培养基质为珍珠岩，浸透MS营养液后进行灭菌。在转苗之前，首先对培养容器和培养进行严格消毒处理，然后将灭菌后的营养基质装入苗盆内进行转苗，每一个大型的培养容器装入三个苗盆，每个培养容器插入情人草苗1500株。无糖培养7d内，光照强度2700lx，光照时间每天12h；7d后光照强度增加到8000lx，光照时间每天为14h。补充CO_2浓度为1500mg/L，补充CO_2的时间和光照同步进行。在整个培养时间，培养室的温度为24℃左右，培养20d后出苗，直接将移栽到营养土上，进行过渡炼苗，20d后调查成活率可达到95%。其长势为植株高8.4cm，叶片数平均12.8、叶面积2145mm^2鲜重750mg，干重68mg。

2.7.7.4 桉树

切取桉树的腋芽（从生苗上的顶芽）长度2.2cm左右，在无糖培养基中插苗，插苗深度约0.8cm，培养基质为蛭石浸透1/4MS无机盐和维生素营养液。培养箱中通过CO_2浓度为1100～1300mg/L，光照强度为600～660lx。与传统组培方法（20g/L、琼脂为其质、MS无机盐和维生素）相比，通过无糖培养的组培苗，小植株的净光合率、鲜重、干重及叶片表皮的蜡质层含量均高于对照。在过渡培养中，小植株的蒸腾率及叶片水分的丢失率低于对照，其过渡培养在不加入特殊管理的前提下，成活率达到90%以上。

2.7.7.5 非洲菊

切取非洲菊增殖苗，培养在无糖的 MS 和 Hoagland 培养基上（一种由日本研制的无糖培养基），CO_2 浓度为 1500mg/L，光照强度为 8000lx。培养 23d 后出瓶，与传统培养方法比较，无糖培养生根率达到 100%，且根系发达呈白色，叶片数比较多，植株健壮，过渡成活率比传统高出 13%。

2.7.7.6 大花蕙兰

将原球茎萌发的带叶大花蕙兰培养在 1/2MS 无糖培养基中，通过 CO_2 浓度为 1000mg/L，光照强度为 8000lx，培养 42d 后出瓶，小植株生长健壮，效果明显优于有糖培养。

本 章 小 结

植物快速繁殖技术
- 试管苗快速繁殖意义和一般程序
- 器官培养
  - 根的培养：离体根培养是研究根系生理代谢，器官分化及形态建成的优良实验体系
  - 茎尖和茎段培养
  - 叶培养：是对叶原基、叶柄、叶鞘、叶片及子叶在内的叶组织进行的无菌培养
- 试管苗的壮苗与生根培养
- 试管苗的驯化与移栽
  - 移栽基质的选配：珍珠岩、蛭石等
  - 管苗的移栽方法：直接法、常规法以及嫁接法
- 移栽后管理
  - 保持小苗的水分供需平衡；防止菌类滋生
  - 一定的温度、光照条件；保持基质适当的通气性
- 组培中三大难题：污染、褐变及玻璃化
- 植物无糖培养
  - 无糖组培技术与常规组培技术的区别
  - 无糖培养与有糖培养相结合

复习思考题

1. 名词解释

褐变　污染　玻璃化　炼苗　无糖培养

2. 填空题

（1）初代培养的目的是________，继代培养的目的是________。

（2）茎尖培养根据培养目的和取材大小可分为________和________两种类型。

（3）大多植物的叶组织在离体培养条件下先形成________，再分化出胚状体或________。

3. 选择题

（1）外植体的成苗途径有________。

A. 先形成愈伤组织，再分化成完整的植株　B. 先形成胚状体，再发育成完整植

C. 经诱导后直接形成根与芽，发育成完整的植株　D. 以上三种都有可能

（2）愈伤组织通过器官发生形成再生植株的方式最好的是________。

A. 先根后芽　B. 先芽后根　C. 根、芽同时发生　D. 胚状体发生

（3）生长素对愈伤组织的诱导非常重要，其中诱导愈伤效果最好的生长素是________。

A. IBA　B. IAA　C. NAA　D. 2，4–D

（4）组培苗驯化移栽时，湿度、光照及温度的控制非常重要，其中湿度控制要求是________。

A. 由高到低　B. 由低到高　C. 保持高湿 85%　D. 湿度恒定 50%

（5）细菌性污染，一般在接种后________d 即可发现。

A. 3 ~ 5　　B. 1 ~ 2　　C. 2 ~ 4　　D. 3 ~ 7

（6）以下哪种措施不能减轻试管苗的玻璃化现象________。

A. 增加培养基中琼脂的浓度　　B. 降低培养基中细胞分裂素的浓度

C. 降低培养基中生长素的浓度　　D. 改善培养容器的通风条件

（7）生根培养一般可采用 1/2 或者 1/4MS 培养基，并加入适量的________。

A. 2，4-D　　B. 赤霉素　　C. 细胞分裂素　　D. 生长素

（8）在组织培养中，月季、菊花是通过________方式快繁；蝴蝶兰是通过________方式快繁。

A. 无菌短枝型，原球茎发生型　　B. 原球茎发生型，无菌短枝型

C. 无菌短枝型，器官发生型　　D. 胚状体发生型，原球茎发生型

（9）为了诱导芽的形成，培养基中细胞分裂素与生长素的浓度________。

A. 比值大　　B. 比值小　　C. 比值相等　　D. 比值的大小没有关系

（10）旺盛生长的愈伤组织大多呈 _______ 色，具光泽。

A. 乳黄色或白色　　B. 黄色　　C. 褐色　　D. 黑色

4. 判断题

（1）普通茎尖培养目的是为了快速繁殖植物，通常取茎顶端部位 0.5mm 左右大小进行培养。

（2）光自养的小植株有非常高的光合能力和适应外界环境的能力，移植到外界的环境条件中它们能保持正常的组织结构和气孔的功能。对提高过渡苗的成活率极为有利。

（3）培养基中适当添加活性炭或其他添加物，可有效减轻或控制玻璃化的发生。

5. 问答题

（1）提高试管苗移栽成活率的措施有哪些?

（2）无糖培养与常规组织培养的区别是哪里?

技能 2-1 组培方案设计

【要求目标】

1. 熟悉植物组织培养快繁技术实验方案的制订过程。

2. 巩固植物组织培养的各项操作技能。

【材料与试剂】

组培材料由教师指定或学生自主确定。

【仪器用具】

图书（可到图书馆或其他途径借阅）、计算机、笔记本、钢笔及信纸等。

【方法步骤】

1. 确定植物种类。

2. 查阅资料。

安排以小组为单位，通过图书馆和计算机网络等途径查阅相关资料。包括市场信息、组培材料的生物学特性和生态习性、技术信息，以及了解实验室的现有条件等。

3. 信息汇总与分析。

小组集体分类汇总相关信息，并重点分析讨论技术信息。

4. 方案设计。

小组利用所学理论知识，结合实验室的现有条件，设计并制定出组培方案。方案应包括以下内容。

（1）该种植物组织培养的意义及其研究进展。

（2）试验需要的设施、仪器、器皿及药品等的种类与数量。

（3）确定技术路线，主要包括外植体的种类、预处理、消毒剂种类及消毒时间。

（4）初代培养、继代增殖和生根培养基本培养基、生长调节物质组合实验设计。

（5）温度、光照时间及光照强度等培养条件的选择。

（6）污染、褐变、玻璃化、增值率低和不生根等异常情况的处理方法。

5. 方案论证。

小组书面提交组培方案，师生集体讨论，并评价各实验方案的可行性。

【考核标准】

考核方案详见技能表2-1-1。

技能表2-1-1　　考 核 方 案

序号	考核项目	考核标准	分值
1	实训态度	实训积极主动，责任心强；有团队精神	10
2	信息收集	全面、准确	20
3	方案设计	科学、合理、可行、符合实际	20
4	设计说明	语言表达流利，条理性和逻辑性强；理论结合实践能力强	20
5	方案论证	讨论积极，对出现的问题能主动分析和思考找到修改方案	20
6	实训报告	书写字迹工整；内容准确	10
合　计			100

【注意事项】

1. 教师提前做好信息搜集与处理方法的专题培训。

2. 项目分组设计，防止流于形式和互相抄袭。

技能2-2　胡萝卜离体根培养

【要求目标】

1. 熟练掌握胡萝卜离体根培养的基本方法和操作步骤。

2. 掌握诱导愈伤组织的基本方法。

【材料与试剂】

新鲜的胡萝卜肉质根、70%酒精、饱和漂白粉溶液、0.05%甲苯胺蓝、盛装培养基的培养瓶（愈伤组织诱导培养基MS+2，4-D1.0mg/L；愈伤组织芽分化培养基MS + BA 0.1mg/L+NAA 0.1mg/L；愈伤组织根分化培养基MS+NAA 0.5mg/L，以上培养基均添加蔗糖30g/L、琼脂7g/L，pH值为5.8）、2%次氯酸钠、0.1%氯化汞及无菌水等。

【仪器用具】

超净工作台、高压灭菌锅、显微镜、解剖刀、刮皮刀、不锈钢打孔器、长镊子、烧杯、培养皿、移液管、滤纸、火柴、记号笔、刮皮刀、无菌瓶及烧杯等。

【方法步骤】

1. 外植体消毒

将胡萝卜用自来水冲洗干净，用刮皮刀除去表皮 1 ~ 2mm，横切成大约 10mm 厚的切片。在超净工作台上，将胡萝卜切片用 70% 酒精处理 15s 后，用无菌水冲洗 1 遍，再用饱和漂白粉溶液浸泡 10min，无菌水冲洗 3 ~ 4 次。

2. 切块

将胡萝卜切片放入培养皿中，一手用镊子固定胡萝卜切片，一手用打孔器垂直打孔，每个小孔打在靠近维管形成层的区域，务必打穿组织。然后从组织片中抽出打孔器，用玻璃棒轻轻将胡萝卜组织从打孔器中推出，收集在装有无菌水的培养皿中。重复打孔步骤，直至收集到足够数量的组织圆片。

3. 接种

用镊子取出组织圆片放入培养皿中，用刀片将组织圆片切成 2mm 长的小块，放入装有无菌水的培养皿中。将胡萝卜组织小块转移到灭菌过的滤纸上，吸干水分后接种到培养基表面。在整个操作过程中要多次用火焰消毒镊子和解剖刀，冷却后再使用。

4. 培养

将培养物一部分置于 25℃温箱中暗培养，另一部分放置光照培养室中进行培养，比较光条件和暗条件对愈伤组织诱导的反应。

5. 愈伤组织观察

培养 7d 后，外植体表面开始变得粗糙，有许多光亮点出现，这是愈伤组织开始形成的症状。20d 后，将长大的愈伤组织切成小块转移到新的培养基上。用放大镜观察愈伤组织表面特征。用解剖针挑取一些细胞置于载玻片上，加一滴水，压上盖玻片，在显微镜下观察愈伤组织细胞的特征，也可用 0.05% 甲苯胺蓝染色后再进行观察。

6. 分化

将形成的愈伤组织分别接入胡萝卜愈伤组织芽分化和根分化培养基中，置于温度 26℃，光照 14h/d，光强 2000lx 条件下培养。观察记录胡萝卜愈伤组织的形态变化，并在 20d 后统计愈伤组织的幼芽分化率和生根率。

7. 计算出观察并记录胡萝卜离体根接种后的污染率、愈伤组织诱导率及幼芽分化率和生根率

诱导率（%）=[产生愈伤组织的外植体数 /（接种外植体数 − 污染外植体数）] × 100% 或 [产生不定芽的外植体数 /（接种外植体数 − 污染外植体数）] × 100%

幼芽分化率（%）= 分化形成芽的愈伤组织块数 / 接种的愈伤组织块数 × 100%

污染率（%）=（污染外植体数 / 接种外植体数）× 100%

生根率（%）=（生根芽苗数 / 接种芽苗数）× 100%

【考核标准】

考核方案详见技能表 2-2-1。

技能表 2-2-1　　考 核 方 案

序号	考核项目	考 核 标 准	分值
1	实训态度	实训积极主动，责任心强；有团队精神	10
2	外植体处理与消毒	处理得当，消毒步骤规范、准确、熟练	20
3	接种室灭菌	超净工作台和接种室灭菌正确、规范	20
4	信息收集	全面、准确	20
5	分析、解决问题能力	能够细心、认真、发现问题；科学、客观、准确分析问题；及时、合理地解决问题	20
6	实训报告	书写文字工整，内容条理清晰	10
合　　计			100

【注意事项】

1. 外植体要求无病、健壮。

2. 用打孔器钻取胡萝卜的圆柱片时务必打穿组织。

3. 严守无菌操作规程。

技能 2-3 月季茎段培养

【要求目标】

1. 月季茎段培养的基本方法和步骤。

2. 掌握植物材料的选择和消毒方法。

【材料与试剂】

月季带腋芽的茎段、无菌水、70% 酒精、0.1% 升汞、吐温 -20 及盛装培养基的培养瓶（诱导培养基 MS+6-BA 0.5mg/L；继代培养基 MS+6-BA1.0mg/L+NAA0.1mg/L；生根培养基 1/2MS+IBA0.5mg/L，以上培养基均添加蔗糖 30g/L、琼脂 7g/L，pH 值为 5.8）等。

【仪器用具】

超净工作台、高压灭菌锅、烧杯、修枝剪、镊子、解剖刀、远红外消毒器、记号笔、无菌水、育苗盘、多菌灵杀菌剂、塑料盆和烧杯等。

【方法步骤】

1. 取材

从生长在田间的或盆栽的优良月季品种的植株上，选择生长健壮、无病虫害的当年生枝条，剪取中段部分饱满而未萌发的侧芽作为外植体。将采回的枝条切去叶，剥去附在茎上的叶柄及皮刺，用自来水冲洗干净，在洗洁精或洗衣粉水中浸泡 30min，然后用流水冲洗 0.1 ~ 1h。

2. 消毒

将月季茎段放置小木板上用利刀切成 2 ~ 3cm 的茎段，每段至少有一个侧芽。在超净工作台上用 70% 酒精消毒 20 ~ 30s，无菌水冲洗 1 次，在 0.1% 氯化汞溶液中消毒 8 ~ 10min。消毒时要不断地搅动材料，最后用无菌水冲洗 4 ~ 5 次。也可以在消毒剂中滴加数滴吐温 -20，则消毒效果更好。

3. 接种

剪去茎段两端切面，按照无菌操作要求，将 1cm 左右带腋芽的茎段接种到芽诱导培养基上，注意要将芽露出培养基表面。操作期间应经常用 70% 的酒精擦拭工作台和双手，接种器械应反复消毒。

4. 培养

月季培养的适宜温度为 22 ~ 28℃，光照强度 1000 ~ 2000lx，光照 12 ~ 16h/d。当腋芽萌发并长至 1cm 左右时，将长出的腋芽转入继代培养基上培养，20d 后形成许多丛生芽。

5. 生根

当月季试管苗增殖到一定数量后，可将丛生芽中较大的苗接种到生根培养基上，15d 后就有 5 ~ 6 条根长出即可进行移栽工作。

【考核标准】

考核方案详见技能表 2-3-1。

技能表 2-3-1　　考 核 方 案

序号	考核项目	考 核 标 准	分值
1	实训态度	实训积极主动，责任心强；有团队精神	10
2	外植体选取	老幼程度、部位、大小及时期正确	10

续表

序号	考核项目	考 核 标 准	分值
3	外植体处理与灭菌	处理得当，消毒步骤规范、准确及熟练	15
4	无菌操作过程	操作人员做到规范、准确及迅速	20
5	分析、解决问题能力	能够细心、认真、发现问题；科学、客观、准确分析问题；及时、合理地解决问题	20
6	观察记录	按时检查，及时记录，如实记录；字迹清楚，项目齐全，记录符合要求	15
7	实训报告	书写字迹工整；内容准确	10
合 计			100

【注意事项】

1. 外植体选取未萌发饱满腋芽、半木质化的当年生枝条。

2. 腋芽萌发后及时转接到增殖培养基中。

3. 培养过程中跟踪观察，统计各项技术指标。

4. 发现污染苗及时、科学处理。

技能 2-4　烟草叶片组织培养

【要求目标】

1. 烟草叶片愈伤组织的诱导方法。

2. 熟悉愈伤组织分化方式。

【材料与试剂】

烟草叶片、70% 酒精、0.1% 升汞、无菌水及盛装培养基的培养瓶（愈伤组织诱导培养基 MS+2，4-D 1.0mg/L+NAA 2.0mg/L+KT 0.5mg/L；愈伤组织分化培养基 MS+KT 2.0mg/L+IAA 0.5mg/L；幼芽增殖培养基 MS+6-BA 1.0mg/L+NAA 0.2mg/L；生根培养基 1/2MS+NAA 0.2mg/L，以上培养基均添加蔗糖 30g/L、琼脂 8g/L，pH 值为 5.8）等。

【仪器用具】

超净工作台、高压灭菌锅、烧杯、修枝剪、镊子、解剖刀、远红外消毒器、记号笔、无菌水、育苗盘、多菌灵杀菌剂、塑料盆及烧杯等。

【方法步骤】

1. 接种

取烟草幼嫩叶片，用自来水充分洗净后，经 75% 酒精消毒 30s，0.1% 升汞溶液浸泡 8min，无菌水冲洗 5 ~ 6 次后，去掉主叶脉和大的侧叶脉，将叶片切成 1.0 ~ 1.5cm^2 的小方块，接入愈伤组织诱导培养基中培养，接种时下表皮与培养基接触。培养温度 25±2℃，光照 14 h/d，光照强度 2000lx。

2. 诱导

约 2 ~ 3d 后，叶片外植体卷曲、增厚及膨胀，15d 后外植体脱分化形成疏松絮状浅黄绿色的愈伤组织。

3. 愈伤组织的分化

将愈伤组织转接到愈伤组织分化培养基上，15d 后，从疏松愈伤组织上分化出许多浅黄绿色芽点。40d 后，从愈伤组织上分化出越来越多幼芽。

4. 芽的增殖

将幼芽切下，转接至不加 2，4-D 的幼芽增殖培养基上，可不断增殖，发育成绿色健壮的小苗。

5. 诱导生根及移栽

取约 3 ~ 4cm 长的无根小苗接种于生根培养基中，约 7 ~ 8d 后，外植体从其基部产生白色幼根，当试管苗长至 5 ~ 6cm 高时，打开瓶口，在散射光下放置 2d 后取出，洗去根部残留培养基，种植于经过消毒的珍珠岩、泥炭土和田园土等量混合的基质中，成活率可达 95% 以上。

【考核标准】

考核方案详见技能表 2-4-1。

技能表 2-4-1　　考 核 方 案

序号	考核项目	考 核 标 准	分值
1	实训态度	实训积极主动，责任心强；有团队精神	10
2	掌握信息能力	能够正确掌握信息资源；对烟草叶片有充分了解	10
3	外植体选取	老幼程度、部位、大小及时期正确	15
4	外植体处理与灭菌	处理得当，消毒步骤规范、准确及熟练	20
5	分析、解决问题能力	能够细心、认真、发现问题；科学、客观、准确分析问题；及时、合理地解决问题	20
6	观察记录	按时检查，及时记录，如实记录。字迹清楚，项目齐全，记录符合要求	15
7	实训报告	书写字迹工整；内容准确	10
合　计			100

【注意事项】

1. 注意叶片的分割部位与分切方法。

2. 灭菌剂的浓度要适合烟草叶片。

3. 把握好愈伤组织分化时间。

4. 做到及时淘汰劣苗、污染苗。

技能 2-5　组培苗的驯化与移栽

【要求目标】

1. 掌握移栽基质的配制方法。

2. 掌握试管苗的驯化和移栽方法。

【材料与试剂】

生根试管苗、50% 多菌灵、1% 高锰酸钾溶液、蛭石、珍珠岩、腐殖土、草炭土及砂子等。

【仪器用具】

苗床、营养钵、地膜、竹坯、遮阳网、喷壶和镊子等。

【方法步骤】

1. 栽前的炼苗

当试管苗的根呈嫩白色（一般具有 2 ~ 3 条根），根长 1 ~ 2cm 时，将生根试管苗的培养瓶转移至温室或塑料大棚内 50% ~ 70% 遮阳网下进行锻炼。先不开口炼苗 2 ~ 3d，然后开口炼苗 1 ~ 2d。当试管苗茎叶颜色加深，根系颜色由白色或黄白色变为黄褐色并延长、伴有新根生出时表示炼苗成功。

2. 基质配制与消毒

栽培基质应选用疏松、保水性和透气性好的蛭石、珍珠岩、草炭土、腐殖土或腐熟的阔叶树锯末等。根据不同植物试管苗的要求，选择适当基质种类和配比，一般选用珍珠岩：蛭石：草炭土或腐殖土比例为 1 ：1 ：0.5，或砂子：草炭土或腐殖土按 1 ：1 进行混合。基质消毒方法：①基质边配制边消毒。用喷壶向配制的基质喷洒 0.1% 高锰酸钾水溶液或 500 ~ 800 倍 50% 多菌灵水溶液，要求喷洒全面、彻底，喷后用塑料覆盖，堆闷

20 ~ 30min；②在铺有塑料膜的水泥平地上将配制后的基质浇湿，堆成高 1m、宽 2m 左右、长度不限的基质堆，并用塑料膜盖严，利用太阳能消毒。一般夏季 2 ~ 3d，冬季 7 ~ 10d 翻堆摊晒 1 次；③将混配后的基质用耐高压聚丙烯塑料袋装好，在高压灭菌锅中消毒 20min 后冷却备用。

3. 基质装填、浇水

采用苗床移苗时，先在苗床内铺上塑料布，然后填入消毒过的基质；采用营养钵移苗时，则将基质装至距钵沿 0.5 ~ 1.0cm 处。无论采用何种移苗法，都要在基质装填后浇透水。

4. 移栽

用镊子小心将试管苗从培养瓶中取出，手要轻，不能用力过猛扯断苗根，用自来水洗掉根部黏着的培养基，要全部除去，以免残留培养基滋生杂菌。清洗时动作要轻，避免造成损伤。移栽时用一个筷子粗的竹签在基质中插一小孔，然后将小苗插入，不能埋住试管苗的苗心，注意幼苗较嫩，防止弄伤，栽后把苗周围基质压实，栽前基质要浇透水，栽后轻浇薄水，插上竹坯，盖上地膜，再在小拱棚上盖上遮阴网，做好保湿和遮阴工作。

5. 移栽后的管理

移栽后的试管苗管理非常重要，需特别注意保湿和遮阴，一般温度控制在 15 ~ 25℃，空气湿度保持在 90% 以上，并要适当遮阴。3d 后开始通风，逐渐降低湿度和增加光照。一般 20 ~ 30d 试管苗长出新根、发出 2 ~ 3 片新叶，高度 5 ~ 10cm 就可以定植。

【考核标准】

考核方案详见技能表 2-5-1。

技能表 2-5-1　　　　考 核 方 案

序号	考核项目	考 核 标 准	分值
1	实训态度	实训积极主动，责任心强；有团队精神	10
2	移栽前的炼苗	炼苗方法正确，操作规范、准确及熟练	10
3	基质配制与消毒	基质配置合理，消毒符合实际	10
4	移栽方法	移栽方法选择正确、可行，操作规范、准确及熟练	20
5	移栽后的管理	管理精心，科学，措施有效，符合技术要求	20
6	移栽成活率	驯化移栽成活率≥ 85%	10
7	分析问题和解决问题能力	能够细心、认真、发现问题；科学、客观、准确分析问题；及时、合理地解决问题	10
8	实训报告	书写字迹工整；内容准确	10
合　计			100

【注意事项】

1. 试管苗出瓶与移栽时要轻拿轻放，勿伤幼苗。
2. 移栽时不能埋住试管苗的苗心，注意幼苗较嫩，防止弄伤。
3. 试管苗移栽后喷水要冲洗掉黏附在叶片上的基质。
4. 移栽后把苗周围基质压实，栽前基质要浇透水，栽后轻浇薄水。
5. 试管苗驯化移栽要精心管理，并综合考虑各种生态因子的动态变化及相互作用，环境调控及时到位。

技能 2-6　组培苗培养期间的观察

【要求目标】

1. 熟练掌握组培苗生长发育情况。
2. 做好组培苗生长其间的管理工作。

【材料与试剂】

不同植物的不同培养阶段的培养物等。

【仪器用具】

显微镜、解剖镜、数码相机、记号笔、观察记录本、直尺及镊子等。

【方法步骤】

1. 观察培养物的外观表现。

选取不同培养阶段的培养物进行褐变率、玻璃化率、污染率及其他问题等方面观察记录。

2. 填写试管苗统计，见技能表 2-6-1。

技能表 2-6-1 试管苗观察记录表

观察品种	培养阶段	培养基类型	接种时间	处理方法	褐变率（%）	污染率（%）	玻璃化率（%）	其他问题（%）	操作人	观察时间	观察人	解决措施

【考核标准】

考核方案详见技能表 2-6-2。

技能表 2-6-2 考核方案

序号	考核项目	考核标准	分值
1	实训态度	实训积极主动，责任心强；有团队精神	10
2	分析、解决问题能力	能够细心、认真、发现问题。科学、客观、准确分析问题；及时、合理的解决问题	40
3	观察记录	按时检查，及时记录，如实记录。字迹清楚，项目齐全，记录符合要求	40
4	实训报告	书写字迹工整；内容准确	10
合计			100

【注意事项】

1. 细菌性污染一般接种后 1 ~ 2d 就能发现，培养基或培养材料表面出现黏液状或浑浊的水迹状菌落，颜色多为白色，与培养基表面界限清楚，有时甚至出现泡沫发酵状的现象。

2. 真菌性污染一般接种 3 ~ 10d 后才能发现，培养基或培养材料表面出现不同颜色的菌落，继而很快形成黑、白、黄及绿等孢子，与培养基界限不清。

3. 褐变现象是首先培养基变成褐色，然后培养材料随之变褐死亡。

4. 玻璃化苗的嫩茎、叶片出现半透明状和水渍状。且植株矮小，肿胀、失绿，叶片皱缩成纵向卷曲，脆弱易碎。

第3章 植物脱毒技术

知识目标

- 掌握植物茎尖培养的脱毒方法
- 基本掌握无毒苗木的鉴定方法
- 掌握组织培养脱毒苗在生产上的重要意义

能力目标

- 能根据植物特点选择适合的脱毒方法
- 能够独立完成茎尖培养的操作过程
- 了解无毒苗木的鉴定方法和保存利用的方法

3.1 植物脱毒的意义

3.1.1 植物病毒的危害

病毒是一类有生命特征的、能够自我复制和严格细胞内寄生的非细胞生物。主要由核糖核酸或脱氧核糖核酸和蛋白质外壳构成。侵染植物，导致植物栽培性状“退化”。病毒是一种极为低等的微生物，独立存在下无法存活，只有在特定的宿主细胞内才能表现出生长、繁殖等生命现象。植物病毒病是作物的重要病害种类之一，其危害造成的损失仅次于真菌病害，目前已发现的植物病毒病害已超过1000种，大多数农作物，尤其是无性繁殖的农作物都受到一种或一种以上病毒侵染，且带毒株率高。病毒对寄主植物可造成毁灭性危害，导致大幅度减产，甚至全株死亡。潜隐性病毒侵染植物造成症状不明显的慢性危害，不易被发现，尤其危险。并且随着生产栽培时间的延长，危害程度越来越严重，种类越来越多。尤其是靠无性繁殖的作物，如利用茎（块茎、球茎、鳞茎、根茎、匍匐茎），根（块根、宿根）、枝、叶及芽（顶芽、侧芽、球芽、不定芽）等通过嫁接、分株、扦插和压条等途径来进行繁殖的，像苹果、葡萄、草莓等。花卉的百合、唐菖蒲、水仙、郁金香、香石竹、菊花等，蔬菜的马铃薯、姜等。而在无性繁殖的种类中，受病毒侵染的植物全身终生带毒，目前尚无药物可治愈。国内外解决这一问题的有效途径是培育无病毒苗，实施农作物无病毒化栽培。

病毒的危害给植物生产带来的损失是很大的，如草莓病毒的危害，使草莓产量严重降低，品质大大退化。一种病毒可侵染许多植物，而同种植物又可被许多病毒侵染。植物病毒对农作物的危害可使农业生产受到巨大的损失。在一年生种子繁殖作物上，可以采取一些预防措施，减轻当年病害的发生程度，一般不影响下一季的发病。木本植物一旦发病，以后连年都发病。营养繁殖的作物如马铃薯、番木瓜及草莓等，连年种植可以积累多种病毒侵染。马铃薯的退化，就是由多种病毒引起的。葡萄扇叶病毒使葡萄减产10%～18%，危害马铃薯的病虫害则更多，大约有几十种，因此，给马铃薯生产带来严重障碍。花卉病毒的危害一般会影响花卉的观赏价值，其表现是花少而小，产生畸形、变色等。

3.1.2 植物脱毒的意义

病毒的危害给植物生产带来的损失是很大的，采用生物、物理及化学等途径防治病毒病收效甚微，甚至毫无成效。如草莓病毒的危害，使草莓产量严重降低，品质大大退化。为了提高植物的产量和质量，根除病毒和其他病原菌是非常必要的。虽然通过防治细菌和真菌的药物处理，可以治愈受细菌和真菌侵染的植物，但现在还没有什么药物可治愈受病毒侵染的植物。若一个无性系的整个群体都已受到侵染，获得无病毒植株的唯一方法就是消除营养体的病原菌，并从这些组织中再生出完整的植株。一旦获得了一个不带病原菌的植株，就可在不致受到重新侵染的条件下，对它进行营养繁殖。自从 20 世纪 50 年代发现通过组织培养的方法可以脱除严重患病毒植物的病毒种类，提高产量、质量。因此，到 60 ~ 70 年代组织培养的技术在花卉、蔬菜和果树等得到广泛的应用。生产无毒苗已形成一种产业，满足生产者对这种苗的大量需要。用组织培养方法生产无毒苗，是一种积极有效的途径，由于排除了使用药剂，所以对减少污染，防止公害，保护环境都有积极的意义。

所谓“无病毒苗”，是指不含该种植物的主要危害病毒，即经检测主要病毒在植物内的存在表现阴性反应的苗木。因此，准确地说，“脱毒苗”，是“特定无病毒”，亦称“检定苗”。通过组织培养的方法来生产无病毒苗木，具有其他方法不可替代的优点，例如在提高花卉、果树的产量方面，在提高花卉植株的品质方面以及抗病性等方面，都具有很好的效果，脱除植物病毒的方法有茎尖培养法、热处理法、愈伤组织培养法和茎尖微体嫁接法等，前两种是主要方法。病毒主要分布于植物体成熟和衰老的组织及器官中，靠维管束传播。由于茎尖尚未形成维管束，所以茎尖一般是无毒的，可用于组织培养无毒苗。

3.2 植物脱毒的方法

3.2.1 茎尖分生组织培养脱毒

3.2.1.1 茎尖培养脱毒的原理

1. 病毒在植物体内的分布

感染病毒植株的体内病毒的分布并不均匀，病毒的数量随植株部位及年龄而异，越靠近茎顶端区域的病毒的感染深度越低，生长点（约 0.1 ~ 1.0mm 区域）则几乎不含或含病毒很少。茎尖和根尖分生组织不含病毒粒子或病毒浓度很低，是因为病毒在寄主植物体内随着维管系统转移，在根尖与茎尖分生组织中没有维管束系统，病毒运动很困难。病毒在寄主茎尖分生组织中的转移速度落后于茎尖的生长速度，导致顶端分生组织附近病毒浓度低，甚至不带病毒，通过茎尖（根尖）离体培养便可获得无病毒再生植株。

2. 茎尖大小与脱毒效果

茎尖培养脱毒效果好，后代遗传性稳定，是目前植物无病毒苗培育应用最广泛、最重要的一个途径。用于脱毒的茎尖外植体可以是顶端分生组织即生长点，最大直径 0.1mm，也可以是带 1 ~ 2 叶原基的茎尖。茎尖外植体的大小与脱毒效果成反比。外植体过小，存活困难，生长缓慢，操作难度大。但茎尖外植体过大，脱毒效果差。通常以带 1 ~ 2 个幼叶原基的茎尖作外植体较合适（图 3-2-1）。

3.2.1.2 茎尖脱毒的方法

1. 取样与消毒

取病害相对较轻的植株，可以从选定的植株上取顶芽梢段进行消毒接种。也可从室内培养 1 ~ 2 月并进行热处理的盆栽扦插苗上，采顶芽与侧芽消毒接种，消毒方法：取顶芽梢段 3 ~ 5cm，剥去大叶片，自来水冲洗，75% 酒精浸泡 30s 左右，用 0.1% 升汞消毒 10min，最后用无菌水冲洗 4 ~ 5 次。

2. 剥取茎尖与接种

在超净工作台上，用解剖刀将仔细剥离幼叶，至出现裸露的生长点，在剖取茎尖时，要把茎芽置于解剖镜下，一手用一把细镊子将其按住，另一手用解剖针将叶片和叶原基剥掉，当形似一个闪亮半圆球的顶端分生组织充分暴露出来之后，用解剖刀片将带有 1 ~ 2 叶原基的分生组织切下来，使茎尖顶部向上接种到培养基上（图 3-2-2），每个培养容器接 1 ~ 2 茎尖。剥离茎尖时，动作要迅速，避免茎尖长时间暴露在无菌风下，以防茎尖变干，可以放在一个衬有无菌湿滤纸的培养皿内进行操作，有助于防止茎尖变干。

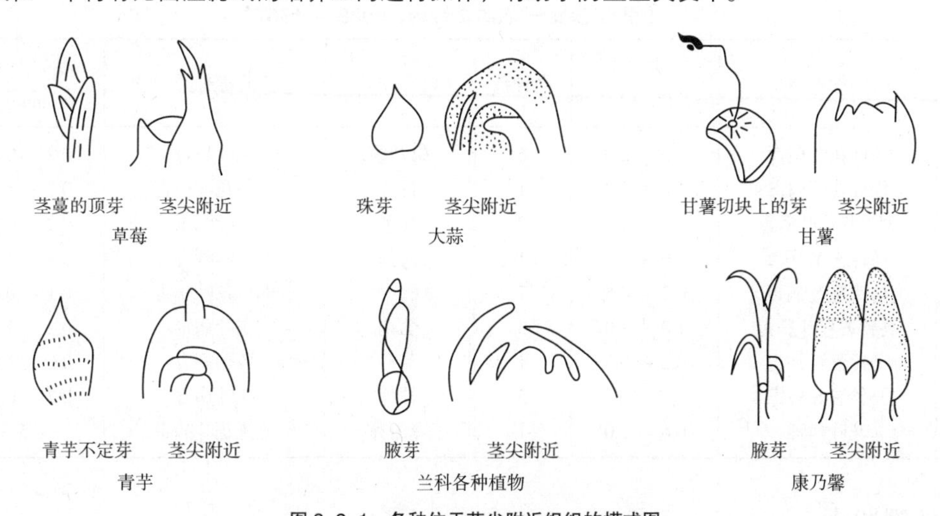

图 3-2-1　各种位于茎尖附近组织的模式图

（引自 王清连．植物组织培养．北京：中国农业出版社，2004）

3. 培养

接种后材料置 25±2 ℃，光照度 1500 ~ 5000lx，每日光照 10 ~ 16h 条件下培养。光照对茎尖培养的影响更大。培养 2 个月左右，在茎尖再生出小绿芽，小的茎尖则需 3 个月以上，有的甚至更长时间才能发生绿芽。其间应更换新鲜培养基。

4. 生根诱导

一些植物茎尖培养形成绿芽后，基部很快发生不定根，而另一些植物不产生不定根，必须将无根绿苗再诱导，才能生根成为完整植株。方法：将 2 ~ 3cm 高的无根苗转入生根培养基，继续培养 1 ~ 2 个月即可形成根。

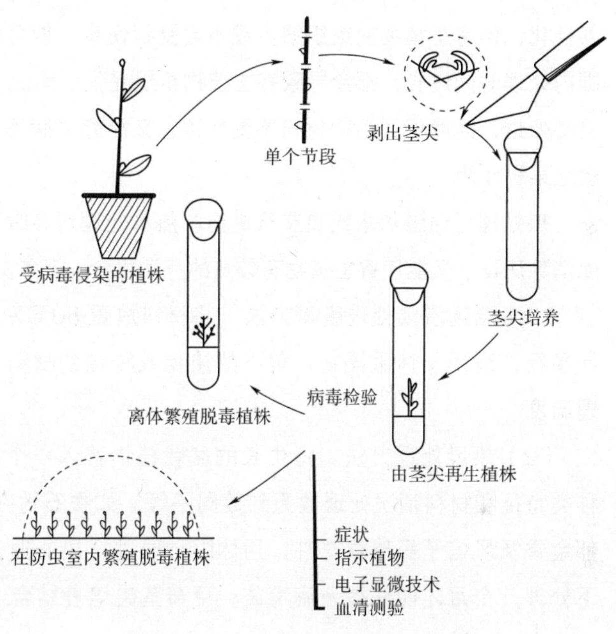

图 3-2-2　通过茎尖培养生产无病毒植株

5. 影响茎尖脱毒培养的因素

在进行脱毒培养时，由于微小的茎尖组织很难靠肉眼操作，因而需要一台带有适当光源的简单解剖镜（8 ~ 40 倍）。一般来说，茎尖分生组织由于有彼此重叠的叶原基的严密保护，只要仔细解剖，无须表面消毒就可以得到无菌的外植体。有时消毒处理还会增加培养物的污染率，所以选取茎尖前，可把供试植株种在无菌的盆土中，放在温室中进行栽培。浇水时要直接浇在土壤中而不要浇在叶片上。另外，最好还要给植株定期喷施内吸杀菌剂，可用多菌灵 0.1% 和抗生素（如 0.1% 链霉素）。对于某些田间种植的材料，可以切取插条插入 Knop 溶液中令其长大，由这些插条的腋芽长成的枝条，要比由田间植株上直接取来的枝条污染小得多。为了保险起见，在切取外植体之前一般仍须对茎芽进行表面消毒。叶片包被严紧的芽，如菊花、兰花，只需在 75% 酒精中浸蘸一下，而叶片包被松散的芽，如香石竹，蒜和马铃薯等，则要用 0.1% 次氯酸钠表面消毒 10min。对于这些消毒方法，在工作中应灵活运用，如在大蒜茎尖培养时，可将小鳞茎在 75% 酒精中浸蘸一下，再用灯火烧掉酒精，然后解剖出无菌茎芽。解剖针要常常蘸入 90% 酒精，并用火焰灼烧以进行消毒。但要注意解剖针的冷却，可蘸入无菌水进行冷却。为了提高成活率，可带 1 ~ 2 枚幼叶，然后将其接到培养基上。接种时确保微茎尖不与其他物体接触，只用解剖针接种即可。尤其是当芽未曾进行过表面消毒时更须如此。对于不同的植物，脱毒适宜的茎尖大小是不同的，见表 3-2-1。

表 3-2-1　带病毒植物脱除病毒宜采用的茎尖大小范围
（引自 森宽一 农事试验场，1958 ~ 1967）

植物种类	病毒种类	茎尖大小（mm）	品种数	植物种类	病毒种类	茎尖大小（mm）	品种数
甘薯	斑叶花叶病毒	1.0 ~ 2.0	6	康乃馨	花叶病毒	0.2 ~ 0.8	5
	缩叶花叶病毒	1.0 ~ 2.0	1	百合	各种花叶病毒	0.2 ~ 1.0	3
	羽毛状花叶病毒	0.3 ~ 1.0	2	鸢尾	花叶病毒	0.2 ~ 0.5	1
马铃薯	马铃薯 Y 病毒	1.0 ~ 3.0	1	大蒜	花叶病毒	0.3 ~ 1.0	1
	马铃薯 X 病毒	0.2 ~ 0.5	7	矮牵牛	烟草花叶病毒	0.1 ~ 0.3	6
	马铃薯卷叶病毒	1.0 ~ 3.0	3	菊花	花叶病毒	0.2 ~ 1.0	3
	马铃薯 G 病毒	0.2 ~ 0.3	1	草莓	各种病毒	0.2 ~ 1.0	4
	马铃薯 S 病毒	0.2 以下	5	甘蔗	花叶病毒	0.7 ~ 0.8	1
大丽花	花叶病毒	0.6 ~ 1.0	1	春山芥	芜菁花叶病毒	0.5	1

3.2.2　热处理脱毒

热处理又称高温处理或温热疗法。植物组织处于高于正常温度的环境中，组织内部的病毒受热以后部分或全部钝化，但寄主植物的组织很少或不会受到伤害。但每种植物都有其临界温度范围，超过这一临界范围或在此范围内处理时间过长，都会导致寄主植物组织受伤。为此可使用变温的处理方法，高（40℃）和低温（16 ~ 20℃）交替处理，既能保证植物材料不受伤害，又能除去病毒。在热处理期间，寄主植物对于病毒在活体中的钝化似乎也起某种作用。

热处理可通过热水或热空气进行。热水处理对休眠芽效果较好，热空气处理对活跃生长的茎尖效果较好，既能消除病毒，又能使寄主植物有较高的存活机会。通常处理方法如下。

（1）温汤浸渍处理脱毒方法。将材料放置 50℃左右温水中浸数分钟甚至几小时，可使病毒失活。方法简便易行，适用于休眠器官、剪下的接穗或种植的材料，但缺点是易使植物材料受伤，因此需要注意控制好处理温度。

（2）热风处理方法。将生长的盆栽植物移入一个热处理室或光照培养箱中，在 35 ~ 40℃高温下，根据种类特征和材料情况处理数天到数周不等。如香石竹在 38℃连续处理 2 个月，消除了茎尖内所有病毒。百合、郁金香及风信子等球根花卉，用休眠种球进行热处理，可大大降低种球生长点内的病毒含量，马铃薯在 35℃下处理几个月才能获得无病毒苗；草莓茎尖培养结合 36℃处理 6 周，比仅用茎尖培养可更有效地清除轻型黄斑病毒。

热处理有一定的局限性，并非所有的病毒都对热处理敏感，一方面热处理只能降低植株内病毒的含量，单独处理难以获得无毒材料，且在热处理之后，只有一小部分植株能够存活；另一方面热处理时间过长，会造成植株代谢紊乱，加大品种变异的可能性。并非所有的病毒都对热处理敏感，该法只对球状病毒（如葡萄扇叶病毒、苹果花叶病毒）或线状病毒（如马铃薯 X，Y 病毒）有效果，而对杆状病毒（如千日红病毒）不起作用。

3.2.3　热处理结合茎尖培养脱毒

与单独采用热疗法相比，茎尖培养具有更广泛的适用性。很多不能单独由热处理消除的病毒，可以通过茎尖培养和热处理相结合，或单独的茎尖培养而消除。因而，茎尖培养现在已经成为消除病毒的一个很常用的手段（见图 3-2-3）。

以草莓为例，覃兰英等将草莓在 35℃下处理 7d 后，逐步升温至 38℃，在湿度 40% ~ 60%、光照 4000 ~ 5000lx 条件下热处理 35d 后，将长出的新茎茎尖进行组培，可获得 100% 的脱毒苗。高庆玉研究发现，取 3mm 长的茎尖培养成苗，再用 38℃处理 2 周后再切取 1mm 的茎尖培养，成活率和无毒率均较高。于丽杰取 0.2 ~ 0.3mm 茎尖培养成苗后，将组培苗用 38℃处理 28 ~ 30d，脱毒率达到 72.7% ~ 95.5%。高山林改良热处理结合茎尖培养法，将茎尖进行短时高温处理，然后切取 0.2 ~ 0.3mm 长的茎尖培养，脱毒率 100%。何欢乐将草莓匍匐茎苗置于 35 ~ 50℃水浴 4h，然后切取 0.5mm 茎尖进行培养，脱毒率也达 100%，成活率达 47.37%。可以看出，茎尖培养与高温处理相结合比单纯的高温处理或茎尖培养脱毒率高得多。

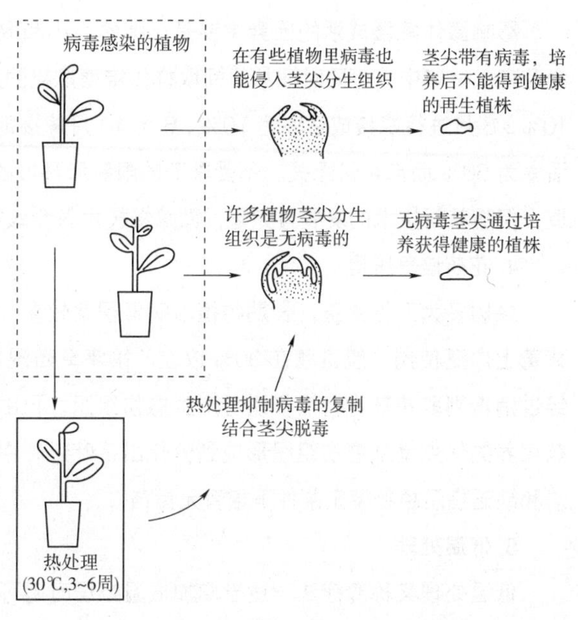

图 3-2-3 热处理结合茎尖培养脱毒示意图

茎尖培养结合热处理脱毒技术，可在热处理之后的母体植株上切取较大的茎尖，约 0.3 ~ 0.5mm 进行培养。也可先进行茎尖培养，然后再用试管苗进行热处理，这样的处理方法可以获得较多的无病毒个体。热处理时要注意处理材料的保湿和通风，以免过于干燥和腐烂。

3.2.4 其他组织培养脱毒方法

1. 愈伤组织培养脱毒

将感染病毒的组织离体培养获得愈伤组织，再诱导愈伤组织分化成苗，从而获得无病毒植株的方法。从感染组织诱发的愈伤组织，不是所有的细胞都带有病毒，感染愈伤组织分化出的无病毒植株，也证明一些愈伤组织细胞实际上并不含有病毒。原因是病毒复制与细胞增殖不同步；同时发生变异的一些细胞获得对病毒感染的抗性，抗性细胞与敏感细胞共同存在于母体组织之中，由此分化出的植株也就有部分是无病毒植株。

通过植物的器官和组织的培养去分化诱导产生愈伤组织，然后从愈伤组织再分化产生芽，长成小植株，可以得到无病毒苗。感染烟草花叶病毒的愈伤组织经机械分离后，仅有 40% 的单个细胞含有病毒，即愈伤组织无病毒植株。愈伤组织的某些细胞之所以不带病毒，其理由是：①病毒的复制速度赶不上细胞的增殖速度；②有些细胞通过突变获得了抗病毒的抗性。对病毒侵袭具有抗性的细胞可能与敏感的细胞共同存在于母体组织之中。但是，愈伤组织脱毒的缺陷是植株遗传性不稳定，可能会产生变异植株，并且一些作物的愈伤组织尚不能产生再生植株。

2. 珠心胚培养脱毒

具有多胚性的种子（如柑橘）除了一个有性胚之外，其他的胚是来源于不含病毒的珠心细胞，珠心胚由珠心组织细胞即体细胞分化形成，具有和母体相同的遗传特性，通过培养珠心胚，可以得到除去病毒的新生系，然后嫁接繁殖成无病毒植株。胚珠是病毒含量极低或不带病毒的组织器官，通过胚珠离体培养成功地得到了无病毒植株。病毒一般不通过种子传播，因而通过珠心胚培养获得的再生植株是无毒的，同时保存了母株的遗传特性。Bitters 等通过分离胚珠中的珠心进行培养得到罗伯逊脐橙的无病毒珠心胚植株，Button 通过同样的方法也获得了华盛顿脐橙的无病毒植株。

3. 微茎尖嫁接脱毒

微茎尖嫁接技术是指在人工培养基上培养实生砧木，嫁接无病毒茎尖以培养脱毒苗的技术，这一方法适用于茎尖培养脱毒生根困难，不能形成完整植株的植物。木本植物茎尖培养难以生根成植株，将实生苗砧木在人工培养基上种植培育，再从成年无病树枝上切取 0.4 ~ 1.0mm 茎尖，在砧木上进行试管微体嫁接，以获得无病毒幼苗。这在桃、柑橘及苹果等果树上已获得成功，并且有的已在生产上应用。

影响微体嫁接成活的因素主要是接穗的大小和取样时间。接穗越大成活率相应的也就越高，但是带毒率反而会升高。一年中，不同时期从田间取样作接穗嫁接的成活率也不同：从 11 月到次年 3 月期间进行嫁接，成活率为 10%；5 月进行嫁接成活率为 70%；6 ~ 10 月嫁接则每个月下降 10%。在采用离体培养的茎尖新梢作接穗时，成活率为 60% 而与月份无关。不受季节的限制和环境的影响，可在实验室常年进行。微嫁接技术难度较大，不易掌握，但随着新技术的发展与完善，微嫁接技术将会取得更大发展。

4. 花药培养脱毒

果树多为无性繁殖，长期种植后病毒积累较多，病毒病危害严重，花药培养也是一个很好的途径，目前已在草莓上广泛使用，脱毒率在 90% 以上。采集草莓现蕾后长到 4 ~ 6mm 大小的单核靠边期花蕾，在无菌条件下，经过消毒剥取花药进行培养诱导产生愈伤组织，再由愈伤组织形成不定芽，最后分化出带有茎叶的独立个体。花药培养的优点是从愈伤组织形成到分化出茎叶过程中可以脱除病毒，并且脱毒比较高。此方法可以在病毒种类不清和缺乏指示植物鉴定条件下培育无毒苗。

5. 低温处理

低温处理又称冷疗法。适当增加低温处理时间可提高脱毒效果。菊花植株在 5℃下，经 4 ~ 7.5 个月处理后，切取茎尖进行离体培养，可以有效去除菊花矮化病毒与菊花褪绿斑驳病毒，仅茎尖培养则无此效果，目前低温脱毒的报道尚少，但不失为一种脱毒的方法。

6. 化学处理

许多化学药品（包括嘌呤、嘧啶类似物、氨基酸及抗菌素等）在植物体内和植物叶片内，进行其抑制病毒的增殖或使之不活化的测定，在某种程度上抑制了病毒的增殖或不活化。整株植物用化学疗法不能除去病毒，但离体培养和原质体培养效果明显。Inoue（1971）报道，用齿舌兰环斑病毒（ORV）的环斑病毒抗血清预处理兰花离体分生组织，提高了再生株中无 ORV 的植株频率。Kassanis 和 Tinsley（1958）通过在烟草愈伤组织培养基中加入 2- 硫脲嘧啶，消除了组织中马铃薯 Y 病毒（PVY），不过由这些愈伤组织中没能再生出马铃薯植株。

3.3 脱毒苗的鉴定

通过脱毒方法得到的植株，必须要经过严格的检测鉴定，才能确定是否脱毒彻底，只有确定是真正的无病毒苗木，才能应用于生产。传统上我们可以直接观察待测植株生长状态是否异常，茎叶上有无特定病毒引起的可见症状，从而可判断病毒是否存在。简便、直观及准确是直接检测法的优点，但它也对一些植株染病后较长时间才出现带毒的症状，或没有可见症状以及一些隐性病毒不能快速的检测出来。因此新的检测方法的出现，促进了病毒检测技术的改进与发展。下面介绍几种常用的脱毒检测病毒苗的方法。

3.3.1 指示植物检测法

指示植物法指的是用一些对病毒反应比较敏感、症状特征显著的植物作为指示植株，用以检测植物体内特定病毒的存在。它具有检测灵敏、准确、可靠及操作简便等优点的传统的植物病毒检测方法。

指示植物法最早是美国的病毒学家 Holmes 在 1929 年发现的。他用感染 TMV 的普通烟叶的粗汁液和少许金刚砂相混合，然后在烟叶子上摩擦 2 ~ 3d 后叶片上出现了局部坏死斑。在一定范围内，坏死斑与侵染性病毒的浓度成正比。这种方法条件简单，操作方便，故一直沿用至今，为一种经济而有效的鉴定方法。

由于病毒的寄生范围不同，应根据不同的病毒选择适合的指示植物。这样就要求所选择的指示植物一年四季都容易栽培（见表 3-3-1），并且在较长的时期内保持对病毒的敏感性。指示植物一般有两种类型：一种是接种后产生系统性症状，其病毒可扩展到植物非接种部位，通常没有局部病斑；另一种是只产生局部病斑，常由坏死、褪绿或环状病斑等症状。

表 3-3-1　鉴定马铃薯病毒的主要植物
（引自 崔德才 . 植物组织培养与工厂化育苗 . 北京：化学工业出版社，2003）

寄 主	病 毒									
	PVX	PVY	PVA	PLRV	PVS	PVM	PVT	APMV	APLV	PMTV
普通烟	L，S	S	S	—	—	—	—	S	S	—
克利夫兰烟	S	S	S	—	—	—	—	S	S	S
心叶烟	S	S	S	—	—	—	—	S	S	—
德式烟	S	S	S	—	S	L	—	S	S	S
样酸浆	L，S	L，S	S	S	—	—	—	—	—	—
番茄	S	S	S	—	—	S	—	—	—	—
曼陀罗	S	—	—	S	—	—	—	S	—	—
千日红	L	—	—	—	L	—	—	—	—	—
苋色藜	L	—	—	—	L，—	—	S	—	L	L
茴里藜	L	—	—	—	L，S	—	S	—	L	—
菜豆	—	—	—	—	—	L	L	—	—	—
马铃薯无性系	L	L	L	L—	L	—	—	S	S	—

注　L 局部感染，产生局部症状；S 系统感染，产生系统症状；L，S 局部侵染和系统侵染兼用。

3.3.1.1　汁液涂抹法

汁液涂抹法只能鉴定靠汁液传染的病毒。取待测植物幼叶 1 ~ 3g，在研钵中加水及等量 0.1mol/L 磷酸缓冲液（pH 值 7.0）磨成匀浆。在指示植物叶上涂上一薄层 500 ~ 600 目的金刚砂，用脱脂棉球蘸匀浆在叶片上轻轻摩擦，以汁液进入叶片表皮细胞又不损伤叶片为度。5min 后，以清水冲洗叶面多余匀浆及金刚砂。接种时可用手指涂抹、用纱布或用喷枪等来接种。接种工作应在防蚜虫温室中进行，保温 15 ~ 25℃。如果被鉴定植物含有鉴定病毒，接种后数天至几周即可出现可见症状（如图 3-3-1 所示）。

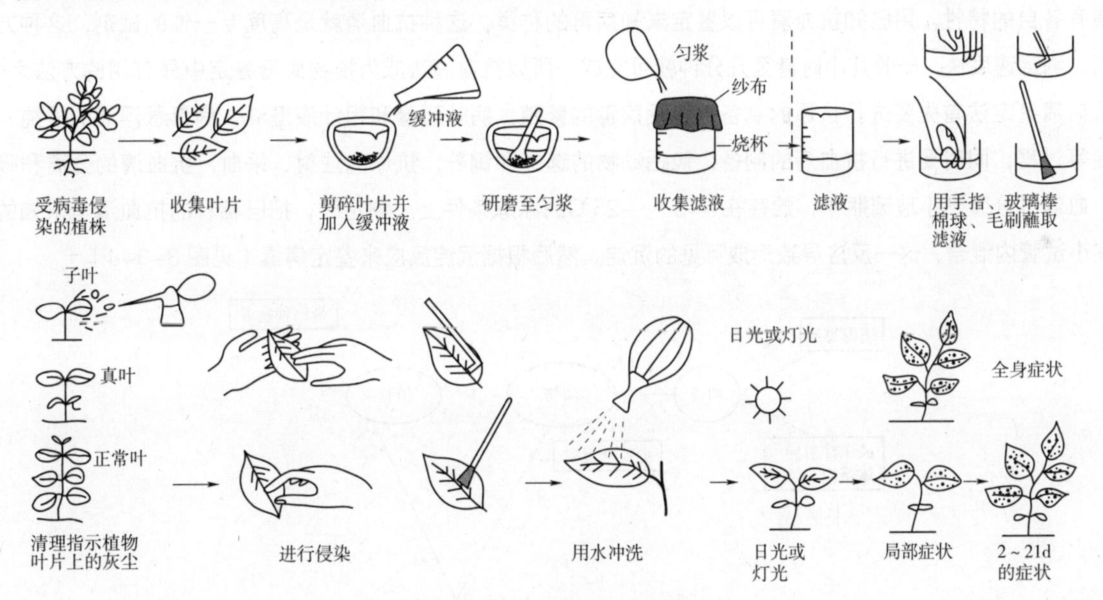

图 3-3-1　汁液涂抹法示意图

3.3.1.2　嫁接鉴定法

木本多年生果树植物及草莓等无性繁殖的草本植物，由于采用汁液接种法比较困难，所以通常采用嫁接接种的方法。以指示植物作砧木，被鉴定植物作接穗，根据被嫁接指示植物叶上有无病毒症状，鉴定待测植物病毒，一般有以下 3 种嫁接方法。

（1）直接在指示植物上嫁接待测植物的芽片，需几年才能观察结果。

（2）双重芽嫁接法：先将指示植物的芽嫁接到实生砧木基部距地面 10 ~ 12cm 处，再在接芽下方嫁接待测植物芽，两芽相距 2 ~ 3cm，成活后减去指示植物芽上部砧干。夏秋季芽接，次年可观察结果（见图 3-3-2）。

（3）双芽嫁接法：在休眠期剪取指示植物和待检植物的接穗，萌芽前分别把带有两个芽的指示植物接穗与待检植物接穗同时切接在实生砧木上，指示植物接穗在待检接穗上方（见图 3-3-3）。

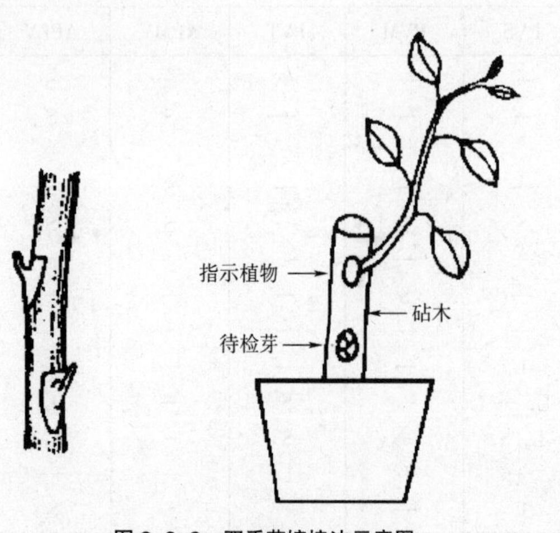

图 3-3-2　双重芽嫁接法示意图
（引自 王国平，刘福昌，王焕玉．苹果葡萄草莓病毒病与无病毒栽培．北京：农业出版社，1993）

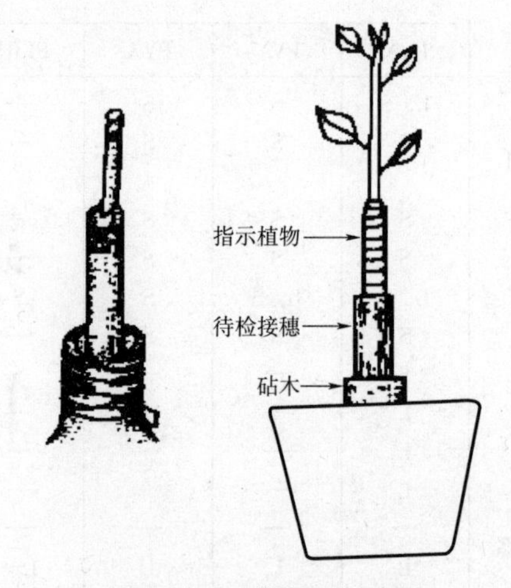

图 3-3-3　双芽嫁接法示意图
（引自 王国平，刘福昌，王焕玉．苹果葡萄草莓病毒病与无病毒栽培．北京：农业出版社，1993）

3.3.2　抗血清鉴定法

人和动物感病后，血清中会产生抗体。刺激抗体产生的物质多为蛋白质，称为抗原。抗原与抗体间能发生高度专一性的反应，称为血清学反应（免疫反应）。抗体存在于血清中，故称抗血清。植物病毒是由蛋白质和核酸组成的核蛋白，因而是一种较好的抗原，给动物注射后会产生抗体，抗体存在于血清之中称抗血清。不同病毒产生的抗血清有各自的特性。用已知抗血清可以鉴定未知病毒的种类。这种抗血清就是高度专一性的试剂，这种方法特异性高，测定速度快，一般几小时甚至几分钟就可完成。所以抗血清法成为植物病毒鉴定中最有用的方法之一。

抗血清鉴定法首先要进行抗原的制备，包括病毒的繁殖，病叶研磨和粗汁液澄清，病毒悬浮液的提纯，病毒的沉淀等过程，同时要进行抗血清的制备，包括动物的选择和饲养，抗原的注射、采血，抗血清的分离和吸收等过程。血清可分装到小玻璃瓶中，贮存在 -15 ~ -25℃的冰冻条件上。测定时，把已稀释的抗血清与未知的病毒植物在小试管内混合，这一反应导致形成可见的沉淀。然后根据沉淀反应来鉴定病毒（见图 3-3-4）。

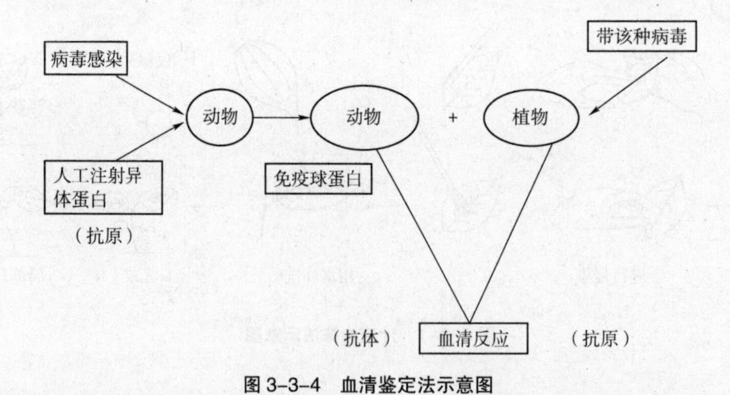

图 3-3-4　血清鉴定法示意图
（引自 周维燕．植物细胞工程原理与技术．北京：中国农业大学出版社，2001）

在抗原—抗体最适比例的条件下，观察有无沉淀的产生来确定被测植株是否带病毒。试管沉淀反应操作简单，需注意的问题如下。

（1）叶绿体的自发凝聚。

（2）可用磷酸缓冲液提取汁液，再用氯仿处理除去叶绿体，pH 值保持在 6.5 ~ 8.5。

（3）抗原抗体的比例要适当，当抗原过量时会抑制沉淀的形成。

3.3.3 酶联免疫吸附检测法

酶联免疫吸附试验（以下简称 ELISA）是血清学检测方法的一种，酶免疫测定技术中应用最广的技术。自从瑞典学者 Engvail 和 Perlmannn（1971）首次报道建立酶联免疫吸附试验（Enzyme-Linked Immunosorbent Assays，ELISA）以来，使其得到迅速的发展和广泛应用，尽管早期的 ELISA 由于特异性不够高而妨碍了其在实际中应用的步伐，但随着方法的不断改进、材料的不断更新，尤其是采用基因工程方法制备包被抗原，采用针对某一抗原表位的单克隆抗体进行阻断 ELISA 试验，都大大提高了 ELISA 的特异性，加之电脑化程度极高的 ELISA 检测仪的使用，使 ELISA 更为简便实用和标准化，从而使其成为最广泛应用的检测方法之一。由于 ELISA 具有快速、敏感、简便及易于标准化等优点，ELISA 方法已被广泛应用于多种细菌和病毒等疾病的诊断。用于检测包被于固相板孔中的待测抗原（或抗体）。即用酶标记抗体，并将已知的抗原或抗体吸附在固相载体（聚苯乙烯微量反应板）表面，使抗原抗体反应在固相载体表面进行，用洗涤法将液相中的游离成分洗除，最后通过酶作用于底物后显色来判断结果。常用的 ELISA 法有双抗体夹心法和间接法，前者用于检测大分子抗原，后者用于测定特异抗体。

ELISA 方法的基本原理是酶分子与抗体或抗抗体分子共价结合，此种结合不会改变抗体的免疫学特性，也不影响酶的生物学活性。此种酶标记抗体可与吸附在固相载体上的抗原或抗体发生特异性结合。滴加底物溶液后，底物可在酶作用下使其所含的供氢体由无色的还原型变成有色的氧化型，出现颜色反应。因此，可通过底物的颜色反应来判定有无相应的免疫反应，颜色反应的深浅与标本中相应抗体或抗原的量呈正比。此种显色反应可通过 ELISA 检测仪进行定量测定，这样就将酶化学反应的敏感性和抗原抗体反应的特异性结合起来，使 ELISA 方法成为一种既特异又敏感的检测方法。

它是将抗原、抗体的免疫反应和酶的高效催化反应有机结合起来的一种综合性技术。即通过化学的方法将酶与抗体或抗原结合起来，形成酶标记物。然后将它与相应的抗原或抗体起反应，形成酶标记的免疫复合物。结合在免疫复合物的酶，在遇到相应的底物时，催化无色底物生成有色底物，通过比色计可以准确测定。优点是灵敏度高，测定快速，每次可以同时测定多个样品。但也存在缺点，主要是抗体制备所需时间长，费时费力；一次只能检测一种病毒，检测多种病毒时灵敏度降低；检测病毒时还经常存在假阳性反应，给脱毒苗的检测带来困难。ELISA 方法依据支持物的不同，可分为双抗体夹心法（DAS-ELISA）和硝酸纤维素膜（NCM-ELISA）等。

3.3.4 其他鉴定方法

3.3.4.1 电镜检测法

Kausche 和 Melcher 在 1940 年首次用电子显微镜下观察到烟草花叶病毒的颗粒，电镜技术的建立对病毒学的发展起了巨大的推动作用。由于人的眼睛难以观察小于 0.1mm 的微粒，而借助于普通光学显微镜也只能看到小至 200μm 的微粒，所以只有通过电子显微镜才能分辨 0.5μm 大小的病毒颗粒。这样采用电子显微镜可直接检测待检植物体内有无病毒粒体存在，并根据所观察病毒的形态，大小对病毒种类进行鉴定。这是一种较为先进的方法，但需一定的设备和技术。

电子显微镜是以电子束为光源的显微镜，分透射和扫描两大类，观察病毒粒体必须采用透射电镜。用电镜观察病毒粒体，要经过提纯，用超速离心机反复低温离心，可把病毒粒子提纯分离出来，提纯液可用于电镜制片，电子的穿透力很低，制品必须薄到 10 ~ 100μm，通常制成厚 20μm 左右的薄片，置于铜载网上，才能在电子显微镜下观察到病毒形态结构。在电子光源下，生物样品的反差很小，难以清楚观察，必须用电子染色来加强反差，根据染色效果和成像的不同，可分为正染和负染。正染是强化标本的结构，即染色剂与样品结合，增强其散射电子的能力，最终在荧光屏上形成正像。负染是将标本包埋在染色物质里，借助染色剂增强背景对电子散射的作用，而标本在荧光屏上形成暗背景下的亮像。病毒粒体的观察通常采用负染，最常用的染色剂为醋酸铀或磷钨酸，其中所含的重金属离子电子密度较大。

20 世纪 70 年代把电镜检测与血清学方法结合建立了免疫吸附电镜检测法（ISEM），把新研制的电镜铜网用碳支持膜使漂浮膜到位，用少量的稀释抗血清孵育 30min，就可以把血清蛋白吸附在膜上，铜网漂浮在缓冲溶液中除去过量蛋白质，用滤纸吸干，加入一滴病毒悬浮液或感染组织的提取液，1 ~ 2h 后，以前吸附在铜网上的抗体陷入同源的病毒颗粒，在电镜下即可见到病毒的粒子。这一方法的具有更高灵敏度并能测定植物粗提液中的病毒。

3.3.4.2 分子生物学鉴定法

1. 聚合酶链式反应技术

聚合酶链式反应（polymerase chain reaction，PCR）技术是 1985 年由美国 Cetus 公司 Mullis 等人开发的专利技术，它能快速、简便地在体外扩增特定的 DNA 片段，具有高度的专一性和灵敏度。PCR 技术基于细胞中 DNA 聚合酶催化下的 DNA 半保留复制的特性，在体外对 DNA 分子中的特定区域进行扩增。在这一技术中，要想扩增一段 DNA 分子，无需将 DNA 分子细菌质粒中进行复制，只需知道 DNA 分子两端的序列，设计出相应引物，就能实现 DNA 分子的体外扩增，使之达到了对即使是病毒含量极低的样品，也能灵敏准确地得到定性的结果。PCR 技术诞生后已在生物学、医学、考古学及人类学等许多领域内获得了广泛的应用，可以说 PCR 技术给整个分子生物学领域带来了一场变革，在病毒病理科研人员的积极努力探索下，又衍生出一些以 PCR 技术为基础的病毒检测方法，如 RT-PCR 法、IC-PCR 法、IC-RT-PCR 法、PCR 微量板杂交法等。

常规 PCR 可检测植物 DNA 病毒，RT-PCR（反转录聚合酶链反应）可检测植物 RNA 病毒，RT-PCR 的基本原理是以所需检测的病毒 RNA 为模板，反转录合成 cDNA，从而使极微量的病毒核酸扩增上万倍，以便于分析检测。已经成功地运用到不同的植物病毒检测病毒 RNA 的成功提取是运用这些技术的前提。RT-PCR 的基本步骤是：首先提取病毒 RNA，根据病毒基因序列设计合成引物，反转录合成 cDNA，然后进行 cDNA 扩增。取出扩增产物，利用琼脂糖凝胶电泳进行检测。

PCR 技术用于植物病毒的检测具有特异性强、灵敏度高、快速简便又无放射性的危害，据报道，PCR 的灵敏度可达到 pg 级甚至 fg 级水平。PCR 技术的特异性极强，研究表明其产物的碱基错配率一般只有 2×10^{-4}，足可供作特异性分析。PCR 及其相关技术的灵敏性是其他常规检测手段所不能比拟的，理论上讲，只要待测样品中有一个靶分子，PCR 就能阳性扩增，随即带来了假阳性偏高的问题，故需要其他技术方法配合进行综合判断。虽然 PCR 及其相关技术用于植物病害的检测操作简单，但检测方法需在对病原体的分子背景有相当了解的基础上才能建立。PCR 技术还需要昂贵的仪器设备和专业化的技术支持，迄今多处于实验室研究阶段，随着研究的不断深入及分子生物学的快速发展，PCR 技术将在植物病害的检测方面发挥更大的作用。

2. 核酸杂交技术（NAH）

NAH 技术是根据单链可以相互结合的原理，将一段病毒特异的核酸序列加以标记制成探针，再与待测样品的核酸杂交，杂交信号能指示病毒的存在。核酸杂交技术适用于 DNA、RNA 病毒及类病毒的检测，具有灵敏度高、特异性强及通量高的特点。目前根据病毒检测的需要，可以制备用于检测单一病毒的单特异性探针和用于检测多种病毒的复合探针。包括核酸斑点杂交技术、核酸狭缝印迹杂交技术以及 Northern 印迹等技术被广泛应用于植物病毒的检测。

核酸斑点杂交技术是根据互补的核酸单链可以相互结合的原理，将一段核酸单链以某种方式加以标记，制成探针，与互补的待测病原核酸杂交，带探针的杂交物指示病原的存在。检测对象可以是克隆化的基因组 DNA，也可以是细胞总 DNA 或总 RNA。根据使用的方法，被检测核酸可以是提纯的，也可以在细胞内杂交，即细胞原位杂交。该技术在马铃薯纺锤块茎类病毒（PSTVd）、柑橘裂皮类病毒（CEVd）等检测中有广泛的应用。核酸分子杂交法特异性强，灵敏度高，可检测到 lpg 的 DNA，可检测大量样品。但是此法的灵敏度和特异性与 RT-PCR 相比要差一些。此法存在的缺点是在检测大量样品时，探针的分离比较困难。

3. 双链 RNA（dsRNA）电泳技术

在受 RNA 病毒侵染的植物体内，有相应复制形式的双链 RNA 存在，而在健康植株中未发现病毒的 dsRNA，如果检测到植物体内有 dsRNA 存在，它只能是病毒和类病毒以单链 RNA（ssRNA）为模板合成的，因此，dsRNA 可作为病毒检测的标志。病毒在植物体内增殖，通过核酸互补而形成一种健康植物没有的碱基配对 dsRNA，dsRNA 经提纯、电泳及染色后，在凝胶上所显示的谱带可以反映每种病毒组群的特异性，并且有些单个病毒的 dsRNA 在电泳图谱上也显示一定的特征。因此，利用病毒 dsRNA 的电泳图谱可以确定有无 dsRNA。dsRNA 检测法具有快速、敏感和简便等优点，既可有效地检测已知和未知的病毒，又不受寄主和组织的影响，同样可以检测类病毒。

此外还有荧光定量 PCR 技术、DNA 微阵列技术及基因芯片技术等已在植物病毒检测以及植物病毒诊断体系中占有日益重要的地位。

3.4 无病毒苗的保存与繁殖

3.4.1 无病毒苗的保存

通过不同脱毒方法所获得的脱毒植株，经鉴定确系无特定病毒者，既是无病毒原种。无病毒原种苗只是脱除了原母株上的特定病毒，抗病性并未增加，因而在自然条件下易受病毒侵染而丧失其利用价值。所以一旦培育得到无病毒苗，就应很好地隔离与保存。

3.4.1.1 隔离保存

植物病毒的传播媒介主要是刺吸式口器的昆虫和一些土壤线虫，通常无病毒苗应种植在隔虫网内，使用 300 目（网眼为 0.4 ~ 0.5mm 大小）的网纱，才可以防止蚜虫的进入。栽培用的土壤也应进行消毒，周围环境也要整洁，并及时喷施农药防治虫害，以保证植物材料在与病毒严密隔离的条件下栽培，凡是接触无病毒原种苗的工具均应消毒并单独保管专用。有条件的地方可以到海岛或高岭山地种植保存，那里气候凉爽，虫害少，有利于无病毒材料的生长与繁殖。对隔离保存的材料应定期检测有无病毒感染，及时淘汰感染病毒的植株或重新培养，这些原原种或原种材料保管得好可以保存利用 5 ~ 10 年。

3.4.1.2 离体保存

通过植物组织培养把由茎尖得到的并已经过脱毒检验的植物接种到培养基上，置低温（1 ~ 9℃）、低光照下保存，只需半年或一年更换 1 次培养基，又称最小生长法，此方法使用方便，重新培养易成功，具有很好的效果（见表 3-4-1）。

表 3-4-1　几种植物低温离体保存的效果

植物	材料类别	保存条件	保存时间（年）	作者及发表时间
草莓	脱毒苗	4℃，每 3 个月加几滴营养液	6	Glazy，1969
葡萄	分生组织再生植株	9℃，低光照，每年继代一次	15	Mullin 等，1929
苹果	茎尖	1 ~ 4℃，不继代	1	Gatherine，1979
四季橘	试管苗	15 ~ 20℃，1000 弱光	5	陈振光，1982

另外可以使用液氮（- 196℃）来保存植物材料，又称冷冻保存法。此种方法在使用的过程中要注意以下几个问题。

（1）对材料进行选择，材料的形态与生理状况显著影响其冷冻后的存活率，处于旺盛分裂的分生组织细胞，其细胞质浓、核大、冷冻后存活率高，而且具有大液泡细胞抗冻能力弱。选择适当的材料是必需的。

（2）对材料进行预处理，材料在冷冻期间，细胞脱水会导致细胞内溶质的浓度在原生质体冻结前增加，从而造成毒害，为避免这种毒害，采用冷冻防护剂进行处理，目前应用最广泛的预处理方法是在预培养基中加入冷冻保护剂或诱导抗寒力的物质，如蔗糖、海藻糖、二甲亚砜、甘油和乙二醇等。

（3）冷冻目前常采用的方法有以下几种。

1）快速冷冻法，即将预处理的材料直接放入液氮中，降温速度为 1000℃ /min。

2）慢速冷冻法，即将材料以 0.1 ~ 10℃ /min 的降温速度由 0℃降至 -100℃左右，然后转入液氮中。

3）分步冷冻法，即将材料以 0.5 ~ 4℃ /min 的降温速度缓慢降温至 -50 ~ - 30℃，在此温度停留 30min，再转入液氮中。

4）干燥冷冻法，即将植物材料至于 27 ~ 29℃烘箱中，待含水量降至合适的程度，再投入液氮中。无论采取什么方法进行冷冻都要注意，要越过 -140℃这一冰晶形成的临界温度，使细胞形成“玻璃化”状态，避免对细胞的伤害。

（4）解冻，适宜采取快速解冻的方法，把从液氮中的材料投入到 40℃左右的温水中，约 2min 左右，把材料转入冰槽中，如果在室温中缓慢的解冻，很容易造成细胞内重新结冰，造成材料死亡。无论是冷冻还是解冻，都要越过细胞内结冰的温度，以免造成对植物的伤害。

3.4.2 无病毒苗的繁殖

3.4.2.1 建立无病毒原种保存圃、母本园和苗圃

（1）保存圃。对经过脱病毒处理，又经检测确认无病毒的草莓无病毒原种苗进行统一编号，集中栽植，建立草莓无病毒原种苗保存圃。保存圃应建于具有防蚜虫功能的网室中，网室的防蚜网一般为 300 目纱网，网眼为 0.4 ~ 0.5mm。保存圃应土壤疏松、有机质含量高，灌排水设施齐全且方便。保存圃的土壤在栽苗前应用五氯硝基苯、溴甲烷或高压水蒸气等进行消毒。与普通作物或苗木建立隔离带，至少相距 100m。每 5 年进行 1 次病毒检测，发现问题及时淘汰。每年产生一定数量充实的接穗，同时亦要求正常结实，以观察农艺性状。还要保持环境整洁，经常清除寄生蚜虫的杂草，并经常进行喷药灭蚜虫。

（2）母本园。包括品种采穗圃、无性系砧木压条圃和砧木采种园。栽植母株之前进行土壤消毒，防止线虫等地下病虫的危害。母本园的繁殖材料由原种保存单位提供，并接受病毒检测机构的定期病毒检测，一旦发现问题立即更换。母本园向育苗单位提供各品种无病毒接穗、砧木种子和苗木。

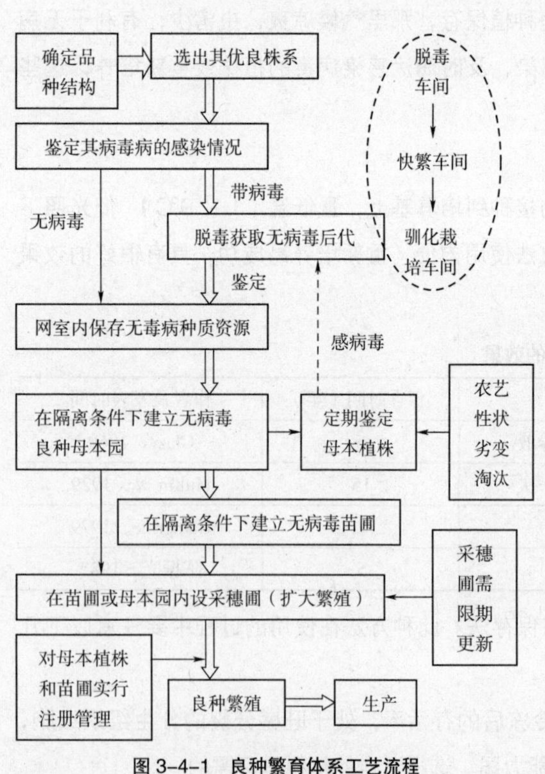

图 3-4-1 良种繁育体系工艺流程

（引自 李永文，刘新波．植物组织培养技术．北京：北京大学出版社，2007）

（3）苗圃。由无病毒苗木繁育单位，负责培育各类无病毒繁育材料，向生产单位供应无病毒苗木。繁育所需的各种繁育材料，如种子（种苗、种薯）、砧木及接穗都必须来自无病毒母本园。

3.4.2.2 无病毒苗繁育生产体系

我国在无病毒苗木繁殖体系建设方面起步较晚，除了少量作物种类无病毒化栽培已在部分省（市、区）全面推广普及外，其他作物苗木脱毒、检测和无病毒栽培尚处于试验、示范阶段。无病毒苗可以表现出明显的优良效果。如草莓可增产 20% ~ 50%，植株结果多，单果重增加，上等果比例提高。菊花切花品种的脱毒株，表现出株高增加，切花数增多，花朵大，切花较重等特点。

为确保无病毒苗的质量，建立科学的无病毒苗繁育体系是非常必要的，建立良种繁育体系的工艺流程如图 3-4-1 所示。这个体系包括优良株系的选样、病毒的脱除、病毒及农艺性状检测、无毒原种的保存与快繁，和无病毒母本园及苗圃的建立、

无病毒苗木的繁育与销售（或原原种、原种和生产用种的繁殖与销售），以及无病毒生产基地的建立。这个体系应有其指导和管理的部门，每个环节都有严格的要求，有明确的法律或法规的约束。市售良种经 2 ~ 3 年使用后再度感染，便会影响产量和品种，应重新更换或采用脱毒苗，保证生产的质量。

建立科学、严格的良种繁育体系，延缓脱毒种苗病毒的再侵染，保持苗木的优良种性。

本章小结

植物脱毒技术
- 无病毒苗：是指不含该种植物的主要危害病毒，即经检测主要病毒在植物内的存在表现阴性反应的苗木。因此，准确地说，“脱毒苗”，是“特定无病毒”，亦称“检定苗”
- 植物脱毒的方法
  - 茎尖脱毒
  - 热处理脱毒
  - 热处理结合茎尖培养脱毒
  - 其他组织培养脱毒方法
    - 愈伤组织培养脱毒
    - 珠心胚培养脱毒
    - 微茎尖嫁接脱毒
    - 花药培养脱毒
    - 低温处理
    - 化学处理
- 脱毒苗的鉴定方法
  - 指示植物检测法
  - 抗血清鉴定法
  - 酶联免疫吸附检测法
  - 其他鉴定方法
- 无病毒苗的保存与繁殖
  - 无病毒苗的保存
    - 隔离保存
    - 离体保存
  - 无病毒苗的繁殖
    - 建立无病毒原种保存圃、母本园和苗圃
    - 无病毒苗繁育生产体系

复习思考题

1. 名词解释

植物脱毒　脱毒苗　指示植物

2. 填空题

（1）对脱毒苗的鉴定主要有________、________、________、________。

（2）在通过微茎尖培养脱毒时，外植体的大小应以成苗率和脱毒率综合确定，一般以________mm、带________个叶原基为好。

（3）去除植物病毒的主要方法是________和________两种方法，当把二者结合起来脱毒效果最好。

（4）进行热处理植物脱毒的温度在________左右。

（5）在无毒苗的组织培养中，外植体的大小与其成活率成________，而与脱毒效果成________。

3. 选择题

（1）同一植株下列________部位病毒的含量最低。

A. 叶片细胞　B. 茎尖生长点细胞　C. 茎节细胞　D. 根尖生长点细胞

（2）温汤浸渍处理植物材料是将其放入________的温水中浸渍 10min 至数小时，可使一些热敏感的病毒失活。

A. 4 ~ 5℃　　B. 20 ~ 25℃　　C. 35 ~ 45℃　　D. 50 ~ 55℃

（3）汁液涂抹法主要用于________植物的脱毒鉴定，适用鉴定通过汁液传播的病毒。利用指示植物法鉴定时，一般以早春为宜。

A. 木本　　B. 草本　　C. 灌木　　D. 藤木

4. 判断题

（1）切取茎尖越大，进行脱毒效果越好。

（2）植物经过脱毒处理后，一定要进行脱毒效果的鉴定。

（3）脱毒苗就是说试管苗完全没有病毒了。

5. 问答题

（1）为什么微茎尖培养能除去植物病毒？哪些因素会影响其脱毒效果？

（2）热处理为什么能去除植物病毒？热处理方法分类几种？哪种常用？

（3）怎样保存和利用脱毒苗？

技能 3-1 微茎尖的剥离

【要求目标】

1. 掌握茎尖剥离的操作程序。

2. 切取茎尖操作准确、规范及熟练。

【材料与试剂】

马铃薯等各种植物材料、75% 酒精、95% 酒精、0.1% 升汞、无菌水及灭菌的培养基等。

【仪器用具】

超净工作台、解剖镜、解剖刀、酒精灯、烧杯、培养皿、无菌滤纸、无菌镊子、镊子、磁力搅拌器、冰箱、记号笔和量筒等。

【方法步骤】

1. 取材

可以直接从大田取，最好按以下方法获得材料；当芽长到 15cm 高时，将顶端切下 6 ~ 8cm 长，去掉下面 2 片叶，在切口处涂上生根激素后，把切条植入一个口径为 10cm、内装有消毒营养土的花盆中，然后用玻璃杯罩上，保持 10d。然后转入生长箱中。两周后去掉顶芽，以促使腋芽的生长。当腋芽长出约 1 ~ 2cm 时，折下腋生枝，用于消毒，接种。

2. 消毒

用纱布包好，放入容器内，用自来水流水冲洗 3 ~ 4h，然后在无菌室的超净工作台上，用 0.1% 升汞泡 10min，用无菌水冲洗 4 次。

3. 剥离茎尖

在解剖镜下，左手用一把镊子按住，右手用解剖针将叶片和叶原基剥掉。露出半圆形光滑的生长点。用刀片切下 0.2mm 左右，迅速接种到试管培养基上，封好棉塞，送入培养室培养。

【考核标准】

考核方案详见技能表 3-1-1。

技能表 3-1-1　　考核方案

序号	考核项目	考核标准	分值
1	实训态度	遵守实验室规定和实训纪律要求，认真听讲，积极思考，具有合作意识	10
2	外植体选取	露出半圆形光滑的生长点。用刀片切下 0.2mm 左右	20
3	操作台准备工作	物品摆放正确，消毒正确	20
4	操作能力	在操作过程中同学达到规范、准确、迅速	20
5	思考、答辩能力	对工作过程中出现的问题能独立进行分析和解决，并能正确回答工作任务中的主要知识点，具有创新精神	20
6	实训报告	书写字迹工整；内容准确	10
合计			100

【注意事项】

1. 接种时茎尖向上，不能埋入培养基内。

2. 为了防止茎尖变干，应在一个衬有无菌湿滤纸的培养皿内剥离茎尖，而且从剥离到接种的间隔时间越短越好。整个剥离过程中，要注意经常将解剖针和解剖刀蘸取 90% 酒精，并用火焰燃烧灭菌，冷却后再使用。

3. 剥离微茎尖时双眼要同时睁开，调整好解剖镜的焦距，并且手、眼与工具间要配合默契。

4. 切割微茎尖要用锋利的解剖刀，并且做到随切随接。

技能 3-2　热处理与茎尖培养脱毒

【要求目标】

1. 脱毒方案合理、操作规范准确。

2. 技术熟练、取材适合，剥离茎尖大小准确。

【材料与试剂】

草莓等各种植物材料、75% 酒精、95% 酒精、0.1% 升汞、无菌水及灭菌的培养基等。

【仪器用具】

人工气候箱、花盆、超净工作台、解剖镜、解剖刀、酒精灯、烧杯、培养皿、无菌滤纸、无菌镊子、标签纸及记号笔等。

【方法步骤】

1. 热处理

多采用恒温或变温的热空气处理方法，脱毒效果好。首先将母株栽种于花盆中，放置于人工气候箱中生长 1 ~ 2 个月，使其根系健壮生长，以增加对高温的抵抗能力。母株必须带有成熟的叶片，每天光照 16h，白天 38℃，夜间可降至 35℃。处理时间因病毒种类而异，草莓斑驳病用热处理比较容易脱去，在恒温下，处理 12 ~ 15d 即可，草莓轻型黄斑病毒，热处理虽能除去，但需要 50d 以上时间。草莓镶脉病毒，因耐热性强，用热处理方法不易脱除，要在 38℃恒温条件下处理 50d 才能有效。

2. 取材

取经过热处理后，草莓母株上新抽出的匍匐茎，取生长健壮，新萌发偶数节上的匍匐茎段作为外植体。

3. 消毒

首先用流水冲洗材料 2h，然后进行表面消毒。消毒步骤是：用洗涤灵水溶液洗去材料表面的油质，用 75% 酒精泡 30s 以除去表面的蜡质，用 0.1% 升汞溶液浸泡消毒 6 ~ 8min，然后用无菌水冲洗 5 次。

4. 茎尖剥离

把芽放在解剖镜下，无菌条件下用镊子、刀片及解剖针等工具把芽外面的幼叶和叶原基除去，使生长点暴露，用解剖刀切下 1 ~ 2 个叶原基大小为 0.5mm 的生长点，接种于事先配制好的培养基上。

5. 茎尖培养

把接种好的茎尖放入培养室或光照培养箱中进行培养，培养温度为 20 ~ 26℃，光照 16h/d，光照强度是 1500lx。

【考核标准】

考核方案详见技能表 3-2-1。

技能表 3-2-1　　考核方案

序号	考核项目	考核标准	分值
1	实训态度	遵守实验室规定和实训纪律要求，认真听讲，积极思考，具有合作意识	10
2	外植体高温处理	热处理温度与时间控制合理	15
3	外植体切割	露出半圆形光滑的生长点。用刀片切下 0.2mm 左右	20
4	操作台准备工作	物品摆放正确，消毒正确	15
5	操作能力	在操作过程中同学达到规范、准确、迅速	20
6	思考、答辩能力	对工作过程中出现的问题能独立进行分析和解决，并能正确回答工作任务中的主要知识点，具有创新精神	10
7	实训报告	书写字迹工整；内容准确	10
合计			100

【注意事项】

1. 热处理脱毒的过程中一定要保证处理的时间和温度达到标准。

2. 接种时，最好使茎尖朝上，不能埋入培养基内，且在接种的过程中动作要迅速，避免茎尖长时间暴露在空气中。

技能 3-3　脱毒效果的指示植物鉴定法

【要求目标】

1. 能正确的按照病毒鉴定的程序进行操作。

2. 操作规范、准确，损伤率低于 3%。

【材料与试剂】

马铃薯植株、指示植物千日红、烟草、金刚砂等、0.1mol/L 磷酸缓冲液、无菌水、栽培基质与肥料及各种杀虫剂和杀菌剂等。

【仪器用具】

研钵、防虫网、花盆、脱脂棉、金刚砂、医用小剪刀、嫁接刀、嫁接夹、塑料条或封口膜、纱布及棉球等。

【方法步骤】

1. 指示植物栽植

在防虫网室内，提前在花盆中播种千日红、烟草等指示植物的种子，播种用的土事先要消毒，当长出实生苗 10 周左右，可用作指示植物。

2. 取样

在待检马铃薯苗上取 8 ~ 10 片叶片，加入 10mL 左右的无菌水和等量的 0.1mol/L 磷酸缓冲液（pH 值为 7.0）

中，用研钵将叶片研碎。

3. 汁液涂抹法

在千日红、烟草等指示植物的叶片上撒少许 600 号金刚砂，同时将待检植物的汁液用棉棒蘸取，然后适当用力摩擦，以使指示植物的叶片表面细胞受到感染，但又不要损伤叶片为度，约 5min 后，用无菌水轻轻冲去接种叶片上的残余汁液。

4. 观察记录

每天仔细观察指示植物的变化情况，症状的表现取决于病毒性质和汁液中病毒的数量，一般需要 6 ~ 8d 或是几周时间，指示植物方可表现出症状。凡是出现枯斑、花叶等病毒症状的为未脱毒苗，应予以淘汰。

【考核标准】

考核方案详见技能表 3-3-1。

技能表 3-3-1　　考 核 方 案

序号	考核项目	考 核 标 准	分值
1	实训态度	能够正确使用信息资源，学习期间积极主动，全部出席	10
2	指示植物的准备	指示植物生长健壮	15
3	待测植物	准备充分	20
4	操作过程	在操作过程中同学达到规范、准确、迅速	15
5	记录内容	具体、详细、准备	20
6	思考、答辩能力	对工作过程中出现的问题能独立进行分析和解决，并能正确回答工作任务中的主要知识点，具有创新精神	10
7	实训报告	书写字迹工整；内容准确	10
合　计			100

【注意事项】

1. 指示植物和脱毒苗要事先培育。

2. 用汁液涂抹法来鉴定病毒苗，要以汁液浸入叶片，而又不损伤叶片为度。

3. 把接种后植物放在温室或者防虫网室内，株间与其他植物间都要离开一定距离。

技能 3-4　脱毒效果的酶联免疫吸附测定法

【要求目标】

1. 能够按照酶联免疫吸附测定的流程进行规范准确操作。

2. 能够根据结果进行正确的判断植株是否含有病毒。

【材料与试剂】

1. 抗体免疫球蛋白（r-globulin）和酶标记抗体（Conjugate）：从某一马铃薯病毒抗血清提取的免疫球蛋白，将其浓度调为 1mg/mL，作为包被微量滴定板的抗体。用辣根过氧化物酶标记的某一病毒的免疫球蛋白的酶标记抗体，一般使用浓度常在 1 ∶ 1000 以上。储藏于 4℃条件下备用。

2. 碳酸盐包被缓冲液，pH 值 9.6；1.59g 碳酸钠（$NaCO_3$），2.93g 碳酸氢钠（$NaHCO_3$）加水到 1L。

3. PBS-Tween-20 缓冲液，pH 值 7.4；8g 氯化钠（NaCl），0.2g 磷酸二氢钾（KH_2PO_4），2.2g 磷酸氢二钠（$Na_2HPO_4 \cdot 7H_2O$）（或 2.9g$Na_2HPO_4 \cdot 12H_2O$），0.2g 氯化钾（KCl），加水到 1L，然后加 0.5mL Tween-20。洗涤微量滴定板用。

4. 样品缓冲液：取 PBS-Tween-20 缓冲液 100mL，加聚乙烯吡咯烷酮（PVP）2g。

5. 底物缓冲液：取 0.2mol/L $Na_2HPO_4 \cdot 12H_2O$ 溶液 25.7mL 加 0.1mol/L 柠檬酸溶液 24.3mL，加水 50mL，

pH 值 5.0（现用现配）。临用前加磷苯二胺 40mg，30%过氧化氢（H_2O_2）0.15mL，混匀，避光放置。应为白色或微黄色溶液。

6. 终止液：为 0.2mol/L 硫酸溶液。用 1 体积浓硫酸加 9 份水。

【仪器用具】

1. 聚乙烯微量滴定板：有 40 孔和 96 孔两种规格，均可使用。

2. 微量可调进样器：需要 2 ~ 10μL、10 ~ 50μL 和 10 ~ 200μL 三种规格，并附有相应规格的塑料头。

3. 冰箱。

4. 保温箱：温度定为 37℃。

5. 玻璃或白瓷制造的小研钵。

6. 酶联免疫检测仪：检测辣根过氧化物酶（Horseradish Peroxidase. HRP）标记的酶标记抗体用 490nm 波长检测，碱性磷酸（Alkaline phosphatase. AKP）标记的酶标抗体用 405nm 波长检测。

【方法步骤】

1. 包被微量滴定板

把免疫球蛋白用包被缓冲液按 1 ∶ 1000 稀释，用微量进样器向微量滴定板的每一样品孔内加入稀释的免疫球蛋白 200μL。在 37℃条件孵育 1h，或在 4℃条件下过夜。

2. 洗涤包被的微量滴定板

甩掉微量滴定板中的免疫球蛋白稀释液，再在一叠吸水纸上敲打微量滴定板，以除尽残留的溶液。向微量滴定板的样品孔中加满洗涤缓冲液，停留 3min，甩掉洗涤缓冲液，共洗涤 3 次，以除尽未被吸附的免疫球蛋白。

3. 加被检测的样品

（1）取样：在无菌条件下，从试管苗上剪下长 2cm 茎段，放在小研钵内，把取样的试管苗放回到试管中，封好管口。把样品编好号，以便按检测结果决定取舍。

向小研钵中加样品缓冲液，加入的液量依每个样品上样的孔数而定。例如每个样品准备上样一个样品孔时，可加入 0.4mL 样品缓冲液，研磨后可得 200μL 清液，够上一个样品孔用。

（2）加检测样品：向编好号、洗涤完的微量滴定板的样品孔内，按样品编号、逐个加人提取的样品液 200μL。每一块微量滴定板上，可设置两个阳性对照孔，两个阴性对照孔和两个空白对照孔。

把加完样品的微量滴定板，在 37℃条件孵育 4 ~ 6h，或在 4℃条件下过夜，然后洗涤微量滴定板。

（3）加酶标记抗体：把酶标记抗体用样品缓冲液按 1 ∶ 1000 稀释，向每个样品孔中加入 200μL 稀释的酶标记抗体。

（4）洗涤微量滴定板：洗涤微量滴定板，以除掉未结合的酶标记抗体。

（5）加底物：向每一样品孔内加底物缓冲液 100μL。这是因为使用国产酶标检测仪测定光密度时，如底物量多，常污染检测镜头，使测得的光密度值不准确；如应用 Bio-Rad550 型等进口酶标检测仪时则可加入 200μL 底物。当观察到阳性对照孔与阴性对照孔显现的颜色可以明确区分时（辣根过氧化物酶标记的酶标记抗体显现橘红色，碱性磷酸酶标记的抗体显现鲜黄色）；或未设对照样品孔的微量滴定板的一些样品孔之间显现的颜色可以明确区分时，每孔加入 30μL 终止液，如加入 200μL 底物缓冲液时则可加入 50μL 终止液（碱性磷酸酶标记的抗体一般可不加终止液）。

4. 结果判定

目测观察：显现颜色的深浅与病毒相对浓度成正比。显现白色表明为阴性反应，记录为“–”；显现淡橘红色即为阳性反应，记录为“+”；依色泽的逐渐加深记录为“++”和“+++”。

用酶联检测仪测定光密度值：样品孔的光密度值大于阴性对照孔光密度值的 2 倍，即判定为阳性反应（阴性对照孔的光密度值应 ≤ 0.1）。

【考核标准】

考核方案详见技能表 3-4-1。

技能表 3-4-1　　考 核 标 准

序号	考核项目	考 核 标 准	分值
1	实训态度	能够正确使用信息资源，学习期间积极主动，全部出席	10
2	准备工作	准备充分	20
3	操作过程	在操作过程中同学能够达到规范、准确及迅速	20
4	结果分析	数据分析与判断客观、准确及结论正确	20
5	思考、答辩能力	对工作过程中出现的问题能独立进行分析和解决，并能正确回答工作任务中的主要知识点，具有创新精神	20
6	实训报告	书写字迹工整；内容准确	10
合　计			100

【注意事项】

1. 配置药品所用水为蒸馏水，必须经过灭菌，注意无菌操作。以防止造成假阳性现象。

2. 注意阴阳反应结果的判定。

第4章　植物组织培养拓展技术

知识目标

- 熟悉单细胞分离和培养的基本方法
- 理解花粉和花药培养的含义
- 熟悉花粉发育时期的检测方法
- 掌握原生质体分离的大致步骤
- 了解植物种质离体保存的类型与特点
- 熟悉种质保存资源的方法
- 了解人工种子的应用前景
- 掌握人工种子制作的流程

能力目标

- 能够正确进行花粉与花药预处理
- 熟练检测出花粉的发育时期
- 能够准确分离出单细胞
- 能够熟练进行细胞悬浮培养
- 能够利用正确方法对种质资源进行保存
- 能够按照流程进行制作人工种子

4.1　细胞培养

细胞培养是将从植物的培养物游离的细胞或细胞团，在人工培养基上进行的培养的方法。通过细胞继代培养，使细胞不断增殖，还能使高等植物的单个细胞经过离体培养后细胞分裂形成细胞团，再经过细胞分化最后产生完整的植株。在单倍体诱导中，通过花粉细胞的培养，可以排除体细胞的干扰；在细胞培养体系中，外界的理化因素很容易作用于细胞，引起细胞突变，是人们获得突变的重要方法之一；在植物育种遗传工程中为基因的修改和表达提供了可靠的手段；在细胞培养中提取大量植物次生代谢物质方面也具有重要的意义。

4.1.1　单细胞的分离

4.1.1.1　机械分离

完整的植物器官一般采用此方法进行单细胞的分离，植物叶片组织的细胞排列松弛，是分离单细胞的最好材料。现在广泛用于植物叶肉细胞分离的基本方法是先将植物叶片取下经过无菌处理后，在研钵中轻轻研碎，经过一定孔径的纱布或不锈钢滤网过滤，取出过滤后的研磨介质经过低速离心等其他处理使细胞得到纯化。用机械法分离细胞的明显优点是：细胞不会受到酶的伤害作用；无需质壁分离，有利于进行生理和生化研究。但是，机械法并不普遍适用，因为机械分离细胞容易伤害细胞的结构，获得完整细胞团或细胞数量极低。

4.1.1.2　酶解分离

通过用纤维素酶和果胶酶等酶液处理适合植物外植体即可得到所需要的单细胞。酶的作用使细胞与细胞间相联结的胞间层（主要成分为果胶）被分解，因而细胞便散开。果胶酶不仅能降解中胶层，而且还能软化细胞壁，因此在用酶解法分离细胞时，应加入适当的渗透压调节剂。在烟草中，甘露醇的浓度不能低于 0.3mol/L，否则，细胞内的原生质体会破坏。如以柑橘为材料具体操作是：经试管培养种子得到一定大小的叶片，然后在无菌条件下用解剖刀切割取大约 1mm 左右的条带，放入到添加有酶液和缓冲液的培养皿中，一般需要经过约 15h，室温条件下处理后就可得到所需要的单细胞或原生质体。不同品种的叶片以及不同年龄的叶片酶解时酶浓度和酶解时间是不同的。

4.1.1.3 由组织培养物分离

由离体培养的愈伤组织分离单细胞技术广泛应用于实践中。以胡萝卜为例具体方法是：将完整无伤口的胡萝卜肉质根用自来水冲洗，然后用 75% 的乙醇擦洗一遍进行表面消毒，接着通过无菌操作，用解剖刀将根的表层削去，切成小块（5mm × 5mm），使每一小块都带有一部分形成层，这些小块接种到 MS+2，4-D 2mg/L+CH500 mg/L+ 琼脂 0.8%，pH 值 5.8 的培养基上诱导愈伤组织形成，并以此培养基进行继代繁殖。将得到的愈伤组织接种到上述配方的液体培养基中，在 4r/min 的转床上培养 10d，然后用孔径为 140μm × 140μm 的细胞筛过筛，就可得到单细胞悬浮液，使细胞密度达到 10^5 个 /mL 左右。

4.1.2 单细胞的培养

在单细胞培养中，常采用的基本方法有看护培养、微室培养和平板培养几种。

4.1.2.1 看护培养法

看护培养法是指用一块活跃生长的愈伤组织块来看护单个细胞，使其生长和增殖的培养方法，这个愈伤组织块称为看护愈伤组织。具体方法如下：

（1）把琼脂培养液加到小三角瓶中，高度为 1cm，高压灭菌后备用。

（2）先取处于活跃生长期的约 1cm 大小的愈伤组织块。

（3）在无菌条件下，把愈伤组织块用镊子夹住安放在三角瓶中培养基中央部位，并在愈伤组织上放一片约 $1cm^2$ 无菌滤纸片。在培养室放置过夜。

（4）从悬浮培养物或疏松的愈伤组织上分离出单个细胞，并把单个细胞质接种在三角瓶中的滤纸上面。

（5）置保温和恒温的培养箱中培养。一般情况下，约经过 1 个月，单细胞则分裂成为肉眼可见的愈伤组织小块，2 ~ 3 个月就可以从滤纸上转接到培养基上，得到单细胞无性系。

4.1.2.2 微室培养法

人工制造一个小室，将单细胞接种在小室的微量培养基中，这种方法的最大优点在于能对一个细胞的生长、分裂和细胞团形成的全过程进行跟踪观察。具体做法是先将由愈伤组织培养诱导，经液体培养基培养制得单细胞悬浮液备用。在无菌条件下，按盖玻片大小在无菌载玻片上涂一圈四环素眼药膏（凡士林—石蜡混合物、石蜡油也可）。将制得的单细胞悬浮液中取出一滴 3mL 只含一个单细胞的培养液，滴在圈内的载玻片上，然后在药膏上放一小段已消毒的毛细玻璃管，将无菌盖玻片盖在涂有一圈药膏的载玻片上，轻压使其与药膏紧密接触，使盖玻片与载玻片之造成一密封的小室。那滴含有单细胞的培养液被覆盖于小室之中，小室通过这段毛细玻璃管与外界通气。最后将微室培养物放入 26 ± 1℃培养室培养。

4.1.2.3 平板培养法

平板培养法是把分离得到的单细胞与琼脂培养基（消毒后冷却至 35℃）充分混合，使之能均匀平铺一薄层于培养皿内的培养方法。具体做法是：将游离细胞和小细胞团进行计数，根据实际密度，或稀释、或浓缩，最终调整到接种密度的 2 倍。将与上述液体培养基成分相同但加入 0.6% ~ 1% 琼脂的培养基加热，使琼脂融化，然后冷却至 35℃，置于 35℃恒温水浴中保温。将这种培养基与上述细胞悬浮培养液等体积混合均匀，迅速注入并使之平展于培养皿中（约 1mm 厚）。然后用封口膜封闭培养皿，将培养皿置于倒置显微镜下观察，在培养皿外的相应位置上用细记号笔标记各个单细胞，以便保证以后能分离出纯单细胞无性系。最后将培养皿置于适当的条件下，对细胞进行培养。

用平板法培养单细胞时，常以植板效率表示能长出细胞团的细胞占接种细胞总数的百分数，求算公式为

$$植板效率 = \frac{每个平板中新形成的细胞团}{每个平板中接种的细胞数} \times 100\%$$

平板培养植板效率的高低随细胞种类、接种密度及培养基成分的不同而异。细胞接种密度，一般不能低于 $10^3 \sim 10^4$ 个 /mL。

4.1.3 细胞悬浮培养

细胞悬浮培养是将游离细胞或细胞团按一定密度，悬浮在液体培养基中不断地搅拌或振荡培养，可以使培养细胞快速大量增殖。

一般情况下，细胞悬浮培养可分为分批培养和连续培养两种培养方法。

4.1.3.1 分批培养

分批培养是指将一定量的细胞或细胞团分散在一定量的液体培养基中进行培养，目的是建立单细胞培养物。分批培养所用的培养容器一般是 100 ~ 250mL 的三角瓶，每瓶中装有 20 ~ 75mol 培养基。在培养过程中，除了气体和挥发性代谢产物可以同外界空气交换外，一切都是密闭的。当培养基中的主要营养物质耗尽时，细胞的分裂和生长即行停止。所以，为了使分批培养的细胞能不断增殖，必须及时进行继代培养，方法是取出一小部分细胞悬浮液，转移到成分相同的新鲜培养基中（大约稀释 5 倍）。

在分批培养中，细胞数目增长的变化情况表现为一条 S 形曲线。其中一开始是滞后期，细胞很少分裂；之后是对数生长期，一般继代培养 2 ~ 3d 后细胞进入对数生长期，此时细胞分裂活跃，数目增加迅速。经过三四个细胞世代之后，由于培养基中某些营养物质已经耗尽，或者由于有毒代谢产物的积累，增长逐渐缓慢，由直线生长期经缓慢期，最后进入静止期，增长完全停止。在分批培养对数生长期中细胞数目加倍所需的时间，对烟草为 48h，蔷薇 36h，菜豆和假挪威槭分别为 24h 和 40h，这些时间都比在整体植株的分生组织中细胞数目加倍所需的时间要长。分批培养对于研究细胞的生长和代谢并不是一种理想的培养方式，因为在分批培养中细胞生长和代谢方式以及培养基的成分不断改变，细胞没有一个稳态生长期，对于细胞数目的代谢物和酶的浓度也不能保持恒定。

分批培养是植物细胞悬浮培养中常用的一种培养方式，其所用设备简单，只要有普通摇床即可，而且操作简便，重复性好，往往能获得理想的效果，特别适合于突变体筛选、遗传转化等研究。

4.1.3.2 连续培养

利用特制的培养容器进行大规模细胞培养的一种培养方式。连续培养过程中，不断注入新鲜培养基，排掉等体积的用过的培养基，培养液中的营养物质得到不断补充。由于注入的新鲜培养液的容积与流出的原有培养液相等，可调节流入与流出的速度，故培养的细胞生长速率相对一致，形成一个稳定状态的培养。

连续培养是植物细胞培养技术中的一项重要进展，它对于植物细胞代谢调节的研究，对于决定各个生长限制因子对细胞生长的影响，特别是对于次生物质的大量生产等具有一定意义。然而，连续培养并未被植物组织培养工作者广泛利用，原因可能在于它所需要的设备比较复杂，需要投入的精力也太多。

4.1.3.3 细胞悬浮培养的应用

悬浮培养的单细胞系是突变体育种的良好材料；在人工种子和快速繁殖上的应用；在种质保存当中的应用；是遗传转化的良好受体，进行转基因技术的应用；在工业方面：一是生产植物次生代谢产物；二是用于生物转化，得到期望的天然化合物。

4.2 原生质体培养

原生质体是除去细胞壁的裸露植物细胞，是能存活的植物细胞的最小单位。自 1892 年 Klereker 首先用机械的方法分离得到了原生质体至今，从植物体的几乎每一部分都可分离得到原生质体。并且能从烟草、胡萝、矮牵牛、茄子及番茄等 70 种植物的原生质体再生成完整的植株。此外，原生质体融合，体细胞杂交的技术也得到广泛的应用。

4.2.1 原生质体分离

分离原生质体时，首先要让酶制剂大量地吸附到细胞壁的纤维素上去，因此，一般先将材料分离成单细胞，然后分解细胞壁。采用将酶液减压渗入组织，或将组织切成薄片等方法，都可增加酶液与纤维素分子接触的机会。

酶处理目前常用的多是“一步法”，即把一定量的纤维素酶，果胶酶和半纤维素酶组成混合酶溶液，材料在其中处理一次即可得到分离的原生质体。植物材料须按比例和酶液混合才能有效地游离原生质体，一般去表皮的叶片需酶量较少，而悬浮细胞则用酶量较大。每克材料用酶液 10 ~ 30mL 不等。

由于不同材料的生理特点不同，在研究游离条件时，必须试验不同渗透压浓度的细胞，找出适宜的渗透浓度。例如游离小麦悬浮细胞的原生质体的酶液中须加入 0.55mol/L 甘露醇，游离水稻悬浮细胞的原生质体的酶液中只加 0.4 ~ 0.45mol/L 的甘露醇，两者差别较大。

酶解处理时把灭菌的叶片或子叶等材料下表皮撕掉，将去表皮的一面朝下放入酶液中。去表皮的方法是：在无菌条件下将叶面晾干、顺叶脉轻轻撕下表皮。如果去表皮很困难，也可直接将材料切成小细条，放入酶液中。

对于悬浮细胞等材料，如果细胞团的大小很不均一，在酶解前最好先用尼龙网筛过滤一次，将原细胞团去掉，留下较均匀的小细胞团时再进行酶解。

酶解处理一般地在黑暗中静止进行，在处理过程中偶尔轻轻摇晃几下。对于悬浮细胞，愈伤组织等难游离原生质体的材料，可置于摇床上，低速振荡以促进酶解。酶解时间几小时至几十小时不等、以原生质体游离下来为准。但是，时间过长对原生质体有害，所以一般不应超过 24h。酶解温度要从原生质体和酶的活性两方面考虑。对于这几种酶来说，最佳处理温度在 40 ~ 50℃。但这个温度对植物细胞来说太高，所以一般都在 25℃左右进行酶解。

若用叶片作为材料，取已展开的生活叶片，用 0.53% 次氯酸钠和 70% 酒精进行表面灭菌，然后切成 2cm 见方。把 4g 叶组织置于含有 200mL 不加蔗糖和琼脂的培养基 500mL 三角瓶中。在 4℃黑暗条件下培养 16 ~ 24h，以后叶片转入含有纤维素酶、果胶酶、无机盐和缓冲液的混合液中，pH 值为 5.6，通常在酶液中使用的等渗剂为 0.55 ~ 0.6mol 甘露醇。然后，酶液真空渗入叶片组织。在 28℃条件下，每分钟 40 转的旋转式转床上培养 4h 后，叶片组织可完全分离。

若用悬浮培养细胞，可不经过果胶酶处理，因为悬浮细胞液主要由单细胞和小细胞团组成。取悬浮细胞放入 10mL 的酶液中（3% 纤维素酶，14% 蔗糖，pH 值 5.0 ~ 6.0），在 25 ~ 33℃条件下酶解 24h。原生质体—酶混合液用 30μm 的尼龙网过滤，通过低速离心收集原生质体。

4.2.2 原生质体的培养

原生质体的培养方法大体和细胞培养相同，有固体培养、液体培养及固液结合培养等几种方法（见图 4-2-1）。

4.2.2.1 固体培养法

固体培养法是将悬浮在液体中的原生质体悬液与热融的含琼脂的培养基等量混合，使琼脂的最终浓度为 0.6% 左右，冷却后原生质体包埋在琼脂培养基中。由于原生质体被机械地彼此分开并固定了位置，避免了细胞间有害代谢产物的影响并便于定点观察，追踪单个细胞的发育过程。

饲养培养是固体培养法的引申。将一些射线处理过的原生质体用一薄层琼脂培养基固定在下层，而活的原生质体固定在上层。这种方法允许原生质体密度低于能生长的密度，因为它们可以从被处理过的原生质体那里

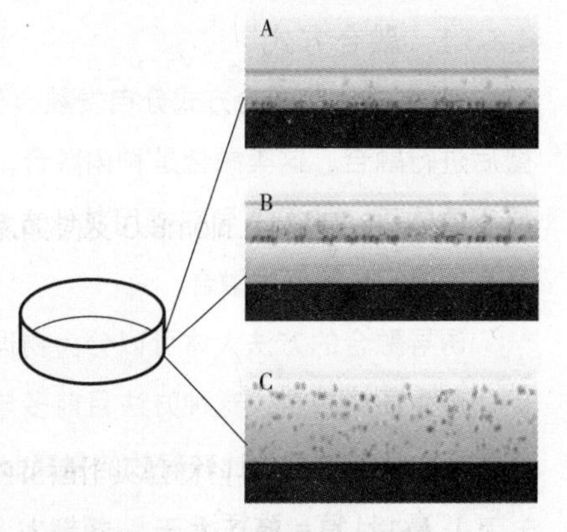

图 4-2-1 原生质体培养类型
A—液体培养；B—固体培养；C—固液结合培养

获得一些有益的物质。

固体培养方法也是饲养培养的一种方式，即把一种已知能快速生长的原生质体和一种难以培养的原生质体相混合，然后用琼脂培养基固定共同培养。这种方法使难以培养的原生质体得益于快速生长的原生质体所产生并易扩散的物质。

近年来很多实验证明，琼脂糖是一个良好的培养基凝胶剂，它不仅具有熔点低的特点，而且具有促进原生质体再生细胞分裂的作用；从对琼脂糖、琼脂及经过漂洗的纯净的琼脂的比较试验来看，发现尽管纯净的琼脂可以提高一些原生质体的植板率，但最好的结果是在琼脂糖上取得的，并且琼脂糖适用于广泛的植物中。因此，琼脂糖作为一种优良的凝胶剂，在原生质体培养中的应用越来越广泛。

4.2.2.2 液体培养

液体培养法是在培养基中不加凝胶剂，原生质体悬浮在液体培养基中，常用的是液体浅层培养法，即含有原生质体的培养液在培养皿底部铺一薄层，厚 1mm 左右，用封口膜封口后进行培养。这种方法操作简便，对原生质体伤害较小，又便于添加培养基和转移培养物，是目前原生质体培养工作中广泛应用的方法之一。其缺点是原生质体在培养基中分布不均匀，容易造成局部密度过高或原生质互相粘连而影响进一步的生长发育，并且难以定点观察，很难监视单个原生质体的发育过程。

微滴培养法是液体培养的一种方式。将悬浮有原生质体的培养液用滴管以 0.1mL 左右的小滴接种在无菌且清洁干燥的培养皿中，由于表面张力的作用，小滴以半球形保持在培养皿表面，然后用 Paratilm 封口，防止干燥和污染。如果把培养皿翻转过来，则成为悬滴培养。由于小滴的体积小，在一个培养皿中可以做很多种培养基的对照实验。如果其中一滴或几滴发生污染，也不会殃及整个实验。同时也容易添加新鲜培养基。其缺点也是原生质体分布不均匀，容易集中在小滴中央。此外，由于液滴与空气接触面大，液体容易蒸发，造成培养基成分浓度的提高。解决蒸发问题最简单的办法就是在液滴上覆盖矿物油。

4.2.2.3 固液结合培养法

最简便的固液结合培养方法是在培养皿的底部先铺一薄层含凝胶剂的固体培养基，再在其上进行原生质体的液体浅层培养。这样，固体培养基中的营养成分可以慢慢地向液体中释放，以补充培养物对营养的消耗，培养物所产生的一些有害物质，也会被固体部分吸收，对培养物的生长更有利。

4.2.3 细胞融合

通过原生质体融合可实现体细胞的杂交，这是 20 世纪 70 年代兴起的一项新技术。因为应用植物的根、茎及叶等营养器官及其愈伤组织或悬浮细胞的原生质体进行融合，所以称之为体细胞杂交。体细胞杂交育种克服了远缘杂交中某些障碍，如杂交不亲和性等，从而更广泛地组合各种植物的遗传性状，为有效地培育新品种，开辟了一条崭新的途径。

4.2.3.1 融合方式

原生质体的融合方式分自发融合和诱导融合两类。自发融合是在植物原生质体分离过程中，用酶法分解细胞壁后进行融合。这类融合是种内融合，与胞间连丝有关，融合的个体一般不能进一步发育。诱导融合是指制备出原生质体后，加入诱导剂或用其他方法促使两个亲本原生质体融合，诱导融合可以是种内的，也可以是种间的，甚至是属间、科间的融合。

诱导融合的方法大体可以分为物理的和化学的两类。前者是利用显微操作、灌流吸管、离心或振动等机械以促使原生质体融合，这种方法目前多与诱导剂结合起来使用；化学融合法是用不同的试剂作诱导剂，促使原生质体融合。目前常用的比较有效的是高 pH 值一高钙法和聚二乙醇法。

1. 高 pH 值一高钙法

高 pH 值一高钙法是受动物细胞融合研究的启发而产生的。用 pH 值 9.5 ~ 10.5 大于 0.03mol/L 浓度 Ca 离子处理原生质体，融合效果较好。具体处理方法是：在原生质体沉淀中加入含有 0.05mol/L$CaCl_2$·$2H_2O$ 和 0.4mol/L 甘露醇，pH 值调整到 10.5，在 37℃下保温 0.5h，可使原生质体融合率达到 10% 左右。高 pH 值能导致质膜表面离子特性的改变，有利于原生质体的融合。钙能稳定原生质体，也起联系融合的作用。

2. 聚乙二醇法

聚乙二醇法为我国学者高国楠首创。聚乙二醇（PEG）分子量 1500 ~ 6000 水溶性，pH 值 4.6 ~ 6.8，因多聚程度而异。具体操作过程如下：取等量、密度相近的两种不同原生质体悬浮液，在玻璃容器内混合均匀，取 150μL 左右的原生质体悬浮液滴在盖玻片上。然后缓慢加入 450μL 左右的 PEG 溶液，放在 20 ~ 30℃条件保温培养 0.5 ~ 1h，后用原生质体培养液洗净融合剂。

4.2.3.2 融合过程

异种原生质体先经膜融合形成共同的质膜，然后经胞质融合，产生细胞壁，最后是核融合。细胞核的融合是异种原生质体融合的关键。融合体只有成为单核细胞后才能继续生长，才能合成 DNA、RNA，并进行细胞分裂，这就要求两个核必须同步分裂，如果两个核所处时期不同，一个开始合成 DNA，另一个还处于合成的中途或已完成了复制，它们之间就会相互影响，导致最终不能进行细胞分裂。

4.3 花药和花粉培养

花药是植物花的雄性器官，包括体细胞性质的药壁和药隔组织，以及雄性性细胞的花粉粒。按染色体的倍性来看，花药为二倍体细胞，花粉为单倍体细胞。因此，花药培养属器官培养，花粉培养属细胞培养，但花药培养和花粉培养的目的一样，都是要诱导花粉细胞发育成单倍体细胞，最后发育成单倍体植株（见图 4-3-1）。

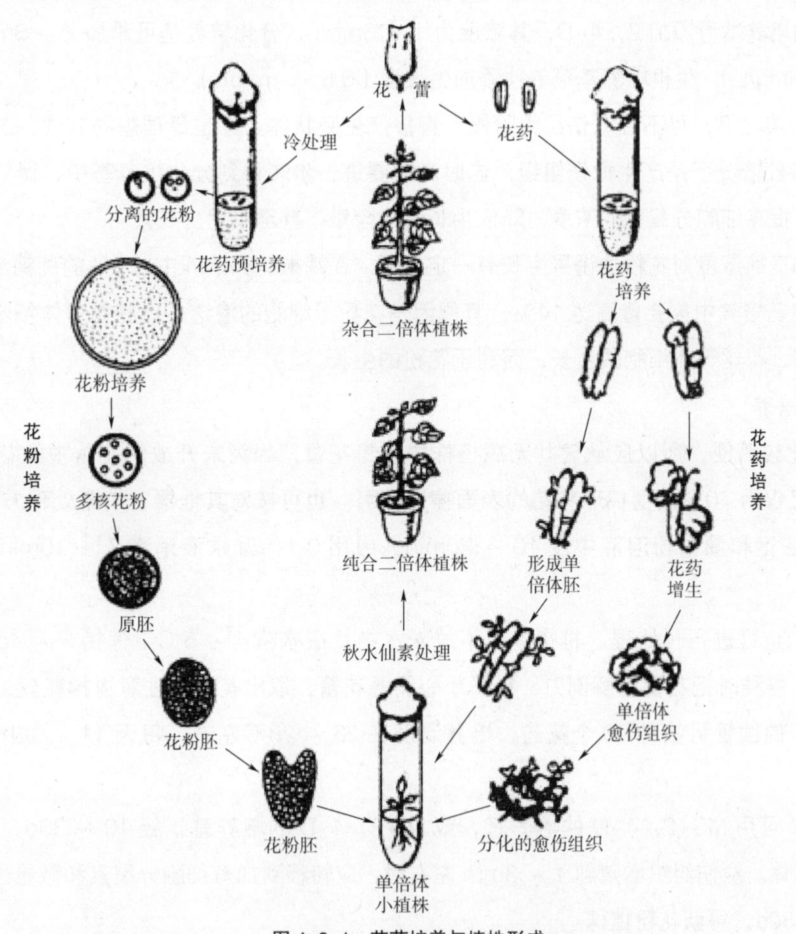

图 4-3-1 花药培养与植株形成

（引自 李永文，刘新波．植物组织培养技术．北京：北京大学出版社，2007）

花粉培养和花药培养都指在合成培养基上，改变其发育机能，即不经过受精发生的细胞分裂，由单个花粉粒发育成完整植物。由于都能获得同花粉染色体构成相同的单倍体植株，经染色体加倍而成为正常结实二倍体植株。所以后者属于真正的纯系。这和常规多代自交纯化方法相比，可节省大量的时间和劳力。同时，花药和花粉培养是研究减数分裂，花粉生长机制的生理、生化遗传等基础理论的最好方法。

4.3.1 花药培养

花药培养是把花粉发育到一定阶段的花药接种到培养基上，来改变花粉的发育程序，使其分裂形成细胞团，进而分化成胚状体，产后再生植株，或形成愈伤组织，由愈伤组织再分化成植株。

4.3.1.1 花药材料的选择

在正常情况下，花药中的花粉母细胞经过减数分裂形成4个花粉粒，开始时连在一起，外有透明的胼胝体包围。经进一步发育后，细胞体积增大，形成外壁并出现萌发孔，此时细胞核较大居中，称单核中央期。随着细胞体积迅速增大，细胞核由中央位置推向一边，即单核靠边期。以上均为单核期花粉。单核花粉经第一次有丝分裂后，形成一个营养核和一个生殖核，即二核花粉。生殖核再分裂一次，产生两个精核，即三核花粉。最适宜的花药发育时期，因植物种和品种而不同。但大多数是单核期。根据细胞观察推测，双核期的花粉中开始积累淀粉，不能使花粉发育成植株。通常采用醋酸洋红或碘化钾染色，再压片镜检，以确定花粉的发育时期。但是接种前不可能把所有的花粉都进行一次发育时期的镜检，通常是按照花蕾长度大小与花粉发育年龄的相关性，在实际操作中取一定大小的花蕾进行的。如水稻选择剑叶叶枕抽出距下一叶，叶枕约为4 ~ 6cm的孕穗稻。

4.3.1.2 培养基的选择

花药培养所采用的培养基是MS、N_6及B_5等。添加的激素有6-BA、KT和玉米素，2，4-D，NAA和IAA等。诱导愈伤组织的培养基可添加2，4-D，其浓度为1 ~ 3mg/L，分化培养基可添加2 ~ 3mg/L的BA，再加少许的IAA（0.2 ~ 0.5mg/L），生根培养基可单独添加生长素（0.5 ~ 1mg/L）。

花药培养在某些情况下，可不经愈伤组织阶段，直接产生胚状体。这是最理想的方式，这样可以免去愈伤组织和生根阶段。但多数情况下是产生愈伤组织，这时尚需要进一步转移到分化培养基中，诱导分化产生芽，这时要应用分化培养基，提高细胞分裂素的浓度，降低生长素的含量，甚至不用生长素。

基本培养基中的蔗糖浓度对花粉的诱导生长有一定作用。在辣椒花药培养中以6%的蔗糖浓度对胚状体的诱导率为最高。在番茄花药培养中需要量高达14%，其原因是花粉母细胞的渗透压比花丝等体细胞高的缘故，即高浓度的蔗糖不利于药壁、花丝等体细胞的生长，而利于花粉的生长。

4.3.1.3 消毒接种培养

由于花药消毒比较简便，所以应从健壮无病植株中采集花蕾，因为未开放的花蕾中的花药为花被包裹，本身处于无菌状态，可仅用70%酒精棉球将花的表面擦洗即可。也可按对其他器官消毒处理方法进行，先用70%的酒精浸一下后，在饱和漂白粉溶液中浸10 ~ 20min，或用0.1%升汞液消毒7 ~ 10min，然后用无菌水洗3 ~ 5次。

花药在消毒前，也可进行预处理，将花蕾剪下放入水中，在冰箱4 ~ 5℃下保持3 ~ 4d。低温储藏后，花药容易发生胚状体。接种时把花蕾用解剖刀、镊子小心剥开花蕾，取出花药，注意去掉花丝，然后散落接种到培养基上，一个10mL的试管可接种20个花药。培养温度在23 ~ 28℃左右，每天11 ~ 16h的光照，光照强度2000 ~ 4000lx。

脱分化培养时，可用MS+2，4-D的培养基，或N_6+2，4-D的培养基，经10 ~ 30d，可诱导生成愈伤组织，或少数生成胚状体。愈伤组织增殖到1 ~ 3mm左右时，应转移到加有细胞分裂素和微量生长素的新的分化培养基上，再经20 ~ 30d，可获花粉植株。

胚状体为类似于胚的组织，它经过原胚、球形胚，然后循着与合子胚相似的发育顺序，即心形胚、鱼形胚及子叶期的顺序继续分化形成小植株。由于此途径避免了经由愈伤组织这一复杂过程，可直接由花粉形成胚状体，免去生根阶段，具有保持遗传稳定性，发育速度快的特点，所以越来越受人们研究的重视。当然胚状体也可由愈伤组织产生。

培养花药是直接产生胚状体还是产生愈伤组织，主要取决于培养基中激素的状况。一种植物的花药可以在一种培养基上长幼苗，而在另一种培养基上则形成愈伤组织。如水稻通常在含有生长素的培养基上诱导出愈伤组织，而在不含任何激素的 N_6 培养基上长出胚状体。但在辣椒的花药培养中，只要培养基合适，甚至可以在同一花药上一部分花粉形成胚状体，而另一部分只形成愈伤组织。

4.3.1.4 药培养中的花粉发育过程

植物中只有少数用离体花粉培养直接产生植株，而大多数是用离体花药培养来产生花粉植株，这是因为花药壁可以在培养中提供某些生长发育物质。离体花药培养采用人工控制培养的方式，改变了花药自熟发育的途径，其花粉的发育大致有下列几种途径。

1. 营养细胞发育途径

在花药离体培养中，花粉第一次有丝分裂形成不均等的营养核和生殖核。生殖核较小，一般不分裂或只分裂 1 ~ 2 次，就逐步退化。而体积大的营养核经多次分裂且形成了细胞壁，最后变成了多细胞团，迅速生长，很快突破细胞壁，细胞团不断分裂，穿破药壁，可以产生胚状体或愈伤组织。

2. 生殖细胞发育途径

在这种途径下，营养核只分裂 1 ~ 2 次就退化了，而生殖核经多次分裂发育成多细胞团。

3. 营养细胞和生殖细胞同时发育的途径

花粉第一次有丝分裂形成的营养核和生殖核同时进行多次分裂，因此最后形成的多细胞团包括两部分，一部分细胞较大的是由营养细胞分裂而来；另一部分细胞较小的是由生殖细胞分裂而来。

4. 花粉均等分裂途径

花粉进行均等分裂形成两个均等的子核，以后二核间产生壁，形成两个子细胞，由两个子细胞形成多细胞团，迅速生长，穿破药壁而形成胚状体或愈伤组织。

4.3.2 花粉培养

花粉培养是指把花粉从花药中分离出来，以单个花粉粒作为外植体进行离体培养的技术。由于花粉已是单倍体细胞，诱发它经愈伤组织或胚状体发育成的植株都是单倍体植株，且不受花药的药隔、药壁及花丝等体细胞的干扰。但缺点是较比花粉培养难度大。

4.3.2.1 花粉的分离

取新鲜未开的花蕾用自来水冲洗 10min，用 75% 的酒精消毒 10 ~ 15min，无菌水冲洗 2 次，再用 10% 漂白粉上清液浸泡 20min，无菌水冲洗 3 ~ 4 次。然后将花药放到加有基本培养基的小烧杯中，用注射器的内管在烧杯的壁上挤压花药，使花粉从花药中释放出来。用尼龙筛过滤掉药壁组滤液再经低速离心（100 ~ 160r/min），上面的碎片可用吸管吸掉，再加入新鲜培养基。连续进行两次过滤，到每毫升含 103 ~ 104 个花粉的浓度就可以了。

简单的方法是花粉从花药中挤出后，用镊子取出花粉空壳，放在培养基上培养。此法适于微室培养，但往往有药壁等体细胞混入。

4.3.2.2 花粉的预处理

花粉经过预处理不但有利于改变正常的发育途径，而且还可以促进花粉植株的形成。

1. 低温处理

低温处理通常是常用也是效果比较好的一种处理方法。在花粉第一次有丝分裂期进行低温处理时，在黑暗条件下以植株、花蕾、花粉及花药等作材料比较，以处理分离的花蕾效果最好。

2. 重力的作用

在烟草花粉培养中，在从花蕾中取出花药前 1h，在 5℃条件下进行低温离心机离心，可提高单倍体的诱导率。另外，在玉米上试验也有同样效果。

4.3.2.3 培养基成分

在花粉培养中可添加一些物质，有促进生长的作用。培养基选用 Nitsch 作基本培养基，含有诸如硝酸钙、硫酸、柠檬酸铁、酵母浸出液和椰子胚乳等。

4.3.2.4 花粉培养方法

1. 微室培养法

取含有 50 ~ 80 粒花粉的一滴培养液放在微室培养装置中，为了防止花粉破裂，应在低温条件下（4℃以下）接种，然后在 20℃下培养。

2. 看护培养法

看护培养法在装有 50mL 液体培养基的小培养皿中，用解剖针撕开花药释放出花粉，形成花粉悬浮液，最后稀释至 0.5mL 培养基中，含有 10 个花粉粒的细胞悬浮液。看护培养时，把花药放在琼脂培养基表面上，然后在每个花药上覆盖一小块圆片滤纸。用移液管吸取 1 滴已准备好的花粉粒悬浮液，滴在每个小圆片滤纸上。培养在 25℃和一定光照强度下，大约一个月长出细胞群。由于完整的花药发育过程释放出有利于花粉发育的物质，并通过滤纸供给花粉，促进了花粉的发育。

培养的花粉形成胚有两个途径：一是花粉核分裂产生营养核和生殖核，以后生殖核退化，营养核则继续分裂 2 ~ 3 周，形成多核花粉，由此形成多核的原胚；二是花粉核直接分裂，再形成胚。

4.3.3 花粉植株的鉴定与染色体加倍

4.3.3.1 花粉植株鉴定

花粉在培养过程中经过不同的理化因素作用，产生的花粉植株往往是单倍体、双单倍体、三倍体、多倍体及非整倍体植株的混合群体。倍性鉴定方法有以下几种类型。

1. 细胞学鉴定

常采用压片法和去壁低渗法进行染色标本制备，通常以茎尖或根为材料，利用细胞学显微技术进行染色体鉴定（数目和形态）。

2. 流式细胞分析法

通过流式细胞分析仪对大量的处于分裂间期的细胞 DNA 含量进行检测，然后经仪器附设计算机自动分析，DNA 含量与荧光信号强度成正比关系。细胞核的倍性最后以 C 值表示，1C 表示细胞核单倍体，2C 表示细胞核二倍体，依此类推。

3. 气孔大小及保卫细胞叶绿体数目鉴定

关于倍性与植株叶片气孔大小及保卫细胞叶绿体数目的关系已有许多文献报道。应用该法主要是对烟草花粉植株染色体倍性的早期快速鉴定，其结果与开花结实情况有非常高的吻合，且判定每株仅需要 1 ~ 2min。

4. 植株形态指标鉴定

花粉植株在形态上与二倍体、多倍体是有明显区别的。在整体形态上，花粉植株瘦弱、矮小，叶片和花器官小，柱头长；虽然花粉植株能开花但不能结果，花粉粒小，多败育。

4.3.3.2 花粉植株染色体加倍

单倍体植株如何加倍成为纯合的二倍体，对于将花药培养技术真正用于实际的育种工作至关重要（见图 4-3-2）。目前加倍途径主要有以下方法。

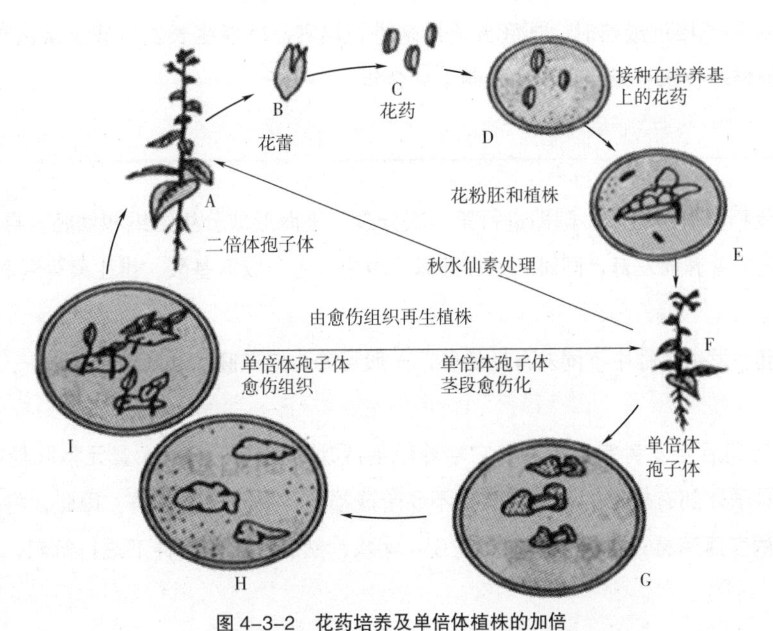

图 4-3-2　花药培养及单倍体植株的加倍

（引自 李浚明．植物组织培养教程．北京：北京农业大学出版社，2002）

1. 自然加倍

花粉植株群体中自发加倍的频率在不同植物上是不同的。自然加倍可能来源于未减数的配子，或最初几次原胚的核内有丝分裂。自然加倍的优点是不会出现核畸变。

2. 人工加倍

人工加倍的方法主要有化学诱变法，常用的是化学诱变剂有秋水仙素、对二氯苯及 8- 羟基喹啉，其中应用最广泛的诱变剂为秋水仙素。具体操作方法主要有以下 3 种。

（1）小苗浸泡。将诱导产生的幼小花粉植株从培养基中取出，在无菌条件下浸泡在一定浓度的秋水仙素溶液中，一定时间后转移到新鲜培养基上继续培养，秋水仙素溶液，过滤灭菌进行处理。如大麦使用秋水仙素的浓度为 0.01% ～ 0.05%，浸泡时间 1 ～ 5d，加倍率为 40% ～ 60%；烟草中秋水仙素的浓度为 0.2% ～ 0.4%，浸泡时间 24 ～ 96h，加倍率为 35%。

（2）茎尖处理。将秋水仙素调和到羊毛脂中，然后将羊毛脂涂在单倍体植株的顶芽或腋芽上，诱导分生组织加倍；也可使用秋水仙素水溶液，具体操作是将蘸满溶液的棉球放在顶芽或腋芽上。这两种方法均需要加盖塑料以防蒸发。

（3）培养基处理。将秋水仙素直接加入到培养基中，使培养的单倍体细胞加倍，或者使来自单倍体植株的外植体在培养过程中加倍。如在培养颠茄的单倍体细胞时，在悬浮培养基中加入 1g/L 秋水仙素，24h 后转移到不含秋水仙素的培养基，结果使 70% 的细胞二倍化。

在进行加倍处理的时候要注意，秋水仙素能使细胞的染色体数加倍，同时也是一种诱变剂，能造成染色体不稳定，容易使细胞多倍化，出现混倍体和嵌合体植株。因此，对处理的植株要经一到几个生活周期的选择，才能得到正常加倍的纯合体。

4.4　胚胎培养

植物胚胎培养是胚及胚器官（如子房、胚珠）在离体无菌条件下，使胚发育成幼苗的技术，包括幼胚培养、成熟胚培养、胚珠培养、子房培养及胚乳培养等。胚胎培养的意义是克服远缘杂种的不育性，以及在高等植物的种间和属间杂交后代胚败育，胚发育不全而不能正常萌发，因而得不到杂种种子等问题。用胚胎培养和试管受精技术就可以解决这些问题，使胚发育不全的植物获得后代，如兰花、天麻的种子成熟时，胚只有 6 ～ 7 个细胞，多数胚不能成活。如在种子接近成熟时，把胚分离出来进行培养，就能生长发育成正常植物，且缩短育种年限。在杂交育种中，应用胚培养技术可以缩短育种周期 1 ~ 2 年。

4.4.1 胚培养

植物在受精后，受精卵形成合子，随即进行第一次分裂，进而形成分生组织和幼胚，再发育成成熟胚。在这个过程，胚靠消耗胚乳的营养而发育，同时胚处在胚囊环境中，可吸收氨基酸、维生素等营养。

4.4.1.1 培养类型

离体胚培养包括胚胎发生过程中不同发育期的胚，一般可分为成熟胚和幼胚培养。

1. 成熟胚培养

成熟胚一般指子叶期后至发育完全的胚。它培养较易成功，在含有无机大量元素和糖的培养基上，就能正常生长成幼苗。由于种子外部有较厚的种皮包裹，不易造成损伤，易于进行消毒，因此，将成熟或未成熟种子用 70% 酒精进行几秒钟的表面消毒，再用无菌水冲洗 3 ~ 4 次，然后在无菌条件下进行解剖，取出胚并接种在适当的培养基上培养。

2. 幼胚培养

幼胚是指子叶期以前的幼小胚，由于幼胚培养在远缘杂交育种上有极大的利用价值，因此，其研究和应用越来越深入和广泛。随着组织培养技术的不断完善，幼胚培养技术也在进步，现在可使心形期胚或更早期的长度仅 0.1 ~ 0.2mm 的胚生长发育成植株。由于胚越小就越难培养，所以尽可能采用较大的胚进行培养。现在幼胚培养成功的有大麦、荠菜、甘蔗、甜菜及胡萝卜等。

4.4.1.2 培养过程

幼胚培养的操作方法与成熟胚培养方法基本相同，值得注意的是切取幼胚必须在高倍解剖镜下进行，操作时要特别细心，尽量取出完整的胚。在未成熟胚胎的培养中，常见有三种明显不同的生长方式：第一种是继续进行正常的胚胎发育，维持“胚性生长”；第二种是在培养后迅速萌发成幼苗，而不继续进行胚性生长，通常称为“早熟萌发”；第三种是在很多情况下，胚在培养基中能发生细胞增殖形成愈伤组织，并由此再分化形成多个胚状体或芽原基。特别是进行生长调节时，就更为如此。幼胚培养成功的关键，是提供幼胚所必需的营养和环境条件。通常存在的影响条件如下。

1. 培养基

成熟胚对培养基要求不高，而幼胚要求较高，常用的培养基有 Tukey，MS，B_5，Nitsch 培养基，其中前者适于成熟胚培养，其他适于未成熟胚和幼胚培养。幼胚需要较高的蔗糖浓度，以提供较高的渗透压，但由于幼胚在自然条件下赖以生存的是无定形的液体胚乳，并具有较高的渗透压，所以人工培养基中要创造高渗透压的条件，使它可以调节胚的生长，阻止可能渗透压的影响，并能抑制中早熟萌发中的细胞延长，以及抑制胚的萌发，避免把细胞的伸长状态转化为分裂状态。

2. 生长调节物质

不同植物的胚培养需要的生长物质不同，如 IAA 可明显促进向日葵胚的生长。IAA，K 的共同作用可促进荠菜幼胚的生长。一般认为 IAA 可使胚的长度增加，加入 BA 可提高胚的生存机会。

对荠菜胚的培养可以在一种简单的渗透压未调整的无机盐培养基中进行，用生长调节物质或增加蔗糖或主要盐类的浓度，不但可以诱导更小的胚的生长，而且还可以暗示渗透压与生长调节物质的复杂作用。显然，高渗透压的控制和生长调节物质的化学调节，应通过某种方式联系起来。另外在平衡的激素控制系统中，一种或几种成分的活性，依次被高浓度的蔗糖或高浓度盐所控制，即可通过渗透过程阻止细胞伸长。

3. 天然提取物的作用

椰乳对胚培养有一定的促进作用，如番茄胚在含有 50% 椰乳的培养基中可维持生长。另外对胡萝卜、幼小子叶阶段的离体胚培养，也有促进作用。

还有一些瓜类的胚乳提取物能促进胚生长的能力，可能是植物激素的细胞分裂物质和一些有机氮化合物作用的结果。

4. 温光条件

对于大多数植物的胚来说，温度以 25 ~ 30℃为宜，但是，早熟果树如桃的种胚，必须经过一定的低温春化阶段才能正常萌发生长，而马铃薯胚以 20℃为好。另外，光照可以促进某些植物胚的转绿，利于胚芽生长，而黑暗则利于胚根生长。因此以光暗交替培养较为有利。

5. 其他条件

在胚培养中除要求有较高的蔗糖浓度、高渗透压以外，还要求有较高浓度的氨基酸及无机盐。

4.4.2 胚乳、胚珠和子房培养

4.4.2.1 胚乳培养

胚乳是由两个单倍的极核和一个单倍的精子结合而成的 3 倍体组织。由它可获得无子结实的 3 倍体植株，进而可将它加倍成 6 倍体植株。

取授粉 4 ~ 8d 后的幼果，常规消毒后，在无菌条件下切开果实，取出种子，小心分离出胚乳。接种在培养基上，可用 MS、White 等，加入 2，4-D 或 NAA 0.5 ~ 2.0mg/L，BA 0.1 ~ 1.0mg/L。在 25 ~ 27℃和黑暗条件或散射光下培养，约 6 ~ 10d 胚乳开始膨大，再培养形成愈伤组织。这时应转到分化培养基上培养，分化培养基可加入 0.5 ~ 3.0mg/L 的 BA 及少量的 NAA。待愈伤组织长出芽后，切下不定芽，插入生根培养基中，光下培养 10 ~ 15d，切口处可长出白色的不定根。

4.4.2.2 胚珠和子房培养

胚珠培养是将授粉的子房在无菌的条件下解剖后，取出胚珠置于培养基培养的过程。有时也把胚珠连同胎座一起取下来培养。胚珠培养可以解决像兰科植物成熟胚较小不易培养的问题。另一方面在未受精的胚珠培养中，可诱发大孢子发育成单倍体，用于单倍体育种。

对胚珠进行培养时，首先从花中取出子房进行表面消毒，然后在无菌的条件下进行解剖，取出胚珠，放在培养基上进行培养，基本培养基一般均用 Nistch 培养基，不过诸如 MS、N6 及 B5 等培养基也可采用。将胚珠培养成植株的关键是选择胚的发育时期，实验证明发育到球形胚期的胚珠较易培养成功。另外为了培养成功，可取用带胎座甚至带部分子房的胚珠进行培养。

4.5 种质资源的离体保存

种质资源又称遗传资源基因资源，包括一个物种及其近缘种的一切类型。它包括一种作物的当地的和外来的新、老品种及育种材料，近缘野生种以及通过有性杂交体细胞杂交和诱变、基因工程等所创造的新类型。

4.5.1 种质资源离体保存的意义

4.5.1.1 保持生物多样性的需要，防止资源灭绝

随着世界人口的不断增长，工业化进程的不断加快，人类消费水平无约束地提高，引起了自然资源过度开发利用；自然环境的污染和全球气候的异常，导致了植物遗传资源日益受到前所未有的威胁，特别是现代农业的高速发展，优良品种的推广，种植品种日渐单一化，使得植物遗传基础越来越窄，导致遗传资源灭绝。

4.5.1.2 育种工作的基础，节省大量人力物力，便于交流

掌握种质资源越丰富，对育种越有利，作物育种的进展和突破都与所需要的种质资源的发现、开拓和正确使

用有关，遗传多样性是物种多样性的核心，是物种进化的物质基础。

4.5.2 种质资源离体保存的方法

种质资源的保存方式有两种，即原生境保存和非原生境保存。原生境保存是将植物的遗传材料保存在它们的自然环境中。原生境保存的地方多是植物保护区，另外为农田种植保存。非原生境保存是将植物的遗传材料保存在不是它们的自然生境的地方。非原生境保存方式有植物园、种质圃、种子（质）库、试管苗库及超低温库等。具体保存方法有四种：种植保存、贮藏保存、离体保存和基因文库保存。

种质资源的离体保存是指对离体培养的小植株、器官、组织、细胞或原生质体等材料，采用限制、延缓或停止其生长的处理措施使之保存，在需要时可重新恢复其生长，并再生植株的方法。离体保存的方法通常为常温限制生长、低温保存和超低温保存三种方法。

4.5.2.1 植物种质资源的常温限制生长保存

1. 常温限制生长保存的概念

正常条件下由于材料生长很快，需经常继代，增加了工作量及费用，不适合种质资源保存。通过提高渗透压、添加生长延缓剂或抑制剂 、干燥、降低气压及改变光照条件等，限制培养物的生长，使转移继代的间隔时间延长达到保存种质的方法。

2. 常温保存的方法和原理

（1）高渗保存法。这是利用培养基的高渗透压，减少离体培养物吸收养分和水分的量，减缓生理代谢过程，从而减缓生长速度，达到抑制离体培养材料生长的种质保存方法。高渗物质常用甘露醇、蔗糖及 PEG 等。高渗保存配合低温效果更明显，如：6 ~ 10℃低温下，培养基中加 4% 甘露醇，可保存马铃薯 1 ~ 2 年，存活率最高可达 90% 以上。

（2）生长抑制剂保存法。这是在培养基中加入生长抑制剂以减缓培养材料的生长，达到长期保存种质材料的保存方法。生长延缓剂常用 ABA、青鲜素、CCC、多效唑及 B_9 等，使试管苗生长缓慢，生长健壮、叶色浓绿以及移栽成活率高。

（3）抑制生长的其他保存法。低压保存法是降低培养材料周围气压，达到抑制生长的目的，分为低气压与低氧压两种，保存原理相似。饥饿法是从培养基中减去 1 ~ 2 种营养元素，使植株缺乏相关营养而处于最小生长量。干燥保存法是减少培养材料的含水量。矿物油覆盖法是使培养材料与空气隔绝，延缓生长。低光照培养是适当减弱光照强度，缩短光照时间，进而减缓试管苗生长。

4.5.2.2 植物种质资源的低温保存

1. 低温保存的概念

低温保存是用离体培养的方式在非冻结程度的低温下（一般为 1 ~ 9℃）保存种质的方法。这种方法简单，存活率高。

2. 低温保存的方法和原理

低温使植物生长速度就会受到抑制而减慢，老化程度延缓，因而延长了继代的时间间隔而达到保存种质的目的。

4.5.2.3 植物种质资源的超低温保存

1. 种质资源超低温保存的发展概况

20 世纪 70 年代，Nag 和 Street 首先证明胡萝卜悬浮培养细胞在液氮中保存后能恢复生长。

植物超低温种质保存是指将植物的离体材料包括茎尖（芽）、分生组织、胚胎、花粉、愈伤组织、悬浮细胞及原生质体等，经过一定的方法处理后在超低温（-196℃液氮）条件下进行保存的方法。

极端低温温度下，活细胞内的物质代谢和生长活动几乎完全停止。因此，细胞、组织和器官在超低温保存过程中不会引起遗传性状的改变，也不会丢失形态发生的潜能。同时，由于超低温条件下，生物的代谢和衰老过程大大减慢，甚至完全停止，因此可以长期保存植物材料。

2. 种质资源超低温保存的原理

离体种质在液氮中几乎所有的细胞代谢活动、生长都停止，因而排除了遗传性状的变异，同时保存了细胞的活力和形态发生潜能。

低温冰冻过程中，细胞内水分结冰会直接破坏细胞结构。因此在冰冻过程中，通过避免或尽量减少其细胞内水分结冰而达到冰冻保存的目的。

（1）细胞冰冻结冰保护性脱水理论。常温下，细胞及其溶液处于渗透平衡的状态，当温度降到冰点以下时，首先是细胞外溶液部分“冻结”出冰；胞外溶液的浓度升高，破坏了细胞内外溶液的平衡，水分由胞内通过细胞膜向外渗透，细胞收缩，细胞内浓度提高；当温度不断降低时，冻结和渗透过程不断进行，这种过程称为保护性脱水。当复温时，温度升高，冻结的冰不断融化，水分由胞外向胞内渗透，使收缩的细胞膨胀，可能恢复原状。精确控制上述过程，能使细胞在降温、复温及渗透过程中不被损伤而死亡。

（2）溶液的玻璃化理论。溶液在降温时，如果没有均一晶核或晶核生长缺乏足够的时间，就首先形成过冷溶液。继续降温，均一晶核形成。如果降温速度不够快，就形成尖锐的冰晶。降温速度足够快，均一晶核很少或几乎没有形成，或均一晶核生长缺乏足够的时间，溶液就进入无定型的玻璃化状态。它是一种透明的固态，与液态相比，分子没有发生重排，因此与晶态不同，被称为玻璃态，此时的温度称为玻璃化形成温度。在玻璃化形成过程中，既没有溶液效应对细胞的损伤，也没有冰晶的形成对细胞造成的机械伤害。

（3）提高超低温冷冻保存的措施。由于植物细胞含水量比动物细胞高，冰冻保存难度大，如果直接将保存材料放入液氮中，组织和细胞由于细胞内水分结冰，引起组织和细胞死亡，因而，超低温保存的植物材料必须借助于冷冻防护剂。

冷冻防护剂防护机理：在水溶液中能强烈地结合水分子，水合作用的结果使溶液的黏稠度增加。当温度下降时，溶液冰点下降，即冰的结晶中心增长速度下降，使水的固化程度减弱。因而对于降低培养基冰点和植物组织、细胞冰点起重要作用。冷冻防护剂的使用提高了培养基渗透压，导致细胞的轻微质壁分离，相对提高了组织和细胞的抗寒力。

常用的冷冻防护剂有渗透型冷冻防护剂和非渗透型冰冻保护剂。

渗透型冷冻防护剂，多为小分子中性物质，在溶液中易结合水分子发生水合作用，使溶液黏性增加，弱化水的结晶过程，达到保护的目的，包括二甲亚砜（DMSO）、甘油、甘露醇、脯氨酸、乙二醇及丙二醇等。

非渗透型冰冻保护剂是聚合分子物质，能溶于水，但不能进入细胞，它使溶液呈过冷状态，从而起到保护作用。此类冰冻保护剂对快速、慢速冷却均有保护效果。常见的有聚乙烯吡咯烷酮、葡聚糖、聚乙二醇和羟乙基淀粉等。

3. 超低温保存的基本程序

超低温保存的基本程序为：植物材料（培养物）的选取→材料的预处理→降温冷冻及超低温保存→解冻：分快速解冻、慢速解冻→再培养→超低温保存后细胞或组织活力检测。

（1）植物材料（培养物）的选取。包括物种、基因型、器官、抗寒性、年龄及生理状态等。植物细胞培养物的生理状态是决定冻后细胞成活率的重要因素，一般指数生长期和生长延滞后期的细胞抗冻力强，存活率高。

（2）植物材料（培养物）的预处理。预处理对于调整植物离体材料的生理状态非常有效。通过预处理的植物材料，减少了细胞内自由水的含量，使细胞能经受低温胁迫，减少或避免冷冻伤害，可大大提高材料的抗冻力。

预处理包括：增加培养基糖浓度、提高渗透压及减少细胞内自由水的含量，添加诱导抗寒力的物质或冰冻保护剂，如 0.3M ~ 1.0M 蔗糖、甘露醇和山梨醇等渗透调节剂，5% ~ 10%DMSO 等冰冻保护剂。

（3）降温冷冻及超低温保存。包括传统的降温冷冻方法（快速冷冻法、慢速冷冻法、两步冷冻法、逐级冷冻法）、玻璃化保存法、包埋脱水法超低温保存和包埋玻璃化法超低温保存。

（4）解冻。超低温保存效果与化冻速度有密切关系，不同的材料应采取不同的化冻方式。液泡小、含水量少的细胞（如茎尖分生组织），可采用快速化冻的方法。液泡大、含水量多的细胞采用慢速化冻法。生长季节中的材料，一般在 37 ~ 40℃水浴中慢速化冻法比室温下慢速化冻要好，而木本植物的冬芽，在超低温保存后，必须在 0℃下进行慢速化冻。玻璃化冻存的材料在保存终止后，要求快速化冻，以防止由于次生结冰对组织细胞造成的伤害。

（5）再培养。经冻存的材料会不可避免地受到不同程度的伤害。冻存的材料一般在黑暗或弱光下培养 1 ~ 2 周，再转入正常光下培养。再培养所用的培养基一般是与保存前的相同，但有时需将大量元素或琼脂含量减半，有时则在培养基中附加一定量的 PVP、水解酪蛋白等以利于生长的恢复。

4.6 人工种子

人工种子（artificial seeds）又称合成种子或体细胞种子，指通过组织培养技术，将植物的体细胞诱导在形态上和生理上均与合子胚相似的体细胞胚，然后将它包埋于有一定营养成分和保护功能的介质中，组成便于播种的类似种子的单位。

4.6.1 人工种子的意义

人工种子是细胞工程中最年轻的一项新兴技术。最初是由英国科学家于 1978 年提出的。他认为利用体细胞胚发生的特征，把它包埋在胶囊中，可以形成具有种子的性能并直接在田间播种。这一设想引起人们极大的兴趣。20 世纪 80 年代，美国、日本、法国等国相继开展了人工种子的研究。美国加州的植物遗传公司在开展胡萝卜等多种植物的人工种子研制过程中，率先在人工种皮的研究上申请了专利（Re-denbaugh 等，1986）。瑞士、法国的一些大公司集中力量研制开发蔬菜人工种子和胚芽生产。匈牙利在马铃薯、欧洲共同体在非洲海枣研究上均获得较大进展。欧洲多个国家联合中攻关的尤利卡计划中，也把人工种子的研制作为生物技术研究的重点项目。我国从 1987 年开始研究纳入国家的高新技术发展计划（863 计划）项目，先后在胡萝卜、芹菜、黄连及苜蓿等植物的开发应用上有了阶段性成果。总之，国内外的许多科研及生产开发部门都很重视该领域的进展，皆因为其在生产和科学研究中的重要意义。

4.6.2 人工种子主要优点

人工种子的主要优点包括以下几项。

（1）其同微繁殖技术一样，培养条件可以人为控制，免遭大自然灾害性气候的不利因素，繁殖量大、快速繁殖性状优良和遗传性稳定的植物品种。

（2）大量繁殖无病毒材料，以提高植物抗性、产量和商品品质。制作人工种子时还可加入菌肥、微生物、农药，以抵抗外来病毒和微生物的浸染。

（3）对生育周期长的多年生植物（果树、观赏树木、林木），育性不良的难于有性繁殖的植物（甘薯、球根和宿根花卉、芋类等）可用人工种子技术进行繁殖；遗传性不稳定的杂交 F1 代无需等待其稳定，可用人工种子技术繁殖，性状优良者直接应用于生产。

（4）人工种子体积小，储藏运输方便。

（5）人工种子如天然种子一样，具有坚硬的种皮，适于机械化播种。

4.6.3 人工种子的结构

农业生产中使用的天然种子，一般都是由种被、胚乳和胚三部分构成。目前研制的人工种子的结构由体细胞胚（最里面是胚状体或芽）、人工种皮（有机的薄膜）及人工胚乳（包埋材料）三部构成（见图 4-6-1）。

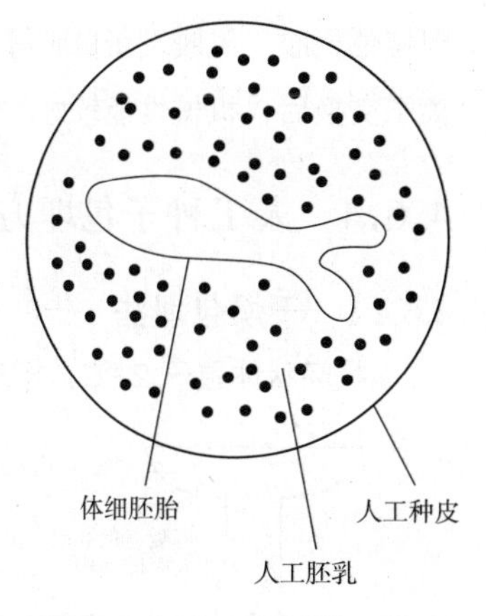

图 4-6-1　人工种子结构示意图

4.6.3.1　体细胞胚

广义的体细胞胚由组织培养中获得的体细胞即胚状体、愈伤组织、原球茎、不定芽、顶芽、腋芽及小鳞茎等繁殖体组成。

若想得到可观的胚状体，可以通过对外植体的固体培养和悬浮培养以及花药、花粉的诱导培养来获得。由于这些胚状体一般情况下都会在不同的胚胎发育时期，不符合大量制备人工种子需要，因此，诱导胚状体同步化生长是制备人工种子最为核心的问题。一般情况下可以采取以下措施。

1. 低温法

低温法是在细胞培养的早期对培养物进行适当的低温处理若干小时后，再让培养物回复到正常温度中生长，这样可使得细胞同步分裂。

2. 分离法

分离法是在悬浮培养细胞的适当时期，用一定孔径的尼龙网或钢丝筛进行离心分离，收取处于发育相同时期的胚胎细胞团，使它们进行同步正常发育。

3. 抑制剂法

在细胞培养初期加入 DNA 合成抑制剂，使细胞生长基本都停顿在 G_1 期。除去抑制剂后，细胞进入同步分裂阶段。

4. 通气法

每天在细胞悬浮的培养基中通入氮气 1 ~ 2 次，每次只要几秒或稍长时间，这样可以明显地提高有丝分裂的进程。

4.6.3.2　人工胚乳

人工胚乳是人工配制的保证胚状体生长发育需要的营养物质，一般以生成胚状体的培养基为主要成分，再根据人们的需要外加一定量的植物激素、抗生素、农药以及除草剂等物质，尽可能提供胚状体正常萌发生长所需的条件。人工胚乳研制的两条途径。

1. 直接法

凝胶囊中直接加入大量元素和碳水化合物及防病用抗生素，以保证种胚的基本营养和碳源。

2. 微型包裹法

首先将碳水化合物和大量元素包裹在微型胶囊内，然后再把微型胶囊和种胚一起包裹在褐藻酸钙（人工种皮）中，目的是使人工胚乳在人工种子内有控制地释放。

4.6.3.3　人工种皮

人工种皮是包裹在人工种子最外层的胶质化合物薄膜。这层薄膜既能允许内外气体交换畅通，又能防止人工胚乳中水分及各类营养物质的渗漏，此外还应具备一定的机械抗压力。

1. 理想的人工种皮

（1）具有一定的封闭性以保证人工胚乳的各种成分不易流失。

（2）具有良好的透气性，以保证繁殖体维持生理活性的需要。

（3）还应有一定的坚硬度，以加强人工种子的耐储运性和适于机械化操作。

（4）又要求其无毒无害，能保证繁殖体顺利穿透发芽。

2. 人工种子包裹材料的选择

胚状体的包埋，首先应选择较好的包埋剂。目前有多种，较好的胶体为：海藻酸盐、琼脂、白明胶、动物胶、阿拉伯树胶、果胶及蛋白胶等。其中最好的是海藻酸钙，具凝聚好、使用方便、无毒和价格便宜等特点。经 $CaCl_2$ 离子交换后，机械性能较好。

4.6.4 人工种子包埋方法

4.6.4.1 干燥包埋法

将胚状体置于 23℃，相对湿度为 70% ±5%，黑暗条件下逐渐干燥。然后用聚氧乙烯包裹后储藏。发现经过包埋的胚状体，重新水合后仍能发芽并生长。

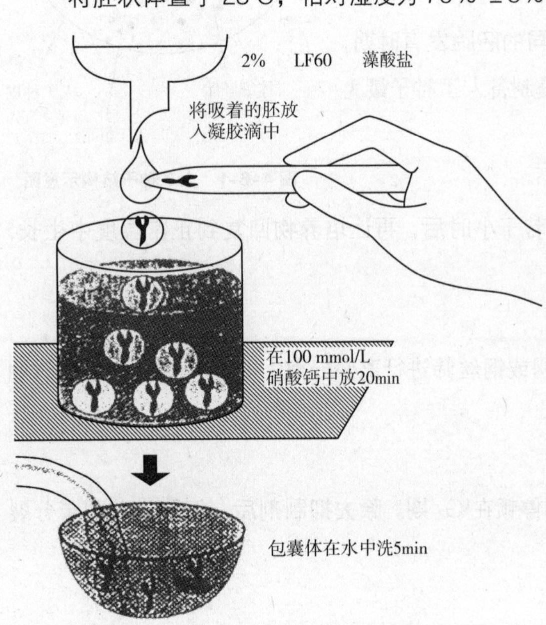

图 4-6-2 用漏斗分离器生产薄硝酸钙包被的人工种子
（引自 利容千，王明全．植物组织培养简明教程．武汉：武汉大学出版社，2004）

4.6.4.2 液胶包埋法

将胚状体悬浮在一种黏滞的流体胶中，直接插入土壤。Baker（1985）将胡萝卜体细胞与蔗糖、激素和流体胶混合，播于温室中。有 4%的胚仅活了 7d，后因干燥而死亡。

4.6.4.3 水凝胶法

用海藻酸钠等水溶性凝胶经与钙离子进行离子交换后凝固，用以生产人工单胚种子称水凝胶法（1986）。种子硬度由凝胶浓度与络合物离子交换时间决定。

海藻酸钠作包埋介质的操作程序是：将体细胞胚和 2% 海藻酸钠（W/V）混合，然后用吸管将其滴入金属盐如 100mmol 硝酸钙溶液中，由于钙与钠的离子交换，发生络合作用，在 30min 内便可形成胶囊。为大量生产人工种子，就要采用图 4-6-2 的办法，即将海藻酸钠点滴到硝酸钙溶液中时，把体细胞胚插入到点滴中。

4.6.5 人工种子基本制作流程

人工种子基本制作流程，如图 4-6-3 所示。

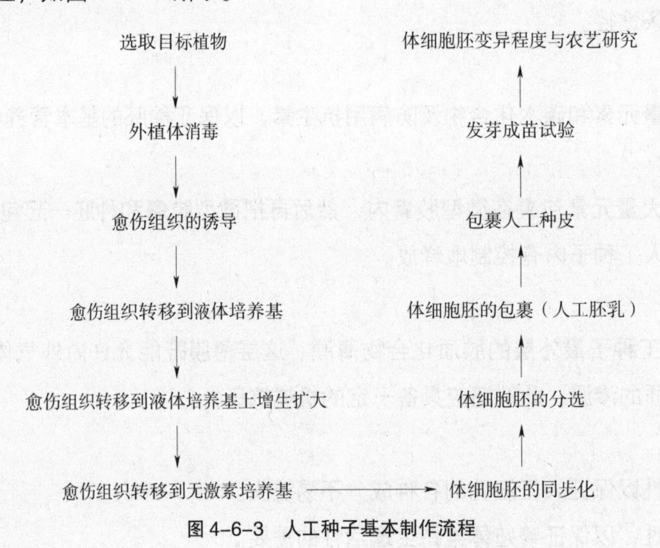

图 4-6-3 人工种子基本制作流程

4.6.6 人工种子的分类

根据包被的程度，Redenbaugh（1984）将人工种子分为以下 3 类。

第一类裸露的或休眠的繁殖体，如可以适当干燥的体细胞胚（如鸭毛草的体细胞胚）、休眠的微鳞茎和微块茎等，它们在不加包被的情况下也具有较高的成株率。

第二类为人工种皮包被的繁殖体，一些体细胞胚、原球茎等虽不能过度干燥，但只需人工种皮包被即可维持良好的发芽状态，如胡萝卜体细胞胚。

第三类是水凝胶包埋再包被人工种皮的繁殖体，大多数体细胞胚、不定芽及茎尖等均需要先包埋在半液态凝胶中，再经人工种皮包裹才能避免失水，从而维持良好的发芽能力。

4.6.7 人工种子的储藏与萌发

因农业生产的季节性所限，需要人工种子能储藏一定的时间，但人工种子含水量大，常温下易萌发，也易失水干缩，储藏难度较大。

目前人工种子的储存方法有：低温法、干燥法、抑制法及液状石蜡法等，以干燥和低温结合应用最多。人工种子放在低温（4℃）下储存有一定效果，若时间稍长，其萌发率明显降低。通过对人工种子进行脱落酸、蔗糖、葡氨酸处理，可增加储藏时间。

人工种子在一定条件下萌发和生长成完整植株成为转换（transfoemation）。1/2MS 无菌培养基、直接播种在蛭石、珍珠岩，甚至播种在土壤中，转换率既与体细胞胚质量有关又与营养和环境有关。

4.6.8 人工种子的转换试验

体细胞胚发育成植株，大致经历以下六个阶段：第一阶段是发芽；第二阶段是根系的发育；第三阶段是芽分生组织的生长与发育；第四阶段是真叶的生长；第五阶段是芽和根的连接；第六阶段是正常植株生长等。转换试验是指人工种子在一定条件下，萌发、生长、形成完整的过程。转换的方法可分为无菌条件下的转换和土壤条件下的转换。

4.6.8.1 无菌条件的转换

一般是将新制成的人工种子播种在 1/4 的 MS 培养基，附加 1.5% 麦芽糖。8g/L 的琼脂中，培养后统计人工种子形成完整植株的数目，即人工种子的转化率。转换率的高低主要取决两方面因素：一个是提高体细胞胚质量的培养基成分；另一个是改进转换的条件。如用麦芽糖代替蔗糖，有利于体细胞的萌发和转换。

4.6.8.2 土壤条件的转换

土壤条件的转换即直接播种于土壤，使转换成功。采用下两种方法。

（1）无土培养试验，目前以硬石或珍珠岩试验较多，附加低浓度无机盐，1/6 的 MS 培养基，075% 麦芽糖有利于转换。

（2）土壤试验，人工种子的土壤转化试验报道较少，苜蓿人工种子的直接土壤转化试验已达 20%，水稻不定芽研制的人工种子经适当的过渡性培养，在土壤的转化率为 10%。

4.6.8.3 人工种子转换率的主要限制因子

（1）无机盐的作用，没有硝酸钾、硫酸镁、氯化钙等盐类参与时就不会发生转换，缺乏磷酸铵，转换率从 30% 降至 5%。显然这些无机盐成分作为营养肥料是不可缺少的。

（2）0.75%（W/V）的麦芽糖有利于提高转化率。因而推测，碳源在人工种子转换中也是限制因子。为此，必须在人工种子中储藏必需的养分或供给外源营养物质。

4.6.9 人工种子的发展前景

人工种子从根本上说是植物离体快繁技术的延伸和发展。与常规离体繁殖技术相比，除了有离体繁殖所具备的优势外，在应用上还有更多潜在的优点。如可储藏、因而可周年生产；可直接播种，减少了试管苗移栽在操作和管理上的困难，可机械化操作和常规的田间管理；可长距离运输，因此可建立相对集中的大型生产企业，实现资源和技术优化。但也存在着一些如成本高、储藏难等问题。随着研究的深入，限制其在商业应用中的问题将逐步得到解决，实现其诱人的应用前景。

本章小结

植物组织培养拓展技术
- 细胞培养
  - 单细胞的分离
    - 机械分离法
    - 溶解分离法
    - 愈伤组织分离法
  - 单细胞培养方法有平板培养、君护培养、撒室培养、纸桥培养等
- 原生质体培养方法有固体培养、液体培养、固液培养三种形式
- 花药与药粉培养
  - 意义：获得单倍体验株：花粉培养为细胞培养。花药培养是器官培养
  - 花药与预处理：高低温处理、化学物质同处理、其他处理
  - 花粉培养发育时期确定：醋酸洋红染色法鉴定。一般要求单核期
- 胚胎培养包括幼胚培养、成熟胚培养、胚乳培养、子房培养及胚珠培养
- 种质资源的离体保存
  - 意义：省时、省地、省力、节省费用：不受病虫害侵染利于种质的利用与推广，以及国际间的种质交流
  - 种质资源的离体保存方法分为长期保存和中短期保存
- 人工种子的概念
  - 通过组织培养技术，将植物的体细胞诱导在形态上和生上均与合子胚相似的体细胞胚，然后将它包埋于有一定营养成分和保护功能的介质中。组成便于播种的类似种子的单位

复习思考题

1. 名词解释

植板率　单核靠边期　种质资源离体保存　人工种子

2. 填空题

（1）单细胞分离方法可选择________、________和________3种方法，其中________是细胞分离最常用的方法。

（2）悬浮培养根据培养目的分为________和________；二者主要的区别是________。

（3）原生质体的分离方法有________和________两种。

（4）由胚乳培养得到的植株，除少数是________倍体外，多数是由________细胞组成的嵌合体。

（5）离体培养的花粉粒成苗途径与花药培养相同，即有________和________成苗两条途径。

（6）鉴定杂种植株的方法有________、细胞学观察、________和________。

（7）胚胎培养包括胚培养________，________，________，________及胚珠培养。

3. 选择题

（1）不能人工诱导原生质体融合的方法是________。

A. 无机盐诱导　　B. 电融合　　C. PEG 试剂　　D. 重压

（2）下面不属于花粉分离方法的是________。

A. 剥离法　　B. 挤压法　　C. 磁搅拌法　　D. 漂浮释放法

（3）在进行花药和花粉培养时，最适宜的花粉发育时期是________。

A. 成熟花粉粒　　B. 单核花粉期　　C. 二核花粉期　　D. 三核花粉期

（4）超低温种质保存的温度为________。

A. 4℃　　B. −180℃　　C. −196℃　　D. −280℃

（5）在细胞悬浮液成批培养过程中，细胞数目会不断发生变化，其中细胞数目迅速增加，增长速率保持不变的是________。

A. 减慢期　　B. 延迟期　　C. 对数生长期　　D. 静止期

（6）人工种子包埋方法有________。

A. 土壤转换　　B. 琼脂包埋法　　C. 水凝胶法　　D. 无菌条件转换

4. 判断题

（1）原生质体培养中最可靠的碳源是生长物质。

（2）单细胞培养中选择优良细胞株常用平板培养法。

（3）花粉培养是将花粉从花药中游离出来，成为分散或游离态进行培养。

（4）机械法分离原生质体的主要缺点是原生质体的产量很低、方法繁琐费力。

（5）挤压法是植物离体培养中花粉分离的一种方法。

（6）悬浮培养属固体培养的一种。

（7）pH 值增高不利于原生质体的再生。

5. 简答题

（1）简述原生质 PEG 整合的原理。

（2）简述人工种子的制作流程。

技能 4-1　花粉分离与发育时期的检测

【要求目标】

1. 能够利用正确方法对花穗进行低温保存。

2. 能够正确区分花粉不同发育时期。

【材料与试剂】

番茄植株、番茄花粉、冰醋酸、无水乙醇、1%醋酸洋红溶液、5% 次氯酸钠及 0.3mol/L 甘露醇。

【仪器用具】

显微镜、低温冰箱、烧杯和注射器研钵等。

【方法步骤】

1. 番茄花药的选取。选取进行入盛花期番茄的花蕾、没有开口的花蕾的花穗作实验材料。

2. 固定。选取生长健壮的植株在盛花期取花穗于卡式固定液 FAA（冰醋酸：无水乙醇 = 1：3）中固定 2 ~ 3h，取出酒精冲洗 2 次。

3. 测量。在固定后的花穗上取大小不同的花蕾，用游标卡尺分别测量其花蕾、花瓣、花药和花蕾胸径的长度。

4. 镜检。用解剖刀切开，轻轻挤压出花粉，滴加 1 滴 1%醋酸洋红溶液染色 2 ~ 3min，去除花药壁等较大杂质，盖上盖玻片制成临时压片，在显微镜下观察花粉粒各个发育阶段的细胞学形态结构。

5. 观察记录。在镜检下找出单核靠边期花粉粒，并找出其与花蕾、花瓣、花药和花蕾直径的长度的相关性。

6. 花粉分离。在盛花期选取处于单核期的番茄花蕾放于密封的聚乙烯薄膜袋中，在 4℃冰箱低温保存。用 70% 酒精和 5% 次氯酸钠分别消毒 15s 和 12min，然后无菌剥离花药在有适量 0.3mol/L 甘露醇的离心管中，用镊子竖直挤压内壁游离花药，用 500 目细胞筛过滤后，经过 3 次 160r/min 离心收集。

【考核标准】

考核方案详见技能表 4-1-1。

技能表 4-1-1　　考 核 方 案

序号	考核项目	考 核 标 准	分值
1	实训态度	能够正确使用信息资源，学习积极主动，全部出席	10
2	外植体和选取	单核靠边期的花粉粒	15
3	外植体处理与灭菌	处理得当，消毒步骤规范	20
4	花粉分离与清洗	操作规范、准确、熟练	20
5	密度统计	能够细心、认真、准确记录下花粉粒	20
6	实训报告	语言表达流利，理论结合实践能力强；全面具体	15
合　计			100

【注意事项】

1. 番茄盛花期的植株要事先培育或到观光园等地采取，要用低温冰箱保鲜。

2. 用镊子挤压花药时，要注意力度的把握。

技能 4-2　花粉与花药培养

【要求目标】

能通过花粉和花药的培养获得单倍体植株及无病毒苗。

【材料与试剂】

草莓花蕾、冰醋酸、70% ~ 75% 乙醇、0.1$HgCl_2$、无菌水及 1%醋酸洋红溶液等。

【仪器用具】

光学显微镜、载玻片、盖玻片、超净工作台、手术剪、接种环、枪形镊子（15 ~ 20cm）、高压灭菌锅、电炉、低温冰箱、烧杯、广口瓶、培养皿、滤纸、纱布及脱脂棉等。

【方法步骤】

1. 配制培养基

诱导培养基配方：MS+6-BA0.5mg/L+NAA0.2mg/L+LH100mg/L+ 蔗糖 3% pH 值 5.8。

芽分化培养基配方：MS+6-BA0.5mg/L+Kt0.5mg/L+LH100mg/L+ 蔗糖 2% pH 值 5.8。

芽增殖培养基配方：MS+6-BA0.5mg/L+GA0.1mg/L+LH100mg/L+ 蔗糖 2% pH 值 5.8。

生根培养基配方：1/2MS+IBA0.1 ~ 0.2mg/L + 蔗糖 2% pH 值 5.8。

2. 材料选择

从田间采集花蕾数个，从每花蕾选取花药 1 ~ 2 枚置于载玻片上，加醋酸洋红 1 ~ 2 滴，用玻璃棒或镊子的一头压碎花药，剔除碎片，加盖玻片镜检。找到单核靠边期，记录该花蕾的大小、色泽及花瓣松动程度等，作为田间取样的标准。通常花粉单核靠边期的草莓花蕾的形态是：未开放，花萼略长于花冠或花冠刚露白，花冠白色或淡绿色且不松动，花药微黄而充实。

3. 材料预处理

将从田间采集的花蕾，用湿润纱布包好放塑料袋中，扎好袋口，置4℃左右冷藏箱中放置24 ~ 48h。

4. 材料消毒接种

在盛花期选取处于单核期的草莓花蕾放于密封的聚乙烯薄膜袋中，在4℃冰箱低温保存。用70%酒精和5%次氯酸钠分别消毒15s和12min，用无菌水冲洗3 ~ 5次。用镊子剥开花冠，取下不带花丝的花药接入诱导培养基中。培养条件为温度25 ~ 30℃，光照强度为1500 ~ 2000lx，光照10h/d。一般20d后即可诱导出米粒状白色愈伤组织，愈伤组织形成后即可转入分化培养基中，诱导再生植株。

5. 继代培养

花药培养出的草莓苗是脱毒苗，不需要病毒检测，可直接接种到继代培养基上进行扩繁，一般20 ~ 30d可继代一次。

6. 生根培养

生根过程既可在培养基上进行，又可在瓶外进行。为了获得整齐健壮的生根苗，最好将芽丛切割单个芽转接到生根培养基中生根，当苗长到4 ~ 5cm高，并有5 ~ 6条根可驯化移栽。

【考核标准】

考核方案详见技能表4-2-1。

技能表4-2-1　　考核方案

序号	考核项目	考核标准	分值
1	实训态度	能够正确使用信息资源，学习积极主动，全部出席	10
2	外植体和选取	单核靠边期的花粉粒	15
3	外植体处理与灭菌	处理得当，消毒步骤规范	20
4	污染率	操作过程中污染率≤10%	20
5	成活率	培养过程中成活率≥90%	20
6	实训报告	语言表达流利，理论结合实践能力强；全面具体	15
合计			100

【注意事项】

1. 采用花粉处于单核靠边期的花药。
2. 材料表面消毒要细心。
3. 为了提高花粉植株的诱导，应该对采集的外植体进行变温预处理。

第5章 植物组织培养实际应用技术

5.1 花卉离体繁殖技术

5.1.1 蝴蝶兰

5.1.1.1 学习目标

知识目标：掌握蝴蝶兰常见组培方法与技术。

能力目标：能够科学设计蝴蝶兰快繁方案。

能够选择合适的外植体和途径进行蝴蝶兰快速繁殖。

5.1.1.2 任务提出

蝴蝶兰为兰科多年生附生草本，其花形奇特，色彩艳丽，花期持久，素有“兰中皇后”的美誉，具有极高的观赏和经济价值，在国内外花卉市场上极受欢迎。蝴蝶兰是单茎气生兰，植株上极少发育侧枝，比其他种类的兰花更难于进行常规无性繁殖。组织培养是建立蝴蝶兰快速繁殖无性系的重要手段。

由教师提出任务，学生以组为单位查找资料制定蝴蝶兰快繁方案；然后经教师审定后，根据制定的方案和生产实际，在教师指导下各小组完成蝴蝶兰快繁任务。

5.1.1.3 教学条件要求

此项实训所需要的教学条件包括组织培养实验室和驯化炼苗室及其配套的仪器设备和器皿用具。主要包括以下几项。

仪器：超净工作台、空调机、蒸馏水发生器或纯水发生器、高压灭菌锅、低温冰箱、普通冰箱、电炉、天平及烘箱等设备。

用具：各种培养皿、分注器、育苗盘、追肥枪、喷雾器及浇灌设备等。

5.1.1.4 相关知识准备

1. 形态特征与生物学习性

蝴蝶兰属于兰科蝴蝶兰属，又称蝶兰，原产欧亚、北非、北美和中美。它虽属单茎气生兰，但却没有假珠茎，仅基部有极短的茎。叶宽而厚，长椭圆形，可达5cm以上。有的品种在叶上有美丽的淡银色斑驳，下面为紫色。花梗由叶腋中抽出，稍弯曲，长短不一，开花数朵至十多朵，形如蝴蝶，萼片长椭圆形，唇瓣先端三裂，花色繁多，可开花一个月以上。

蝴蝶兰喜欢高气温、高湿度及通风透气的环境；不耐涝，耐半阴环境，忌烈日直射，越冬温度不低于15℃。

2. 蝴蝶兰离体繁殖技术

（1）外植体的选择、消毒处理与接种。蝴蝶兰的茎尖、茎段、叶片、花梗侧芽、花梗节间及根尖等部位都已有培养成功的报道，方法各异，难度各有高低。蝴蝶兰不同外植体的成活率有差异，其中花梗侧芽的成活率最高，达75%；其次为花梗，成活率为62.5%；叶片和根尖最差，分别为12.5%和7.5%。针对不同外植体，取材方法也不同，通常取3～4节花梗节之间腋芽节位1～2cm长的幼嫩部分为较适宜的外植体。取蝴蝶兰花梗在自来水下刷洗后，剪成2～3cm长的茎段。在超净台上进行灭菌处理。先将材料浸入75%酒精浸泡30s，无菌水冲洗后，再用0.1%的升汞浸泡消毒8min，用无菌水冲洗5次，每次至少2min。然后将花梗切成带腋芽节位2cm左右长，接入初代培养基中。

(2) 初代培养。初代培养基 B_5+GA2.0mg/L+NAA0.1mg/L，培养室温度控制在（25±2）℃。接种后遮光放置 4 ~ 5d，而后每天光照 12h，2 周后花梗切口处开始膨大，产生淡绿色瘤状愈伤组织，并不断增大。

(3) 继代培养。将愈伤组织转接到继代培养基 B_5+6-BA1.0mg/L+NAA0.2mg/L 中，培养 4d 后愈伤组织表面出现绿色芽点，分化成丛生芽。

(4) 壮苗生根培养。当丛生芽长到 3 ~ 4cm、具有 4 ~ 5 片叶时，将其转移到生根培养基 1/2MS+IBA1.2mg/L +NAA0.05mg/L 中培养，10d 后切口基部开始长出白色的根状突起，25d 后，每株生根 4 条以上，生根率可达到 95%。

(5) 驯化炼苗与移栽。移栽前 5d，将试管苗转移到驯化室，2d 后将封口膜打开，使幼苗完全与空气接触，但要注意适当遮阳，避免高温和强光直接照射，3d 后即可移栽。移栽时洗除基部培养基后，将苗放在 1000 倍的多菌灵水溶液中浸泡 1 ~ 2min，插入消毒的苔藓基质中，并用薄膜覆盖保湿。保持温度 25℃，相对湿度 70% ~ 80%，移栽成活率可达 90% 以上。当新叶长出、新根伸长时，每周用 0.3% ~ 0.5% 磷酸二氢钾进行叶面施肥 1 次，成苗率可达 80% 以上。

5.1.1.5 组织实施

(1) 分组及实训方案的制定。将班级学生进行分组。以组为单位，查找资料，制定蝴蝶兰快繁实训方案，提交教师审查后定稿。

(2) 以组为单位进行实训材料、试剂与仪器准备。材料挑选生长健壮蝴蝶兰幼苗移植到花盆中，培养 4 ~ 6 周。准备所需要的试剂与仪器并配制所需要培养基。

(3) 在教师指导下各小组根据制定的实训方案对蝴蝶兰进行快繁；观察愈伤组织生长分化情况，统计芽分化率和增殖系数、增殖周期、生根率及移栽成活率。

(4) 各小组对蝴蝶兰离体快繁中出现的问题进行总结，并互相检查。

(5) 教师对各小组任务完成情况进行讲评，对整个过程的安排提出合理化建议，解答学生对本次任务的疑问。

5.1.1.6 评价与考核

评价与考核，详见表 5-1-1。

表 5-1-1 考 核 方 案

序号	考核项目	考 核 内 容	成绩比例（%）
1	平时表现	（1）考勤、卫生、团结协作。 （2）具备无菌意识。 （3）具有良好规范的行为习惯	20
2	过程操作	（1）蝴蝶兰外植体选择与处理合理。 （2）外植体大小合适，接种迅速、方法正确。 （3）蝴蝶兰增殖途径选择正确，材料切割大小合适。 （4）材料消毒、接种操作熟练、规范	40
3	实训报告	（1）报告书写格式正确、字迹工整、内容充实。 （2）客观分析了实训成败的原因及困难解决的方法	20
4	实训效果评价	（1）每人提交继代增殖瓶苗 10 瓶。 （2）污染率≤ 10%，出愈率≥ 70%，芽分化率≥ 80%，增殖系数≥ 4，生根率≥ 90%，移栽成活率≥ 90%	20
合 计			100

5.1.1.7 注意事项

(1) 蝴蝶兰盆苗要提前准备。

(2) 接种外植体长 2cm 左右，且一定带有腋芽节。

(3) 每组每人的材料一定按照流程做好标记，以备进行及时清查。

第5章 植物组织培养实际应用技术

5.1.2 百合

5.1.2.1 学习目标

知识目标：掌握百合组织培养方法与技术。

能力目标：能够科学设计百合离体快繁方案。

能够选择合适的外植体和途径进行百合离体快速繁殖。

5.1.2.2 任务提出

百合常规繁殖方法主要是分植小鳞茎，子球需栽植一年开花；若为大球，则当年开花，但都数量有限。有些品种可用鳞片扦插繁殖，两年开花，但往往在生产中容易腐烂而难以使用。杂交育种则需要播种繁殖栽植五年才开花。同时由于百合长期进行营养繁殖造成病毒的长年累积影响品质和产量。所以需要采用茎尖培养方法去除病毒，生产优质种球。因此，组织培养在百合的引种栽培、优良品种快速繁殖、除病毒复壮以及新品种培育等方面，都发挥极大的作用。

由教师提出任务，学生以组为单位查找资料制定百合离体繁殖方案；然后经教师审定后，根据制定的方案和生产实际，在教师指导下各小组完成百合离体快速繁殖任务。

5.1.2.3 教学条件要求

此项实训所需要的教学条件包括组织培养实验室和驯化炼苗室及其配套的仪器设备和器皿用具。主要包括以下几项。

仪器：超净工作台、空调机、蒸馏水发生器或纯水发生器、高压灭菌锅、低温冰箱、普通冰箱、电炉、天平及烘箱等设备。

用具：各种培养皿、分注器、育苗盘、追肥枪、喷雾器及浇灌设备等。

5.1.2.4 相关知识准备

1. 形态特征与生物学习性

百合是百合科（*Liliaceae*）百合属植物的统称，为多年生的草本植物。鳞茎无皮，广卵形，直径 5 ~ 8cm，白色或黄白色，茎高 30 ~ 90cm，直立，叶多而散生，披针形，叶色从浓绿到淡绿色，光滑。花单生或数花横向着生茎顶，花朵呈喇叭状、筒状，有清香。花被先端外卷，花被筒深处淡绿色。

百合属于球根花卉，要求肥沃、疏松和排水良好的沙壤土，以有利于鳞茎发育膨大。百合一般喜微酸性土壤，土壤 pH 值在 5.5 ~ 6.5 最为适宜。其生长的最适温度为 15 ~ 25℃，温度低于 10℃，百合生长缓慢，甚至停滞。百合生长要求湿润，怕干燥。同时在生长过程中，喜柔和光照和半阴，也能忍受短时间强光照。但长期阴雨、光照不足，植株易徒长，会引起花蕾脱落，开花数减少，“盲花”增多，花朵色彩暗淡，影响切花质量。

2. 百合离体繁殖技术

百合的组织培养繁殖自 20 世纪 70 年代后期开始，日本人以叶片为外植体诱导出大花卷丹的小植株，我国于 80 年代初由兰州百合的花药、花丝等培育出完整小植株。80 年代以后，培养除去病毒的百合种苗和通过胚培养获得远缘杂交的新品种。

（1）外植体的选取、灭菌和接种。百合的很多器官、组织都可以作为外植体，如鳞片、叶片、子房、种子、花梗、花托、花瓣、花柱、花药及胚等。为加快百合组培苗繁育的进程，降低技术操作难度，一般选用百合鳞茎片作为外植体。将百合鳞茎除掉霉腐烂及外层鳞片后，用自来水冲洗干净，放入冰箱 4℃低温处理 24h，以降低百合鳞茎的含毒率。然后在超净工作台上用 75％酒精浸泡 30s，无菌水冲洗后，再用 0.1％的升汞溶液（附加吐温 80）浸泡消毒 15min，无菌水冲洗 5 次，用解剖刀将鳞片横切成 5cm × 5cm 的小块，凹面向上接种在诱导培养基上。

（2）初代培养。接种后的 2 周后，在鳞片切块边缘上有淡黄色的不定芽原基，呈环状突起即小鳞茎，多数每块上一般 2 ~ 4 个，这些不定芽原基继续生长 2 ~ 3 周后，可形成中间抽出绿色的白色小鳞茎，有的在小鳞茎基部发生一些粗壮的根，形成完整的小植株。百合鳞片培养一般用 MS 培养基作为基本诱导培养基，附加植物生长调节剂 NAA0.1 ~ 1.0mg/L、BA0.1 ~ 1.0mg/L。培养温度为 22 ~ 25℃，日照 10 ~ 12h，光强 1200 ~ 3000lx。

（3）继代培养。将小鳞茎或不定芽转接到增殖培养基中进行继代培养，继代培养基 MS+NAA0.3 ~ 0.5mg/L+BA1.0mg/L，培养条件同上。2 周后，小鳞茎和不定芽分化出许多大小不等的鳞茎。

（4）生根培养。将生长健壮的百合鳞茎苗分成单株，去除基部的愈伤组织后接种于生根培养基，生根培养基 MS+NAA0.3 ~ 0.5mg/L 或 1/2MS+IBA0.2 ~ 0.5mg/L。待根长到 1 ~ 2cm 时，即可驯化移栽。

（5）驯化与移栽。在试管苗移栽前，放在 4 ~ 10℃低温条件下驯化锻炼 2 ~ 3 周，这样移栽后的幼苗生长更加健壮。移栽幼苗最好用消毒的腐殖土或泥炭土加蛭石的混合基质。保持移栽温度 20 ~ 25℃。同时，移栽后注意湿度管理，相对湿度控制在 80% ~ 90%。还要防止烈日曝晒，后期幼苗不宜浇水过多，并及时喷洒药剂预防病虫危害。成活率可达到 90%以上。

5.1.2.5 组织实施

（1）分组及实训方案的制定。将班级学生进行组合分组。以组为单位，查找资料，制定百合鳞茎离体快繁实训方案，提交教师审查后定稿。

（2）以组为单位进行实训材料、试剂与仪器准备。材料准备新鲜的百合鳞茎。准备所需要的试剂与仪器并配制需要培养基。

（3）在教师指导下各小组根据制定的实训方案对百合鳞茎片进行离体快繁；观察小鳞茎或芽生长分化情况，统计小鳞茎或芽分化率和增殖系数、增殖周期、生根率及移栽成活率。

（4）各小组对百合鳞茎离体快繁中出现的问题进行总结，并互相检查。

（5）教师对各小组任务完成情况进行讲评，对整个过程的安排提出合理化建议，解答学生对本次任务的疑问。

5.1.2.6 评价与考核

评价与考核，详见表 5-1-2。

表 5-1-2 考核方案

序号	考核项目	考核内容	成绩比例（%）
1	平时表现	考勤、卫生、团结协作；具备无菌意识、具有良好规范的行为习惯	10
2	过程操作	（1）百合鳞茎外植体选择与处理是否合理。 （2）外植体大小合适，接种迅速、方法正确。 （3）百合鳞茎增殖途径选择正确，增殖、生根材料切割大小合适。 （4）材料消毒、接种操作熟练、规范	40
3	实训报告	（1）报告书写格式正确、字迹工整、内容充实。 （2）客观分析了实训成败的原因及困难解决的方法	20
4	实训效果评价	（1）每人提交继代瓶苗 10 瓶。 （2）污染率≤ 10%，鳞茎（芽）分化率≥ 80%，增殖系数≥ 4，生根率≥ 85%，移栽成活率≥ 90%	30
合计			100

5.1.2.7 注意事项

（1）百合鳞茎材料要新鲜，且消毒要彻底。

（2）注意鳞片接种的极性。

（3）夏季驯化炼苗时，当阳光过于强烈时，一定要遮阴，并每天洒水两次，以降低蒸腾作用。

5.1.3 香石竹

5.1.3.1 学习目标

知识目标：掌握香石竹离体繁殖方法与技术。

能力目标：能够科学设计香石竹离体繁殖方案。

能够选择合适的外植体和途径进行香石竹离体快速繁殖。

5.1.3.2 任务提出

香石竹，花色艳丽，开花时间长，装饰效果好，是世界上最畅销的切花之一。由于病毒侵害，常使植株矮化，花朵变小，花色产生斑点，退色甚至不开花，影响切花产量和质量。通过茎尖分生组织培养，能够获得“无病毒”的健康植株，并通过组织培养的方法快速繁殖，在短期内，就可以获得大量的脱毒试管苗，迅速在生产上推广应用，取得更好的经济效益。

由教师提出任务，学生以组为单位查找资料制定香石竹离体快速繁殖方案；然后经教师审定后，根据制定的方案和生产实际，在教师指导下各小组完成离体快繁任务。

5.1.3.3 教学条件要求

此项实训所需要的教学条件包括组织培养实验室和驯化炼苗室及其配套的仪器设备和器皿用具。主要包括以下几项。

仪器：超净工作台、空调机、蒸馏水发生器或纯水发生器、高压灭菌锅、低温冰箱、解剖镜、普通冰箱、电炉、天平及烘箱等设备。

用具：各种培养皿、解剖针、分注器、育苗盘、追肥枪、喷雾器、防虫网及浇灌设备等。

5.1.3.4 相关知识准备

1. 形态特征与生物学习性

香石竹（*Dianthus caryophyllus*）即康乃馨，又名狮头石竹、麝香石竹、大花石竹及荷兰石竹，为石竹科、石竹属植物多年生宿根花卉，分布于欧洲温带以及中国的福建、湖北等地，原产于地中海地区，是目前世界上应用最普遍的花卉之一。茎丛生，质坚硬，灰绿色，节膨大，高度约 50cm。叶厚线形，对生。花大，具芳香，单生、2 ~ 3 朵簇生或成聚伞花序；萼筒绿色，五裂；花瓣不规则，边缘有齿，单瓣或重瓣，有红色、粉色、黄色及白色等色。

香石竹喜阴凉干燥，阳光充足与通风良好的生态环境。耐寒性好，耐热性较差，最适生长温度 14 ~ 21℃，温度超过 27℃或低于 14℃时，植株生长缓慢。宜栽植于富含腐殖质、排水良好的石灰质土壤，喜肥。花期 4 ~ 9 月，保护地栽培四季开花。

2. 香石竹离体快繁技术

（1）外植体的选取、灭菌和接种。香石竹的叶片、腋芽、茎尖等都适宜作离体快繁的外植体，但要脱去病毒，只能用茎尖作外植体。选取无病虫害、叶色浓绿的香石竹叶腋间生出的腋芽为外植体，自来水冲洗 0.5h，75%的酒精消毒 30s，再用 2.5%次氯酸钙或次氯酸钠溶液消毒 15min，取出后用无菌水漂洗 4 ~ 5 次，无菌滤纸吸去多余水分。在 10 ~ 40 倍双筒解剖镜下层层剥离腋芽叶片使芽体暴露，再用解剖针剥掉幼叶，直至只剩下 2 个最幼小的叶原基。用刀片切下茎尖（0.3mm）接种到诱导培养基上。

（2）初代培养。茎尖接种到诱导培养基上培养 10d 左右的培养，大部分茎尖开始萌动、长大转绿并逐渐长叶。诱导培养基为 MS + 6-BA 1.0mg/L+KT1.0mg/L+NAA0.5mg/L 或 MS+6-BA0.5-1.0mg/L+NAA0.2mg/L。培养条件为温度 23 ~ 25℃，光照 16h/d，光强 2000lx。

（3）继代培养。取接种 3 ~ 4 周的茎尖，转接到继代培养基中，经过 25 ~ 30d 的培养可以分化 3 ~ 4 个不定芽。再将鉴定无毒的不定芽 2 ~ 3 芽丛继续转接到继代培养基上分化培养就可得到大量香石竹无毒试管苗。

（4）生根培养。当分化出的不定芽长达 2 ~ 3cm 时，单芽取下转接到生根培养基中培养，15d 左右开始长根，培养 40d 左右根长达 1 ~ 3cm，生根率达 95%。

（5）驯化炼苗与移栽。将根长 1 ~ 2cm 的香石竹试管苗移入驯化室培养 4 ~ 5d，打开瓶盖继续炼苗 2 ~ 3d。移栽基质采用消毒的珍珠岩：糠灰 =2 ∶ 1。移苗后即覆盖薄膜保湿，1 周后逐步揭膜通风并每天定时喷水保湿。炼苗 2 周后，每周喷一次营养液促进小苗生长，提高大田成活率。

5.1.3.5 组织实施

（1）分组及实训方案的制定。将班级学生进行组合分组。以组为单位，查找资料，制定香石竹离体快繁实训方案，提交教师审查后定稿。

（2）以组为单位进行实训材料、试剂与仪器准备。材料准备生长健壮的香石竹盆苗室内培养 3 ~ 4 周。准备所需要的试剂与仪器并配制培养基。

（3）在教师指导下各小组根据制定的实训方案对香石竹进行离体快繁；观察茎尖生长分化情况，统计芽分化率和增殖系数、增殖周期、生根率及移栽成活率。

（4）各小组对香石竹离体快繁中出现的问题进行总结，并互相检查。

（5）教师对各小组任务完成情况进行讲评，对整个过程的安排提出合理化建议，解答学生对本次任务的疑问。

5.1.3.6 评价与考核

评价与考核，详见表 5-1-3。

表 5-1-3　　考 核 方 案

序号	考核项目	考 核 内 容	成绩比例（%）
1	平时表现	考勤、卫生、团结协作；具备无菌意识、具有良好规范的行为习惯	20
2	过程操作	（1）香石竹外植体选择与处理是否合理。 （2）茎尖剥离熟练正确，大小合适，接种迅速、方法正确。 （3）香石竹增殖途径选择正确，增殖、生根材料切割大小合适。 （4）驯化移栽熟练、正确，管理适当	40
3	实训报告	（1）报告书写格式正确、字迹工整、内容充实。 （2）客观分析了实训成败的原因及困难解决的方法	20
4	实训效果评价	（1）每组提交香石竹继代培养瓶苗 10 瓶。 （2）污染率≤ 10%，茎尖分化率≥ 80%，增殖系数≥ 4，生根率≥ 90%，移栽成活率≥ 85%	20
合　　计			100

5.1.3.7 注意事项

（1）材料最好取香石竹在室内培养新长出的腋芽。

（2）茎尖剥离大小合适（0.3mm），接种要迅速，并且不能损伤茎尖。

（3）每组每人的材料一定按照流程做好标记，以备进行脱毒鉴定，及时清查脱毒原原种。

5.1.4 菊花

5.1.4.1 学习目标

知识目标：掌握菊花离体繁殖方法与技术。

能力目标：能够科学设计菊花离体繁殖方案。

能够选择合适的外植体和途径进行菊花离体快速繁殖。

5.1.4.2 任务提出

菊花（*Flos Chrysanthemi*）原产我国，已有 3000 多年历史，是我国栽培历史上最悠久的传统名花之一。切花菊作为当今国际花卉市场上的五大切花之一，其色彩清丽、姿态高雅及香气宜人等特点，深受广大群众喜爱，应用相当广泛，销售量在切花生产中居首位，年产量约占切花总量的 1/3 左右。用常规的繁殖方法无法满足人们生活的需求，于是人们将生产目光投向了植物组织培养技术。

由教师提出任务，学生以组为单位查找资料制定菊花离体快速繁殖方案；然后经教师审定后，根据制定的方案和生产实际，在教师指导下各小组完成离体快繁任务。

5.1.4.3 教学条件要求

此项实训所需要的教学条件包括组织培养实验室和驯化炼苗室及其配套的仪器设备和器皿用具。主要包括以下几项。

仪器：超净工作台、空调机、蒸馏水发生器或纯水发生器、高压灭菌锅、低温冰箱、解剖镜、普通冰箱、电炉、天平及烘箱等设备。

用具：各种培养皿、解剖针、分注器、育苗盘、追肥枪、喷雾器、防虫网及浇灌设备等。

5.1.4.4 相关知识准备

1. 形态特征与生物学习性

菊花为多年生草本花卉，茎直立，粗壮，多分枝，上被灰色柔毛，呈棱状，半木质化；叶形大，互生，呈绿色至浓绿色，表面较粗糙，中背有绒毛，叶表有腺毛，能分泌一种特殊的菊叶香气；头状花序，单生或数朵聚生，花序形状、颜色及大小变化很大；种子为极细小瘦果。菊花适应性强，喜凉，较耐寒，生长适温 18 ~ 21℃，喜充足阳光，稍耐阴，忌积涝，喜地势高燥、土层深厚、富含腐殖质、疏松肥沃及排水良好的砂壤土。

2. 菊花离体快繁技术

（1）外植体的选取、灭菌和接种。菊花的叶片、腋芽、茎尖等都适宜作离体快繁的外植体，但要脱去病毒，只能用茎尖作外植体。选取无病虫害、叶色浓绿的菊花叶腋间生出的腋芽为外植体，自来水冲洗 0.5h，75% 的酒精消毒 30s，用无菌水冲洗 3 遍，再用 0.1% 氯化汞溶液浸泡 10min，取出后用无菌水漂洗 5 次，最后用无菌滤纸吸去多余水分。在 10 ~ 40 倍双筒解剖镜下层层剥离嫩叶，再用解剖针剥掉幼叶，直至 1 个幼小的生长锥。用刀片切下茎尖（0.3mm）接种到诱导培养基上。

（2）初代培养。茎尖接种到诱导培养基上培养 10d 左右的培养，大部分茎尖开始萌动、长大转绿并逐渐长叶。诱导培养基为 MS + 6-BA1.0mg/L +NAA0.2mg/L，培养条件为温度 23 ~ 25℃，光照 16h/d，光强 2000lx。

（3）继代培养。取接种 3 ~ 4 周的茎尖，转接到继代培养基中，经过 25 ~ 30d 的培养可以分化 5 ~ 6 个不定芽。再将鉴定无毒的不定芽分成 2 ~ 3 芽丛继续转接到继代培养基上分化培养就可得到大量菊花无毒试管苗。

（4）生根培养。当分化出的不定芽长达 2 ~ 3cm 时，单芽取下转接到生根培养基中培养，15d 左右开始长根，培养 10d 左右根长达 1 ~ 3cm，生根率达 95%．

（5）驯化炼苗与移栽。将根长 1 ~ 2cm 的菊花试管苗移入驯化室培养 4 ~ 5d，打开瓶盖继续炼苗 2 ~ 3d。移栽基质采用消毒的珍珠岩：糠灰 =2 ： 1。移苗后即覆盖薄膜保湿，1 周后逐步揭膜通风并每天定时喷水保湿。炼苗 2 周后，每周喷一次营养液促进小苗生长，提高大田成活率。

5.1.4.5 组织实施

（1）分组及实训方案的制定。将班级学生进行组合分组。以组为单位，查找资料，制定香石竹离体快繁实训方案，提交教师审查后定稿。

（2）以组为单位进行实训材料、试剂与仪器准备。材料准备生长健壮的菊花盆苗室内培养 3 ~ 4 周。准备所需要的试剂与仪器并配制培养基。

（3）在教师指导下各小组根据制定的实训方案对菊花进行离体快繁；观察茎尖生长分化情况，统计芽分化率和增殖系数、增殖周期、生根率及移栽成活率。

（4）各小组对菊花离体快繁中出现的问题进行总结，并互相检查。

（5）教师对各小组任务完成情况进行讲评，对整个过程的安排提出合理化建议，解答学生对本次任务的疑问。

5.1.4.6 评价与考核

评价与考核，详见表 5-1-4。

表 5-1-4　　考 核 方 案

序号	考核项目	考 核 内 容	成绩比例（%）
1	平时表现	考勤、卫生、团结协作；具备无菌意识、具有良好规范的行为习惯	20
2	过程操作	（1）菊花外植体选择与处理是否合理。 （2）茎尖剥离熟练正确，大小合适，接种迅速、方法正确。 （3）菊花增殖途径选择正确，增殖、生根材料切割大小合适。 （4）驯化移栽熟练、正确，管理适当	40
3	实训报告	（1）报告书写格式正确、字迹工整、内容充实。 （2）客观分析了实训成败的原因及困难解决的方法	20
4	实训效果评价	（1）每组提交菊花继代培养瓶苗 10 瓶。 （2）污染率≤ 10%，茎尖分化率≥ 80%，增殖系数≥ 4，生根率≥ 90%，移栽成活率≥ 85%	20
	合　计		100

5.1.4.7　注意事项

（1）材料最好取菊花在室内培养新长出的腋芽。

（2）茎尖剥离大小合适（0.2 ~ 0.3mm），接种要迅速，并且不能损伤茎尖。

（3）每组每人的材料一定按照流程做好标记，以待脱毒鉴定。

5.2　树木离体繁殖技术

5.2.1　毛白杨

5.2.1.1　学习目标

知识目标：掌握毛白杨离体繁殖方法与技术。

能力目标：能够科学设计毛白杨离体繁殖方案。

能够选择合适的外植体和途径进行毛白杨离体快速繁殖。

5.2.1.2　任务提出

毛白杨是我国的特有树种，插枝繁殖成活率低。如采用嫁接、压条或埋棵等手段进行无性繁殖，不仅用材多，费工费时而且成活率低，繁殖系数不大。20 世纪 80 年代初，我国学者首次解决了毛白杨试管快繁问题。目前，毛白杨的试管快繁技术已在造林育苗的生产实践中推广应用。

由教师提出任务，学生以组为单位查找资料制定毛白杨离体快速繁殖方案；然后经教师审定后，根据制定的方案和生产实际，在教师指导下各小组完成离体快繁任务。

5.2.1.3　教学条件要求

此项实训所需要的教学条件包括组织培养实验室和驯化炼苗室及其配套的仪器设备和器皿用具。主要包括以下几项。

仪器：超净工作台、空调机、蒸馏水发生器或纯水发生器、高压灭菌锅、低温冰箱、解剖镜、普通冰箱、电炉、天平及烘箱等设备。

用具：各种培养皿、分注器、育苗盘、追肥枪、喷雾器及浇灌设备等。

5.2.1.4　相关知识准备

1. 形态特征与生物学习性

毛白杨为 3 种杨柳科（*Salicaceae*）杨属（*Populus*）植物的通称，原产北半球。落叶乔木，树干通直，高达 40m，胸径 1m 以上。树皮灰白色或灰绿色，皮孔菱形，老树干基部灰褐色或黑褐色，纵裂。短枝叶三角状卵形、卵圆形及近圆形，先端短尖或钝尖，基部心形或截形，边缘具波状缺刻或粗锯齿，叶柄侧扁，有时具腺体。长枝叶三角状心形或近圆形，边缘具不规则缺刻或粗锯齿，叶柄基部近圆形，有毛，通常具腺体。幼叶、嫩枝密被白绒毛，后逐渐脱落。雌雄异株，蒴果圆锥形或扁卵形。花期3月，蒴果成熟期为4月上中旬至5月上中旬。

毛白杨为强阳性树种。喜凉爽湿润气候，在暖热多雨的气候下易受病害。对土壤要求不严，喜深厚肥沃、沙壤土，不耐过度干旱、瘠薄，稍耐碱。大树耐湿，耐烟尘，抗污染。深根性，根系发达，萌芽力强，生长较快，寿命是杨属中最长的树种，长达200年。

2. 毛白杨的离体繁殖技术

（1）外植体选择、灭菌与接种。毛白杨离体繁殖一般采用休眠芽作外植体。取当年形成的直径为5mm左右的枝条，用解剖刀切成长度为1.5～2.0cm的节段，每个节带一个休眠芽。将切段先用自来水冲洗干净，再用70%酒精消毒约30s，用无菌水冲洗一遍，然后再用5%次氯酸钠溶液消毒10～15min，最后用无菌水冲洗3～4次。用无菌干滤纸吸取残留水分，在解剖镜下于超净工作台上削取长2mm左右，带有2～3个幼叶的茎尖，接种到只装有少量（几毫升）培养基的锥形瓶或试管中进行预培养。

（2）初代培养。预培养所用培养基的成分为MS+BA0.5mg/L+水解乳蛋白100mg/L，培养室温度25～27℃，日光灯连续照光，光照度为1000lx左右。经5～6d预培养后，选择没有污染的茎尖再转接到正式的诱导分化的培养基MS+BA0.5mg/L+NAA0.02mg/L+赖氨酸100mg/L上，用2%果糖替代蔗糖。经2～3个月培养，部分茎尖即可分化出芽。

（3）继代生根培养。继代增殖培养有两种方法。

1）茎切段生芽扩大繁殖法。将由初代培养诱导出的幼芽从基部切下，转接到新配制的生根培养基上。生根培养基为MS，补加IBA0.25mg/L，盐酸硫胺素浓度提高到10mg/L，蔗糖浓度为1.5%。经一个月左右培养，即可长成带有6～7个叶片的完整小植株。选择其中一株健壮小苗进行切断繁殖，以建立无性系。顶端带2～3片叶，以下各段只带一片叶，转接到生根培养基上。6～7d后可见到有根长出，10d后，根长可达1～1.5cm。待腋芽萌发并伸长至带有6～7片叶时，又可再次切断繁殖。如此反复循环，即可获得大批的试管苗。此后，每次切段时将顶端留作再次扩大繁殖使用，下部各段生根后则可移栽。如果按每个切段经培养一个半月，长成的小植株可再切成5段计算，每株苗每年可繁殖6万株左右。

2）叶切块生芽扩大繁殖法。先用茎切段法繁殖一定数量的带有6～7个叶片的小植株，截取带有2～3个展开叶的顶段仍接种到上述切段生根培养基上，作为以后获得叶外植体的来源。其余每片叶从基部中脉处切取1～1.5cm^{2}并带有约0.5cm长叶柄的叶切块，转接到新配置的诱导培养基上，培养基成分为MS+IAA0.25mg/L+3%蔗糖+7%琼脂。转接时，注意使叶切块背面与培养基接触。约经10d培养，即可从叶柄的切口处观察到有芽出现，之后逐渐增多成簇。每个叶切块可得20余个丛芽。将这些丛生芽切下，转接到新配置的与茎切段繁殖法相同的生根培养基上，经10d培养，根的长度可达1～1.5cm，此时即可移栽。如果某些丛芽转接时太小，也可继续培养一段时间。利用叶切块生芽法扩大繁殖比用茎切段生芽法扩大繁殖有更高的繁殖速度。如果每株毛白杨试管苗可取5个叶外植体，由这5个叶外植体至少可得到50多株由不定芽长成的小苗（除去太小的芽），以后又可如此反复循环切割与培养。其繁殖速度至少比茎切段生芽繁殖法提高十多倍。

（4）驯化移栽与移栽。将生根苗移至驯化室，打开瓶口炼苗，逐渐降低湿度，并逐渐增强光度，进行驯化，使新叶逐渐形成蜡质，产生表皮毛，逐渐恢复气孔功能，减少水分散失。初始光照应为日光的1/10，每3d增加10%，经过10～30d炼苗即可移入大田。湿度，开始3d饱和湿度，其后每2～3d降低5%～8%，直到与大气相同。

5.2.1.5 组织实施

（1）分组及实训方案的制定。将班级学生进行组合分组。以组为单位，查找资料，制定毛白杨离体快繁实训方案，提交教师审查后定稿。

（2）以组为单位进行实训材料、试剂与仪器准备材料取当年生直径5mm左右枝条。准备所需要的试剂与仪器，配制培养基。

（3）在教师指导下各小组根据制定的实训方案对毛白杨进行离体快繁；观察茎尖生长分化情况，统计分化率和增殖系数、增殖周期、生根率及移栽成活率。

（4）各小组对毛白杨离体快繁中出现的问题进行总结，并互相检查。

（5）教师对各小组任务完成情况进行讲评，对整个过程的安排提出合理化建议，解答学生对本次任务的疑问。

5.2.1.6 评价与考核

评价与考核，详见表 5-2-1。

表 5-2-1 考核方案

序号	考核项目	考核内容	成绩比例（%）
1	平时表现	考勤、卫生、团结协作；具备无菌意识、具有良好规范的行为习惯	10
2	过程操作	（1）毛白杨外植体选择与处理是否合理。 （2）茎尖剥离熟练正确，大小合适，接种迅速、方法正确。 （3）毛白杨增殖途径选择正确，增殖、生根材料切割大小合适。 （4）驯化移栽熟练、正确，管理适当	40
3	实训报告	（1）报告书写格式正确、字迹工整、内容充实。 （2）客观分析了实训成败的原因及困难解决的方法	20
4	实训效果评价	（1）每组提交毛白杨生根瓶苗 10 瓶。 （2）污染率≤ 10%，茎尖分化率≥ 80%，增殖系数≥ 5，生根率≥ 90%，移栽成活率≥ 85%	30
合计			100

5.2.1.7 注意事项

（1）选材最好取当年生枝条上生长的休眠芽。

（2）茎尖剥离大小合适（2mm），接种要迅速，并且不能损伤茎尖。

（3）操作规范，观察记载认真、翔实。

5.2.2 红叶石楠

5.2.2.1 学习目标

知识目标：掌握红叶石楠离体繁殖方法与技术。

能力目标：能够科学设计红叶石楠离体快繁方案。

能够选择合适的外植体和途径进行红叶石楠离体快速繁殖。

5.2.2.2 任务提出

红叶石楠是近年来我国引进的珍贵彩叶园林植物。新叶鲜红亮丽，耐修剪，萌芽力强，株型紧凑，可常年保持鲜红色。红叶石楠生长迅速，适生范围广，喜阳且耐酸、耐盐碱、耐旱、耐寒和耐瘠薄，我国黄河以南大部分地区都可栽植。其用途广泛，作绿篱、绿墙、造型树及孤植效果均佳。我国红叶石楠引自国外，资源稀少，常规扦插繁殖速度慢，效率低，无法满足市场的需要。因此，通过植物组织培养繁殖方法可以生产大量的苗木。

由教师提出任务，学生以组为单位查找资料制定红叶石楠离体繁殖方案；然后经教师审定后，根据制定的方案和生产实际，在教师指导下各小组完成离体繁殖任务。

5.2.2.3 教学条件要求

此项实训所需要的教学条件包括组织培养实验室和驯化炼苗室及其配套的仪器设备和器皿用具。主要包括以下几项。

仪器：超净工作台、空调机、蒸馏水发生器或纯水发生器、高压灭菌锅、低温冰箱、普通冰箱、电炉、天平及烘箱等设备。

用具：各种培养皿、分注器、育苗盘、追肥枪、喷雾器及浇灌设备等。

5.2.2.4 相关知识准备

1. 形态特征与生物学习性

红叶石楠（*Photinia serrulata*）是蔷薇科石楠属杂交种的统称，为常绿小乔木，株高 4 ~ 6m，叶革质，长椭圆形至倒卵披针形，春季新叶红艳，夏季转绿，秋、冬、春三季呈现红色，霜重色逾浓，低温色更佳。伞房花序顶生，花白色，直径 6 ~ 8mm。梨果球形，直径 5 ~ 6mm，红色或褐紫色。

红叶石楠生长速度快，且萌芽性强，有很强的适应性，耐低温，耐土壤瘠薄，有一定的耐盐碱性和耐干旱能力。性喜强光照，也有很强的耐阴能力，但在直射光照下，色彩更为鲜艳。

2. 红叶石楠离体繁殖技术

红叶石楠离体繁殖是由良种红叶石楠的茎尖和茎段经过培养诱导出幼芽，然后通过腋芽的增殖迅速扩大繁殖。

（1）外植体的选取、灭菌和接种。选择生长健壮的红叶石楠幼株作为母株，先置于温室内培养 2 周左右，期间注意不洒叶面水，每隔 3 ~ 5d 喷施一次杀菌剂，以降低初代培养时的污染率。然后选取红叶石楠嫩枝先端未木质化和半木质化部分，剪成长 10cm 左右的单芽，茎段部分去叶留 2mm 左右叶柄，茎尖部分可保留半张小叶，以饱和洗衣粉溶液浸泡 3min，用清水冲洗后备用。清洗后的外植体在超净工作台上用 75%酒精浸泡 10s，再转入 0.15%升汞溶液中灭菌 8min，倒去灭菌液，用事先准备好的无菌水冲洗 4 ~ 5 次，沥干水后，即可将带腋芽的茎段或茎尖以生态学下端朝下，垂直接种到初代培养基上。

（2）初代培养。接种后一周左右腋芽开始萌动，30 ~ 40d 可伸长到 2cm 左右，即可切下进入下一阶段的继代（增殖）培养。初代培养基以 1/2MS+ 蔗糖 30g+ 琼脂 7g+BA2.0mg/L+IBA0.2mg/L 为最佳，pH 值 5.5 ~ 5.8，培养室温度控制在 25 ~ 30℃之间，光照时间 12h/d，光照强度 1500 ~ 2000lx。

（3）继代培养。一般第一次继代时增殖率较低，经 2 ~ 3 次继代后增殖数可达 5 倍左右。继代培养基可用 MS+BA1.0mg/L+IBA0.1mg/L，培养条件同初代培养。无根的试管苗经 30 ~ 40d 培养达到 3cm 左右时，即可切割以扩大繁殖。当继代苗达到一定数量后，可以进行生根培养。

（4）生根培养。当红叶石楠无根苗长到高 2cm 左右时，可单株转接到生根培养基上培养。生根培养基可用 1/2MS+NAA0.2 ~ 0.3mg/L，一般经一周左右可见红色根生成，30 ~ 40d 后根长 1 ~ 3cm。生根率达到 90%以上。

（5）驯化炼苗及移栽。红叶石楠组培苗炼苗可先在温度 20 ~ 30℃之间的温室内拧松瓶盖放置 3 ~ 5d，然后进行温床过渡移栽。过渡苗床（即温床）可建在普通单体的塑料大棚内，床宽 1.2m 左右，床四周砌高 30cm，床底整平，有条件的可加地热线，上铺 15 ~ 25cm 的栽培基质。基质为蛭石：珍珠岩 = 1 ： 2。温床做好后要严格消毒，方法是用 1000 倍敌克松溶液浇透整床基质，再用 0.15% 高锰酸钾喷洒苗床表面及四周，24h 后即可移栽小苗。移栽时，将幼苗从瓶内取出，用清水将根部琼脂清洗干净，同时应尽量减少伤根。种入苗床后，选择清洁水浇灌，移栽当天喷施 0.3% 的磷酸二氢钾溶液，并喷施 800 ~ 1000 倍的甲基托布津或 1000 倍多菌灵药液，以后每隔一周喷施一次，连续 3 ~ 4 次。移栽初期要特别注意保持苗床和空气湿度，一般需全封闭管理一周左右，再半封闭管理二周左右，根据情况在 25d 左右可以逐步通风，并除去覆盖物。在春秋季节移栽时，需遮阴三周左右；冬季移栽时，遮阴二周左右，但关键是控制苗床温度在 15 ~ 30℃之间才有利于成活，如环境温度超过 35℃就不宜移栽。一般过渡移栽 50d 后，小苗就可上盆移栽，春季可直接移入大田。

大田移栽的时机应根据小苗生长情况和天气情况而定，一般过渡苗长至 5cm 时就可移栽，但最好待在小苗长到 10cm 以上移栽，成活率可达 95% 以上。大田移栽后的管理和扦插繁殖的小苗移栽后管理一样。

5.2.2.5 组织实施

（1）分组及实训方案的制定。将班级学生进行组合分组。以组为单位，查找资料，制定红叶石楠离体快繁实训方案，提交教师审查后定稿。

（2）以组为单位进行实训材料、试剂与仪器准备。材料挑选生长健壮的红叶石楠幼苗移植到花盆中，培养

2～3周。准备所需要的试剂与仪器，配制培养基。

（3）在教师指导下各小组根据制定的实训方案对红叶石楠进行离体繁殖；观察芽生长分化情况，统计分化率和增殖系数、增殖周期、生根率及移栽成活率。

（4）各小组对红叶石楠离体繁殖中出现的问题进行总结，并互相检查。

（5）教师对各小组任务完成情况进行讲评，对整个过程的安排提出合理化建议，解答学生对本次任务的疑问。

5.2.2.6 评价与考核

评价与考核，详见表5-2-2。

表5-2-2 考核方案

序号	考核项目	考核内容	成绩比例（%）
1	平时表现	考勤、卫生、团结协作；具备无菌意识、具有良好规范的行为习惯	10
2	过程操作	（1）红叶石楠外植体选择与消毒处理是否合理。 （2）红叶石楠增殖途径选择正确，增殖、生根材料切割大小合适。 （3）驯化移栽熟练、正确，管理适当。 （4）操作熟练、规范	40
3	实训报告	（1）报告书写格式正确、字迹工整、内容充实。 （2）客观分析了实训成败的原因及困难解决的方法	20
4	实训效果评价	（1）每组提交红叶石楠增殖瓶苗10瓶。 （2）污染率≤10%，芽分化率≥80%，增殖系数≥3，生根率≥80%，移栽成活率≥85%	30
合计			100

5.2.2.7 注意事项

（1）本实训持续时间较长，一定要提前做好安排，红叶石楠母株要提前准备。

（2）选取红叶石楠嫩枝先端应是未木质化和半木质化部分。

（3）操作规范，观察记载认真、翔实。

5.2.3 茶条槭

5.2.3.1 学习目标

知识目标：掌握茶条槭离体繁殖方法与技术。

能力目标：能够科学设计茶条槭离体快繁方案。

能够选择合适的外植体和途径进行茶条槭离体快速繁殖。

5.2.3.2 任务提出

茶条槭树干直，花有清香，夏季果翅红色美丽，秋叶变鲜红色，适合庭院观赏，尤其适合作秋色叶树种点缀园林及山景，是良好的庭园观赏树种，可作小型行道树，绿篱，也可盆栽观赏。是极好的园林观赏树种，本树种树干直而洁净，花有清香，夏季果翅红色美丽，秋季叶片鲜红色，适合庭院观赏，尤其适合作秋色叶树种点植，也可盆栽。

由教师提出任务，学生以组为单位查找资料制定茶条槭离体繁殖方案；然后经教师审定后，根据制定的方案和生产实际，在教师指导下各小组完成离体繁殖任务。

5.2.3.3 教学条件要求

此项实训所需要的教学条件包括组织培养实验室和驯化炼苗室及其配套的仪器设备和器皿用具。主要包括以下几项。

仪器：超净工作台、空调机、蒸馏水发生器或纯水发生器、高压灭菌锅、低温冰箱、普通冰箱、电炉、天平及烘箱等设备。

用具：各种培养皿、分注器、育苗盘、追肥枪、喷雾器及浇灌设备等。

5.2.3.4 相关知识准备

1. 形态特征与生物学习性

茶条槭为落叶灌木或小乔木。年生长速度为 0.6 ~ 1.2m，枝叶繁茂，形态优美，深秋叶变红、黄色，树干直而洁净，花有清香，观赏价值高，高可达 5 ~ 8m，单叶对生，4 ~ 8cm 长，3 裂，叶缘呈重锯齿状，表面无毛，叶片正面深绿有光泽，背面浅绿，夏季叶色为光泽漂亮的深绿色，秋季转为黄色和红色，十分美丽。圆锥花絮，花白色，翅果红色。清香，花期北方为 5 ~ 6 月。果实是翅果，红色 9 月成熟。容易移栽。其适合各种土壤，在潮湿、排水良好的土壤长势较好，耐干旱及碱性土壤，耐寒，可耐 -40℃的低温，喜全光，耐半阴，抗烟尘，在烈日下树皮易受灼害耐轻度遮阴，病虫害较少。

2. 茶条槭离体繁殖技术

在初代培养时取当年形成的直径在 3mm 以上健康无病虫害的枝条，用解剖刀切成长度为 2.0cm 的节段，每个节段带有 1 ~ 2 个活芽。

（1）外植体的灭菌。将切段先用自来水冲洗干净，再用 70% ~ 75% 酒精浸泡 30s，同时不断用玻璃棒搅动，目的是能够使外植体的表面能够充分与酒精接触进行消毒。倒掉酒精后，立即用无菌水冲洗 3 ~ 5 遍，冲洗去残留的酒精。然后用 5% 的次氯酸钠溶液或用 0.1% 氯化汞溶液进行浸泡 7 ~ 8min，倒掉这些消毒液，再用无菌水冲洗 3 ~ 5 遍。在无菌操作台上将外植体取出放在已灭好菌的滤纸上吸去残留的水分，放在另一张已灭菌的滤纸上进行切割成带有 1 个叶芽的茎段。

（2）培养基。预培养所用的培养基的成分是：B_6+0.5mg/L BA+50mg/L 水解乳蛋白，经一周的观察将没有被污染的外植体转接正式诱导分化的培养基：B_6+0.5mg/L KT+ 0.5mg/L BA +0.02mg/L NAA+50mg/L 水解乳蛋白 +3% 蔗糖。培养室的温度在 25 ~ 27℃，日光灯连续照射 16h，光强为 1500lx 左右；经 1 个月培养茎段（茎尖大约在 2 ~ 3 月）可以分化出芽，壮苗培养基为：1/2 B_6+1.5% 蔗糖；两周左右培养，即可长成带有 4 ~ 5 个叶健壮的无根小植株。生根培养基为：1/2 B_6 +0.2mg/L IBA+0.02mg/L NAA+3% 活性炭 +1.5% 蔗糖；12h 的光照与黑暗交替；光强为 1500lx 经 1 个月左右培养，即可长成带有 6 ~ 7 个叶健壮完整小植株。

（3）扩大繁殖。有两种繁殖方法：第一种是茎切段生芽扩大繁殖法；另一种方法是叶切块生芽扩大繁殖法。

茎切段生芽扩大繁殖法：将小苗进行切割成带有叶的茎段，再次分别插入分化培养基中，如此反复循环即可获得大批的无根苗。这时将这些无根苗分别插入生根培养基中进行生根。

叶切块生芽扩大繁殖法：每片叶从基部中脉处切取 1×1cm 并带有约 0.5cm 长叶柄的叶切块，转接到分化培养基上进行培养，注意的是要将叶的被面贴在培养基上。可从叶柄的切口处观察到有芽出现。之后逐渐增多成簇。每个叶切块可得 20 余个丛芽。将这些芽切下，转入生根培养基中可得到完整的小植株。

（4）移栽与管理。生根有两种方法。

1）嫩茎试管生根。切取 3cm 左右试管苗无根嫩茎，转插到培养基 1/2B_6+NAA（IBA）0.1-0.5mg/L 上，经 7 ~ 10d 即可达到生根率 80%，12d 生根率可达 100%。在无植物生长物质的培养基上，根率可达 70% ~ 80%。

2）无根嫩茎的扦插。将试管苗无根嫩茎切段，直接扦插到介质中生根。切段基部经生根粉处理，2 周后生根率达 90%，免去试管生根的这一环节，降低了成本，缩短生产时间，提高了生产效率。

试管苗生根后，连瓶苗一起放入温室，以适应光照和温湿度。3 ~ 5d 后，打开瓶口取出试管苗，按一定株行距置于细砂或粗蛭石介质中，加盖拱棚覆膜保持温度和湿度。5d 后逐渐揭膜见光，及时通风换气，定期喷肥和喷药，防止有菌类的污染，提高试管苗的成活率。

5.2.3.5 组织实施

（1）分组及实训方案的制定。将班级学生进行组合分组。以组为单位，查找资料，制定茶条槭离体快繁实训方案，提交教师审查后定稿。

（2）以组为单位进行实训材料、试剂与仪器准备。材料挑选生长健壮的茶条槭幼苗移植到花盆中，培养2～3周。准备所需要的试剂与仪器，配制培养基。

（3）在教师指导下各小组根据制定的实训方案对茶条槭进行离体繁殖；观察芽生长分化情况，统计分化率和增殖系数、增殖周期、生根率及移栽成活率。

（4）各小组对茶条槭离体繁殖中出现的问题进行总结，并互相检查。

（5）教师对各小组任务完成情况进行讲评，对整个过程的安排提出合理化建议，解答学生对本次任务的疑问。

5.2.3.6 评价与考核

评价与考核，详见表5-2-3。

表5-2-3　　考核方案

序号	考核项目	考核内容	成绩比例（%）
1	平时表现	考勤、卫生、团结协作；具备无菌意识、具有良好规范的行为习惯	10
2	过程操作	（1）茶条槭外植体选择与消毒处理是否合理。 （2）茶条槭增殖途径选择正确，增殖、生根材料切割大小合适。 （3）驯化移栽熟练、正确，管理适当。 （4）操作熟练、规范	40
3	实训报告	（1）报告书写格式正确、字迹工整、内容充实。 （2）客观分析了实训成败的原因及困难解决的方法	20
4	实训效果评价	（1）每组提交茶条槭增殖瓶苗10瓶/人。 （2）污染率≤10%，芽分化率≥80%，增殖系数≥3，生根率≥80%，移栽成活率≥85%	30
合计			100

5.2.3.7 注意事项

（1）本实训持续时间较长，一定要提前做好安排，茶条槭母株要提前准备。

（2）选取茶条槭嫩枝先端应是未木质化和半木质化部分。

（3）操作规范，观察记载认真、翔实。

5.3 果蔬离体繁殖技术

5.3.1 草莓

5.3.1.1 学习目标

知识目标：掌握草莓常见脱毒方法与技术。

掌握草莓快繁途径、程序、快繁方法与技术。

能力目标：能够科学设计草莓脱毒与快繁方案。

能够采用茎尖脱毒与热处理脱毒的方法对草莓进行脱毒处理。

能够对草莓脱毒苗进行鉴定和快速繁殖，获得大量无病毒苗。

5.3.1.2 任务提出

草莓为重要的浆果植物，栽培分布很广，其总产量在浆果类中仅次于葡萄，居世界第二位。草莓果实柔软多汁，含丰富的糖、酸、矿物质及维生素等。草莓可鲜食，也可加工成果酱和果酒等。其颜色鲜艳，是良好的配餐食品。草莓繁殖容易，结果早，收效快。尤其是近年的促成栽培，利用塑料大棚、日光温室，使草莓的成熟期大大缩短，从11月到次年6月，都有新鲜的草莓上市，填补了水果的淡季市场。但由于草莓是无性繁殖，极易感染多种病毒导致品质下降、产量降低。因此无病毒草莓种苗市场需求极大。所以研究和利用草莓脱毒技术，对于防止草莓品种退化，推动无毒种苗向专业化、生产化方向发展，具有重要意义。

由教师提出任务，学生以组为单位查找资料制定草莓脱毒与快繁方案；然后经教师审定后，根据制定的方案和生产实际，在教师指导下各小组完成草莓脱毒与快繁任务。

5.3.1.3 教学条件要求

此项实训所需要的教学条件包括组织培养实验室和驯化炼苗室及其配套的仪器设备和器皿用具。主要包括以下几项。

仪器：超净工作台、空调机、蒸馏水发生器或纯水发生器、高压灭菌锅、低温冰箱、普通冰箱、电炉、解剖显微镜、天平、恒温培养箱及烘箱等设备。

用具：各种培养皿、分注器、防虫网、育苗盘、追肥枪、喷雾器及浇灌设备等。

5.3.1.4 相关知识准备

1. 形态特征与生物学习性

草莓（*Fragaia ananassa Duchesne*）是蔷薇科草莓属多年生草本植物，又名洋莓、红莓、地莓、地果、凤梨等。原产欧洲，20 世纪初传入我国而风靡华夏。草莓植株矮小，有短粗的根状茎，逐年向上分出新茎，新茎具长柄三出复叶。聚伞花序顶生，花白色或淡红色。花谢后花托膨大成多汁聚合果，红色或白色，球形、卵形或椭圆体形，其中着多数种子状的小瘦果。

草莓喜温暖湿润和较好阳光，生长的最适温度为 15 ~ 20℃，不耐严寒、干旱和高温。根系由新茎和根状茎上的不定根组成。根状茎 3 年后开始死亡，以第 2 年产量最高，3 年后降低。草莓秋季用匍匐茎繁殖，露地和温室保护地栽培均可。

2. 浸染草莓的常见病毒及危害

世界上的草莓病毒有 20 多种，我国常见有 4 种，即草莓斑驳病毒（SMoV），草莓皱缩病毒（SCrV），轻型黄斑病毒（SMYEV）和草莓镶脉病毒（SVBV）。王国平（1990）报道，中国大部分栽培草莓品种均不同程度受到上述四种病毒的浸染，总浸染率达 80.2%，其中单病毒浸染率为 41.6%，两种或两种以上病毒复合浸染率为 38.6%。不同地区不同品种的草莓状况虽然存在一些差异，但总趋势是栽培年限越长的品种，其带病毒种类越多，带病毒株率越高。

3. 草莓脱毒常见方法

（1）热处理脱毒。将草莓植株在 38 ~ 41℃温度下处理 4 ~ 6 周，然后取茎尖培养。

（2）微茎尖脱毒。取草莓生长健壮的母株或匍匐茎上的顶芽，表面消毒后在无菌条件和解剖显微镜下剥取茎尖分生组织（0.1 ~ 0.3mm）培养。

（3）花药培养脱毒。草莓花药培养操作简单，因经愈伤组织途径，再分化得到的即为无病毒苗，所以可免去病毒鉴定工作。

4. 草莓病毒鉴定方法

草莓花药培养得到的为无病毒苗，而用生长点培养得到的植株，则必须经过病毒鉴定，确定其不带病毒，才可以大量繁殖，用于生产。

目前草莓病毒检测的主要方法是指示植物小叶嫁接鉴定法。常用于草莓病毒检测的指示植物为 EMC（East Maling clone of Fragaria）系草莓、UC（Frazier' srunnering alpine seedling）系草莓、深红草莓中的 King 或 Ruden。EMC 系是由欧洲草莓选育出的敏感型指示植物，对斑驳病毒（SMoV）感染性强，对轻型黄斑病毒（SMYEV）、草莓镶脉病毒（SVBV）和草莓皱缩病毒（SCrV）的感染也会出现症状，但这种指示植物在夏季高温季节会出现斑点，判断斑驳病的症状较难。UC 系是从 Frazier 选育出的指示植物，常用的有 UC_3、UC_4、UC_5 等。King 和 Ruden 是从八倍体野生种 *Fragaria viginana* 选育出的指示植物，用于判断 EMC 系和 UC 系中交叉出现的病毒。一般若只检测草莓苗是否脱毒，只需用 UC_5 指示植物即可，但若要查清病毒种类，则至少应同时使用 EMC、UC_4、UC_5、UC_6 四种指示植物。草莓常见病毒在指示植物上的主要症状几出现时间见表 5-3-1。

表 5-3-1　　　　　　　　　　　草莓病毒在指示植物上的主要症状

病毒	指示植物	症　状	出现时间（d）
斑驳病毒	EMC	不规则的黄白色斑点，叶脉透明，小叶褪绿扭曲	7 ~ 14
	UC_5	不规则的黄色斑纹	
轻型黄斑病毒	UC_4	叶片枯死，整株死亡	15 ~ 20
	UC_5	叶片边缘逐渐变成浅黄，成黄边	
皱缩病毒	UC_5	叶片皱缩叶片皱缩、扭曲变形，叶柄或匍匐茎出现褐色坏死斑，花瓣产生褐色条纹	30 ~ 50
镶脉病毒	UC_6	沿叶脉产生带状褪绿斑，呈镶脉症状	20 ~ 40
	UC_5	叶背面反卷	

草莓小叶嫁接操作流程见图 5-3-1。首先从被鉴定的草莓采集长成不久的新叶，除去两边的小叶，中央的小叶带 1 ~ 1.5cm 的叶柄，把它削成楔形作接穗。而指示植物则除去中间的小叶，在叶柄的中央用刀切入 1 ~ 1.5cm，再插入接穗，用线把接合部位包扎好。为了防止干燥，在接合部位涂上少量的凡士林。为保证成活，在 2 周内，可罩上塑料袋，置于半见光的场所。约经 2 周时间，撤去塑料袋。若带有病毒，嫁接后 1 ~ 2 个月，在新展开的叶、匍匐茎或老叶上会出现病症。

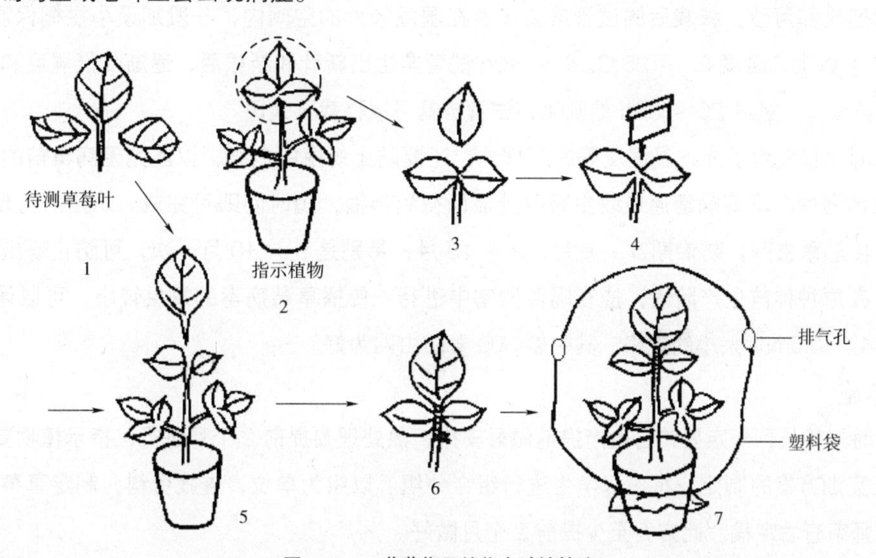

图 5-3-1　草莓指示植物小叶嫁接法

（引自 王清连．植物组织培养．北京：中国农业出版社，2005）

1—削接穗；2、3、4—"砧木"选择与处理；5、6—嫁接；7—套袋保湿

5. 草莓的离体繁殖技术

草莓热处理脱毒一般将草莓植株在 38 ~ 41℃温度下处理 4 ~ 6 周。但此法高温脱毒的时间长、效果差，而且草莓长时间处于高温下易死亡，需要对其根进行降温处理，操作繁琐。因此，对草莓脱毒很少单独使用高温处理，大多是将高温处理与微茎尖培养脱毒相结合。茎尖培养结合热处理可脱除茎尖培养脱除不掉的病毒，提高脱毒率和成苗率，而且操作简单，能大大提高功效。是目前最常用的脱毒方法。

（1）外植体的选取、灭菌和接种。选择生长健壮的草莓幼苗于实验前定植到花盆中，培养 1 ~ 2 个月，待其有数片老叶，对高温抵抗能力较强时将植有草莓的花盆用塑料薄膜包住，然后将其置于人工气候箱内，每天 40℃高温处理 16h，35℃处理 8h，处理 4 ~ 5 周。或者在 38℃恒温处理 12 ~ 50d，时间因病毒种类而定。

待草莓长出嫩枝后，剪取热处理后新生 0.2 ~ 1mm 大小的茎尖，用自来水流水冲洗 2 ~ 4h，然后剥去外层叶片，在无菌条件下，用 0.1% 氯化汞溶液表面消毒 8 ~ 10min，并不停地搅动促进药液的渗透。在无菌条件和解剖显微镜下剥取茎尖分生组织，以带有 1 ~ 2 个叶原基的茎尖为好（0.3 ~ 0.5mm），迅速接入培养基中。

（2）初代培养。草莓茎尖培养一般用 MS、White 等培养基作为基本培养基，附加植物生长调节剂 6-BA0.2 ~ 2.0mg/L、NAA0.01 ~ 0.2mg/L、IAA0.5 ~ 2.0mg/L。不同草莓品种及取材时间不同，激素的用量不同，这主要是植物体内的内源激素含量不同所致。培养温度为 22 ~ 25℃，日照 10 ~ 16h，光强 1000 ~ 3000lx。草莓茎尖经 2 ~ 3 个月的培养，可生长分化出芽丛，一般每簇芽丛含 20 ~ 30 个小芽为适。注意在低温和短日照下，茎尖有可能进入休眠，所以较高的温度和充足的光照时间必须保证。

（3）继代培养。将鉴定为无病毒苗的草莓试管苗培养的芽丛切割成含 2 ~ 3 个芽丛小块，转入继代培养基中进行扩繁培养，增殖系数一般 5 ~ 8 为宜。继代培养基以 MS 为基本培养基，附加 6-BA0.5 ~ 1.0mg/L。培养温度 22 ~ 25℃，日照 10 ~ 16h，光强 1000 ~ 3000lx。待苗长大到 1 ~ 2cm 时，再将芽丛分成小块，再转入前述的继代增殖培养基中，又会重复上述过程，达到扩大繁殖草莓无病毒苗的目的。

（4）生根培养。草莓试管苗生根既可以在培养瓶中进行，也可以在瓶外进行。为了获得健壮整齐的再生植株，应将芽丛分割，2 ~ 3cm 高的单株接种于生根培养基上。生根培养基一般采用 MS 或 1/2MS，培养基中加入 NAA0.1 ~ 0.5mg/L 或 IBA1.0 mg/L，使发根整齐。培养条件：温度 20 ~ 25℃，光照时间 12h/d，光照强度 1500 ~ 2000lx。由于草莓地下部分生长加快，发根力较强，也可将具有两片以上正常叶的新茎从试管中取出进行试管外生根。

（5）试管苗驯化与移栽。待草莓组培苗生根培养至苗高 3 ~ 4cm 时，将瓶苗移至温室炼苗一周，后 3 ~ 4d 将瓶盖除去。然后用镊子把草莓苗从试管瓶中取出，洗掉根系附带培养基，移栽到附有基质的塑料营养钵，内装消过毒等量的腐殖土和河砂。移栽后的试管苗要培养在湿度较大的空间内，一般加设小拱棚保湿，并经常浇水，保证棚内湿度 85%以上，温度 22 ~ 25℃。7 ~ 10d 试管苗生出新叶和新根后，逐渐降低湿度和土壤含水量，增加光照，促进幼苗生长。经过 20 ~ 30d 的驯化，试管苗就可以移栽至大田。

草莓试管苗驯化移栽除了光、温湿度等的管理外，还要防止蚜虫的危害，以避免无病毒苗的再度污染。草莓病毒主要是蚜虫传播的。草莓病毒通过蚜虫吸吮汁液而得到传播，短时间即可完成。防治时可使用马拉松乳剂，氧化乐果乳剂等接触杀虫剂，防治期 5 ~ 6 月，9 ~ 10 月，特别是 9 ~ 10 月一次，可防止蚜虫的越冬。为保证种苗的无病毒，在原种种苗生产阶段，应在隔离网室中进行。传播草莓病毒的蚜虫较小，可以通过大于 1mm 网眼，故应采用 0.4 ~ 0.5mm 大小的规格，其中以 300 号防虫网为好。

5.3.1.5 组织实施

本任务持续时间较长，一定要结合生产提前做好安排，热处理要提前 2 个月进行，指示植物要提前准备。

（1）分组及实训方案的制定。将班级学生进行组合分组。以组为单位，查找资料，制定草莓脱毒与快繁的实训方案，提交教师审查后定稿。此方案至少提前 2 个月做好。

（2）以组为单位进行实训材料、试剂与仪器准备。材料挑选感染病毒的草莓幼苗移植到花盆中，培养 4 ~ 6 周。准备所需要的试剂与仪器并配制培养基。

（3）在教师指导下各小组根据制定的实训方案对草莓进行热处理及微茎尖培养脱毒，做好每组及个人的标记。并注意观察污染、褐变情况；观察茎尖分化生长情况，统计芽分化率和增殖系数、增殖周期、生根率及移栽成活率。

（4）各小组对草莓脱毒与快繁中出现的问题进行总结，并互相检查。

（5）教师对各小组任务完成情况进行讲评，对整个过程的安排提出合理化建议，解答学生对本次任务的疑问。

5.3.1.6 评价与考核

评价与考核，详见表 5-3-2。

表 5-3-2 考核方案

序号	考核项目	考核内容	成绩比例（%）
1	平时表现	考勤、卫生、团结协作；具备无菌意识、具有良好规范的行为习惯	10
2	过程操作	（1）草莓幼苗热处理温度和时间合理。 （2）茎尖剥离大小合适，接种迅速、方法正确。 （3）草莓瓶苗增殖途径选择正确，材料切割大小合适。 （4）材料消毒、茎尖剥离、接种操作熟练、规范	40

续表

序号	考核项目	考 核 内 容	成绩比例（%）
3	实训报告	（1）报告书写格式正确、字迹工整、内容充实。 （2）客观分析了实训成败的原因及困难解决的方法	20
4	实训效果评价	（1）每组提交草莓茎尖脱毒瓶苗 10 瓶 / 人。 （2）污染率≤ 10%，成活率≥ 80%，脱毒率≥ 70%，增殖系数≥ 5，生根率≥ 90%，移栽成活率≥ 90%	30
合 计			100

5.3.1.7 注意事项

（1）本实训持续时间较长，一定要提前做好安排，热处理要提前 2 个月进行，指示植物要提前准备。

（2）茎尖剥离大小合适（0.2 ~ 0.4mm），接种一定要迅速，并且不能损伤茎尖。

（3）每组每人的材料一定按照流程做好标记，以备进行脱毒鉴定，及时清查脱毒原原种。

5.3.2 葡萄

5.3.2.1 学习目标

知识目标：掌握葡萄离体快繁途径、程序、快繁方法与技术。

能力目标：能够科学设计葡萄离体快繁方案。

能够采用茎尖培养方法获得葡萄组培苗。

能够采用合适途径快速获得大量葡萄试管苗。

5.3.2.2 任务提出

葡萄为落叶木质藤本浆果果树，几乎占全世界水果产量的 1/4 以上。葡萄果实除鲜食外，主要用于酿酒，还可以可制成葡萄汁、葡萄干和罐头等加工品。葡萄不仅美味可口，而且营养价值很高。成熟浆果中含有 15% ~ 25%的葡萄糖和果糖以及多种对人体有益的矿物质和维生素。但葡萄生长周期长，长期营养繁殖育种导致病毒感染、果实品质和产量降低。植物组织培养技术为葡萄的育种、苗木快繁、种质资源的保存以及病毒脱去开辟了一条有效途径。

由教师提出任务，学生以组为单位查找资料制定葡萄离体快繁方案；然后经教师审定后，根据制定的方案和生产实际，在教师指导下各小组完成葡萄离体快繁任务。

5.3.2.3 教学条件要求

此项实训所需要的教学条件包括组织培养实验室和驯化炼苗室及其配套的仪器设备和器皿用具。主要包括以下几项。

仪器：超净工作台、空调机、蒸馏水发生器或纯水发生器、高压灭菌锅、低温冰箱、普通冰箱、电炉、解剖显微镜、天平、恒温培养箱及烘箱等设备。

用具：各种培养皿、分注器、防虫网、育苗盘、追肥枪、喷雾器及浇灌设备等。

5.3.2.4 相关知识

1. 形态特征及生物学性状

葡萄为葡萄科（*Vitaceae*）葡萄属（*Vitis*）属落叶木质藤本植物。有卷须茎与叶对生，单叶互生，近圆形叶或卵型，3 ~ 5 裂，基部心形。圆锥花序。浆果多为圆形或椭圆，色泽随品种而异，被白粉。花期 5 ~ 6 月，果期 8 ~ 9 月。葡萄是深根性作物，垂直分布最密集的范围一般 20 ~ 80cm 的深度内。葡萄的枝蔓上很容易产生不定根，故在生产上多采用扦插法繁殖。在大气潮湿的情况下，枝蔓上往往长出气生根。葡萄的根系抗寒力很弱，大部分欧洲种葡萄的根系在 -5 ~ -7℃时即受冻。

2. 葡萄离体快繁技术

（1）材料选择、消毒处理与接种。从田间生长旺盛的葡萄新梢顶端取 1 ~ 2cm 的茎尖或者选择生长健壮的枝条进行预培养获得的新芽。除去幼叶后在5%次氯酸钠溶液中浸泡2～3min，消毒灭菌，以后用无菌水冲洗3次，再在0.1%升汞溶液中浸泡约5～10min，以后用无菌水冲洗4次。在无菌条件下分离出约0.2～0.5cm长的茎尖，接种到茎尖分化培养基上。

（2）初始培养。葡萄茎尖分化培养基以MS培养基（无机盐减半为好），再添加BA1.0～2.0mg/L，NAA0.01mg/L，LH100mg/L，蔗糖2%，琼脂0.6%。培养温度（25±2）℃，接种1～2周暗培养，2周后光照12～16h/d，光照强度1000～3000lx。葡萄茎尖接种后，1个月左右开始分化幼叶和侧芽，2个月左右，由于侧芽的不断增生，形成芽丛。

（3）继代培养。将初始培养产生的密集生长的芽丛，转入继代培养基MS+BA0.5mg/L+GA30.2mg/L，则经1个月的培养，就可长成2～3cm高的幼茎。培养条件同初始培养。

（4）壮苗与生根培养。当不定芽长至2～3cm以上时，将试管苗剪成带叶单芽段接种到壮苗生根培养基1/2MS+IBA0.1～1.0mg/L中进行生根培养。培养条件温度为（23±2）℃，光照16h/d，光照强度2000～3000lx。培养10～15d后幼苗开始生根，1个月形成完整的根系，同时具备5～6片新叶，生根率一般在90%以上。

（5）驯化炼苗与移栽。春夏季对试管苗进行强光照2500～3000lx培养1周，打开瓶盖，自然光下炼苗3～7d，待叶片油量、幼茎呈淡红色时，将生长势强、根系粗壮的试管苗从培养瓶中取出，洗去根上的培养基，移栽到消毒蛭石基质内，盖上塑料薄膜，保存相对湿度80%～90%，温度最初3d保存（25±2）℃，后期温度保存25～28℃。经7～10d锻炼适应后可去掉塑料薄膜，相对湿度维持70%～80%，则移栽成活率在90%左右。

5.3.2.5 组织实施

（1）分组及实训方案的制定。将班级学生进行组合分组。以组为单位，查找资料，制定葡萄离体快繁的实训方案，提交教师审查后定稿。

（2）以组为单位进行实训材料、试剂与仪器准备。材料最好在晴天、无露珠时进行取材，然后将材料插入培养液或自来水中，置于室内或培养箱中进行预培养得到新抽出的葡萄芽。准备所需要的试剂与仪器并配制培养基。

（3）在教师指导下各小组根据制定的实训方案对葡萄进行离体快繁。并注意观察污染、褐变情况；观察茎尖分化生长情况，统计芽分化率和增殖系数、增殖周期、生根率。

（4）各小组对葡萄离体快繁中出现的问题进行总结，并互相检查。

（5）教师对各小组任务完成情况进行讲评，对整个过程的安排提出合理化建议，解答学生对本次任务的疑问。

5.3.2.6 评价与考核

评价与考核，详见表5-3-3。

表5-3-3　考核方案

序号	考核项目	考核内容	成绩比例（%）
1	平时表现	考勤、卫生、团结协作；具备无菌意识、具有良好规范的行为习惯	10
2	过程操作	（1）葡萄外植体选择与消毒处理是否合理。 （2）茎尖剥离大小合适，接种迅速、方法正确。 （3）葡萄瓶苗增殖途径选择正确，材料切割大小合适。 （4）材料消毒、茎尖剥离、接种操作熟练、规范	40
3	实训报告	（1）报告书写格式正确、字迹工整、内容充实。 （2）客观分析了实训成败的原因及困难解决的方法	20
4	实训效果评价	（1）每组提交草葡萄继代瓶苗10瓶/人。 （2）污染率≤10%，茎尖成活率≥80%，增殖系数合适；生根率≥90%，移栽成活率≥90%	30
合计			100

5.3.2.7 注意事项

（1）材料要提前进行预培养准备。

（2）茎尖剥离大小合适（0.2 ~ 0.5cm），接种一定要迅速，并且不能损伤茎尖。

（3）提高葡萄试管苗移栽成活率要注意：保持空气湿度、浇灌的溶液浓度不能过高。

5.3.3 马铃薯

5.3.3.1 学习目标

知识目标：掌握马铃薯常见脱毒方法与技术。

掌握马铃薯快繁途径、程序、快繁方法与技术。

能力目标：能够科学设计马铃薯脱毒与快繁方案。

能够采用热处理与茎尖脱毒的方法对马铃薯进行脱毒处理。

能够对马铃薯脱毒苗进行鉴定和快速繁殖，获得大量无病毒苗。

5.3.3.2 任务提出

马铃薯（*Solanum tuberosum*）是一种全球性的重要作物，我国种植面积占世界第二位。由于它具有生长周期短、产量高、适应性广、营养丰富、耐储藏和好运输等特点，已成为世界许多地区的重要的粮食作物和蔬菜作物。但是，马铃薯在种植过程中很容易感染病毒而导致大幅度减产，并且马铃薯在生产和育种中还存在着以下问题：栽培种基因库贫乏，缺乏抗病抗虫基因；无性繁殖使病毒逐代积累，品质退化，产量下降；杂种后代基因分离复杂，隐形基因出现概率很低，使得常规育种难度加大。从 20 世纪 70 年代开始，利用茎尖分生组织离体培养技术对马铃薯进行脱毒处理，使马铃薯的增产效果极为显著，后来又在离体条件下生产微型薯和在保护条件下生产小薯再扩大繁育脱毒种薯，全面大幅度提高了马铃薯的产量和质量。因此，利用茎尖培养技术对马铃薯进行无病毒植株的培养具有重要的意义。

由教师提出任务，学生以组为单位查找资料制定马铃薯脱毒与快繁方案；然后经教师审定后，根据制定的方案和生产实际，在教师指导下各小组完成马铃薯脱毒与快繁任务。

5.3.3.3 教学条件要求

此项实训所需要的教学条件包括组织培养实验室和驯化炼苗室及其配套的仪器设备和器皿用具。主要包括以下几项。

仪器：超净工作台、空调机、蒸馏水发生器或纯水发生器、高压灭菌锅、低温冰箱、普通冰箱、电炉、解剖显微镜、天平、恒温培养箱及烘箱等设备。

用具：各种培养皿、分注器、防虫网、育苗盘、追肥枪、喷雾器及浇灌设备等。

5.3.3.4 相关知识准备

马铃薯（*Solanum tuberosum*），茄科茄属多年生草本，但作一年生或一年两季栽培。其块茎可供食用，是重要的粮食、蔬菜兼用作物。

1. 形态特征与生物学习性

普通栽培种马铃薯由块茎繁殖生长，形态因品种而异。株高约 50 ~ 80cm。茎分地上茎和地下茎两部分。地上茎构成马铃薯的主要同化系统；地下茎包括主茎的地下部分、匍匐茎和块茎。块茎与匍匐茎相连的一端叫薯尾或脐部，另一端叫薯顶，块茎表面分布着芽眼。块茎圆、卵圆或长圆形。薯皮的颜色为白、黄、粉红、红或紫色；薯肉为白、淡黄或黄色。马铃薯的根系由出生根和匍匐根两部分组成。出生根在块茎发芽后基部发生，构成其主要吸收根系；匍匐根在芽的各个叶节处匍匐茎的两侧及下方发生，水平生长。初生叶为单叶，全缘。随植株的生长，逐渐形成羽状复叶。聚伞花序顶生，有白、淡蓝、紫和淡红等色。

马铃薯性喜冷气候，不耐高温和霜冻，解除休眠的块茎 4℃下发芽，发芽适温为 12 ~ 18℃。地上茎叶生长温度为 17 ~ 21℃，25℃以上时生长不良，叶变小，超过 30℃和 7℃以下茎叶停止生长，-1℃时受冻。块茎形成要求昼温 14 ~ 24℃，夜温 12 ~ 14℃，土温 16 ~ 18℃。结薯期要求 12h 左右的短日照和疏松、湿润、肥活以及通气良好的土壤条件。

2. 马铃薯病毒检测鉴定方法

马铃薯病毒检测鉴定常用 2 种方法。

（1）汁液鉴定法。在马铃薯的病毒鉴定中，指示植物汁液鉴定法是最常用的方法，马铃薯 X 病毒、马铃薯 S 病毒和纺锤块茎类病毒很容易通过汁液来接种。马铃薯 Y 病毒、马铃薯 M 病毒和马铃薯 A 病毒等也可用此法来接种。汁液鉴定法检测马铃薯病毒常用的指示植物有苋科植物千日红和藜属植物苋色藜、曼陀罗、酸浆、心叶烟草及豇豆等。许多马铃薯病毒能使这些指示植物产生局部坏死病斑或系统发病。一般用系统发病来鉴定寄生。

表 5-3-4　　马铃薯病毒的系统发生指示植物及症状表现

病　毒	指示植物	病状特征
X 病毒	烟草	7d 轻重不同的花叶和病斑
	曼陀罗	7d 轻重不同的花叶和枯死斑
S 病毒	第布内烟草	20d 产生明脉和斑驳
纺锤块茎类病毒	番茄	2 ~ 3 周植株矮化、分枝直立
A 病毒	心叶烟草	10d 产生明脉、皱缩
Y 病毒	烟草	7 ~ 10d 产生明脉、脉间花叶
M 病毒	番茄	带病无症状、用于以隐潜花叶病毒分开
卷叶病毒	酸浆	7 ~ 10d 矮化褪绿，卷叶
奥古巴花叶病毒	心叶烟草	12d 黄斑花叶

注　此表引自刘振祥、廖旭辉主编，植物组织培养技术，化学工业出版社。

在防虫网室内，提前播种曼陀罗、烟草等指示植物种子，培育实生苗（按常规管理）；取被鉴定植株幼叶 1 ~ 3g，置于等容积（W/V）的缓冲液（0.1mol/L 磷酸钠）中研成匀浆，再在汁液中加入少许 600 号金刚砂，作为指示植物摩擦剂，制成匀浆。取 3 ~ 5 片真叶的指示植物幼苗，用棉球蘸取汁液在指示植物叶面上轻轻涂抹几次进行接种，最后把叶面上多余的接种物用清水冲洗干净。涂抹叶片力度要适当，使叶片造成小的伤口，又不破坏表皮细胞。然后把接种后的植物放在温室或者放置在防虫网内，株间与其他植物间都要留一定距离，保温 15 ~ 25℃，提供充足的肥、水及光等条件，促进指示植物系统发病。症状的表现取决于病毒性质和汁液中病毒的数量，一般需要 6 ~ 8d 或是几周，指示植物即可表现症状。凡是出现枯斑、花叶等病毒症状的茎尖苗为带毒苗，将相应的试管苗淘汰。

（2）分子生物技术。直接用于马铃薯病毒检测的分子生物学技术主要有：RT-PCR 技术、指示分子 - 核酸序列扩增技术、核酸杂交技术等。

3. 马铃薯的离体快繁技术

一般先采用热处理与茎尖组织培养结合的方法，诱导出无菌试管苗，采用联免疫吸附试验法或指示植物方法鉴定马铃薯病毒和类病毒，经鉴定后，无主要病毒及类病毒的试管苗可定为脱毒试管基础苗。试管基础苗在无菌条件下，采用固体、液体培养基相结合的方法，进行扩繁基础苗，在防虫网室栽植或封闭温室扦插，生产出原原种（或称脱毒小薯）。用原原种在一定隔离条件下产生原种 1 代，以后逐级称为原种 2 代、良种 1 代及良种 2 代。

（1）外植体的选取、灭菌和接种。挑选新鲜的马铃薯块茎，将表面刷洗干净后置于烧杯中，用 75% 酒精浸 30s，无菌水冲洗 2 次，然后用 2.5% 次氯酸钙或次氯酸钠溶液溶液中消毒 8 ~ 10min，用无菌水冲洗 4 ~ 5 次。将消毒的马铃薯置于培养室中 25℃暗培养，使其萌芽。当芽长至 2cm 时，转至人工气候箱或恒温箱内，在 38℃条件下处理 2 周，然后取 5mm 茎尖培养。此法对 PVS 和 PVX 病毒脱毒效果较为理想。为避免处理材料的热损伤，也可对植株采用 40（4h）~ 20℃（20h）两种温度交替处理的方法处理 4 ~ 12 周，然后茎尖培养，比单用高温处理的效果更好。

将热处理后的茎尖再次常规表面消毒方后放在 10 ~ 40 倍的双筒解剖镜下衬有无菌湿滤纸的培养皿内，用解剖针剥去外部幼叶和大的叶原基，直接露出圆亮的生长点，再用解剖刀切取 0.1 ~ 0.3mm，带有 1 ~ 2 个叶原基的茎尖，迅速接种到诱导培养基上。

（2）初代培养。马铃薯茎尖接种于 MS 固体或液体培养基上，每升加 0.1mgIAA、0.1mgGA_3、pH 值 5.8。也可 White 培养基，附加 0.1 ~ 1mg/L 的 NAA 和 0.05mg/L 的 BA。培养条件：温度 21 ~ 25℃、光强 3000lx、光照 16h/d。在正常情况下，茎尖颜色逐渐变绿，基部逐渐增大，茎尖逐渐伸长，大约 1 个月就可见明显伸长的小茎，叶原基形成可见的小叶，继而形成幼苗。成苗后按照脱毒苗质量监测标准和病毒检测技术规程进行病毒检测，检测无毒的为脱毒苗。

（3）继代培养。将脱毒苗的茎切段，每个茎段带 1 ~ 2 个叶片和腋芽，转入增殖培养基（MS+0.8% 琼脂或 MS+3% 蔗糖 +4% 甘露 +0.8% 琼脂）中培养，每瓶接种 4 ~ 5 个茎段。培养温度 22℃，光照 16h/d，光照强度 1000lx。经 20d 左右培养可发育成 5 ~ 10cm 高小植株，可再进行切段繁殖，此法速度快，每月可繁殖 5 ~ 8 倍。

（4）生根培养。待苗长至 1 ~ 2cm 高时，转入生根培养基（MS+IAA0.1 ~ 0.5mg/L+ 活性炭 1 ~ 2000mg/L），培养 7 ~ 10d 生根。

（5）试管苗驯化与移栽。移植前 7d 左右，将长有 3 ~ 5 片叶、高 2 ~ 3cm 的试管苗，在不开瓶口的状态下，从培养室移至温室排好。移植时，将装好基质的营养钵紧密的排放于温室内，已经整好的阳畦内，可采用珍珠岩作为基质，有条件的话，也可采用灭过菌的疏松土壤。每 $1m^2$ 排放营养钵 300 个左右。排好后用喷壶浇透水，将经光、温锻炼好的试管苗从瓶内用镊子轻轻取出，放到 15℃的水中洗去培养基，放入盛水的容器中，随时取随时扦插，防止幼苗失水。大的幼苗可截为 2 段，每个营养钵插一个茎段，上部茎段和下部茎段分别扦插到不同的钵内。一般情况，扦插后最初几天，每天上午喷一次水，保持幼苗及基质湿润。但喷水量要少，避免因喷水过多造成地温偏低而影响幼苗生长和成活。切忌暴热时间凉水浇苗。为提高水温，可提前用桶存水于温室中。随幼苗生长逐渐减少浇水次数，但每次用水量逐渐加大。在幼苗生长及整个切繁期，温室内的相对湿度保持正在 85% 以上，气温白天控制在 25 ~ 28℃，夜间保持在 15℃以上。基础苗切繁前和培育大田定植苗，一般不再追肥。但基础苗开始切繁后 2 ~ 3d 要喷一次营养液，此后每隔 10d 一次，直至切繁终止。

（6）脱毒苗切繁。马铃薯试管苗驯化移栽成活进入正常后便可切繁，但切繁量的多少和质量的高低，除与前边提到的水与温湿度条件有关外，能否掌握正确的切繁方法和适宜的切繁苗龄也是非常重要的。

脱毒苗切繁主要是剪取顶部芽尖茎段（主茎芽尖和腋芽芽尖）直接扦插。正确的切繁原则是保证每次剪切后，基础苗仍能保持较好的株型和营养面积与较多的茎节，不仅生长正常，而且又能萌发出多个腋芽供下次剪切，具体方法是：扦插后 15d 左右，当基础苗长有 4 ~ 5 个展出叶、苗高 3.5 ~ 4cm 时进行首次切繁。从基础苗茎基部上数 2 ~ 3 个茎芽上方，用锋利刀片将上部茎芽切下（茎段不小于 1 cm），扦插到浇透水的营养钵内。此法培育供大田定植的脱毒苗，也可以作为供切繁的基础苗。如生产脱毒小种薯，可直接扦插到用营养土做好作为的畦床上或备好的专用的无土培养盘中，扦插方法与扦插后的管理同试管苗扦插方法与管理。第一次剪切后 10d 左右，基础苗上萌发的腋芽长大时进行第二次切繁，同第一次一样，将剪切腋芽基部的第一个叶片留下继续萌发腋芽，将上部茎尖芽段剪下扦插。如果基础苗上出除剪取的腋芽外，仍有多个未萌发或未长大的腋芽时，可将腋牙全部切下。如果是高位腋芽，要连同着生腋芽的茎段一起剪下，以便基础苗始终保持较好、有利于继续切繁的株型，延长切繁期，以后无论切繁多少次，其方法和原则相同。在生产需要时间允许，所有切繁培育成的脱毒苗均可作为基础苗进行切繁。

5.3.3.5 组织实施

本任务持续时间较长，一定要提前做好安排，块茎催芽提前进行，指示植物要提前准备。

（1）先由指导教师集中介绍本次实训的目的学习目标以及有关注意事项。

（2）分组及实训方案的制定。将班级学生组合分组。以组为单位，查找资料，制定马铃薯脱毒与快繁的实训方案，提交教师审查后定稿。此方案提前 2 个月做好。

（3）以组为单位进行实训材料、试剂仪器准备。并配制实训所需要的马铃薯茎尖脱毒快繁的培养基。

（4）在教师指导下各小组根据制定的方案对马铃薯进行微茎尖培养脱毒与快繁，做好每组及个人的标记。并注意观察污染、褐变情况；统计茎尖分化生长情况，统计芽分化率和增殖系数、增殖周期、生根率等。

（5）各小组对马铃薯脱毒与快繁中出现的问题进行总结，并互相检查。

（6）教师对各小组任务完成情况进行讲评，对整个过程的安排提出合理化建议，解答学生对本次任务的疑问。

5.3.3.6 评价与考核

评价与考核，详见表 5–3–5。

表 5–3–5 考核方案

序号	考核项目	考核内容	成绩比例（%）
1	平时表现	考勤、卫生、团结协作；具备无菌意识、具有良好规范的行为习惯	10
2	过程操作	（1）马铃薯块茎芽热处理温度和时间合理。 （2）茎尖剥离大小合适，接种迅速、方法正确。 （3）马铃薯瓶苗增殖途径选择正确，材料切割大小合适。 （4）材料消毒、茎尖剥离、接种操作熟练、规范	40
3	实训报告	（1）报告书写格式正确、字迹工整、内容充实。 （2）客观分析了实训成败的原因及困难解决的方法	20
4	实训效果评价	（1）每组提交马铃薯茎尖脱毒瓶苗 10 瓶 / 人。 （2）污染率≤ 10%，成活率≥ 80%，脱毒率≥ 70%，增殖系数≥ 5，生根率≥ 90%，移栽成活率≥ 90%	30
合计			100

5.3.3.7 注意事项

（1）本实训持续时间较长，一定要提前做好安排，马铃薯催芽和热处理要提前进行，指示植物要提前准备。

（2）茎尖剥离大小合适（0.2 ~ 0.4mm），接种一定要迅速，并且不能损伤茎尖。

（3）每组每人的材料一定按照流程做好标记，以备进行脱毒鉴定，及时清查脱毒原原种。

5.3.4 甘薯

5.3.4.1 学习目标

知识目标：掌握甘薯常见脱毒方法与技术。

掌握甘薯快繁途径、程序、快繁方法与技术。

能力目标：能够科学设计甘薯脱毒与快繁方案。

能够采用茎尖脱毒的方法对甘薯进行脱毒处理。

能够对甘薯脱毒苗进行鉴定和快速繁殖，获得大量种薯。

5.3.4.2 任务提出

甘薯是一种以无性繁殖为主的杂种优势作物，但长期营养繁殖导致甘薯病毒蔓延，致使产量和质量降低，种性降低。甘薯病毒病已成为我国甘薯生产的最大障碍之一，每年因此造成的损失已超过 50 亿元人民币。甘薯病毒尚无药可治，茎尖培养是目前防治甘薯病毒病的最有效方法。所以通过组培脱毒技术培育甘薯无病毒种苗具有十分重要的意义。

由教师提出任务，学生以组为单位查找资料制定甘薯脱毒与快繁方案；然后经教师审定后，根据制定的方案和生产实际，在教师指导下各小组完成甘薯脱毒与快繁任务。

5.3.4.3 教学条件要求

此项实训所需要的教学条件包括组织培养实验室和驯化炼苗室及其配套的仪器设备和器皿用具。主要包括以下几项。

仪器：超净工作台、空调机、蒸馏水发生器或纯水发生器、高压灭菌锅、低温冰箱、普通冰箱、电炉、解剖显微镜、天平、恒温培养箱及烘箱等设备。

用具：各种培养皿、分注器、防虫网、育苗盘、追肥枪、喷雾器及浇灌设备等。

5.3.4.4 相关知识

甘薯（*Ipomoea batatas L. Lam*），又名番薯、甘薯、山芋、地瓜、红苕、线苕、白薯、金薯、甜薯、朱薯及枕薯等。属于旋花科，是一年生植物，为我国四大主要粮食作物之一，也是饲料和轻工业的重要原料。

1. 甘薯形态特征与生物学习性

甘薯为旋花科一年生植物。蔓生草本，长 2m 以上，平卧地面斜上。具地下块根，块根纺锤形，外皮土黄色或紫红色。叶互生，宽卵形，3 ~ 5 掌裂。聚伞花序腋生，花白色至紫红色。蒴果卵形或扁圆形，种子 1 ~ 4。块根为淀粉原料，可食用、酿酒或作饲料。全国广为栽培。甘薯是高产稳产的一种作物，它具有适应性广，抗逆性强，耐旱耐瘠，病虫害较少等特点，在水肥条件较好的地方种植，一般亩产可达春薯亩产可达 2000 ~ 3000kg。

2. 甘薯常见病毒及脱毒鉴定方法

目前发现的甘薯病毒有 10 多种，如甘薯花椰菜花叶病毒（SPCLV），甘薯羽状斑驳病毒（SPFMV），甘薯潜隐病毒（SPLV），甘薯脉花叶病毒（SPVMV），甘薯轻斑驳病毒（SPMMV），甘薯黄矮病毒（SPYDV），烟草花叶病毒（TMV），烟草条纹病毒（TSV），黄瓜花叶病毒（CMV）等，此外，还有尚未定名的 C-2 和 C-4。甘薯病毒往往呈复合侵染。受侵染的植株症状为：地上部分长势弱，叶皱卷、花叶、黄化、羽状斑驳或环斑；结薯少、块小，能上能下色淡，表皮粗糙、龟裂；种性退化，品质和产量降低。

甘薯病毒尚无药可治，茎尖培养是目前防治甘薯病毒病的最有效方法。确认脱毒种薯及种苗是否带毒及其种类常用的鉴定方法有：甘薯病毒病症状学诊断法、指示植物检定法、电子显微镜检定法、血清学检测法等。

3. 甘薯离体快繁技术

（1）外植体的选取、灭菌和接种。选择适宜当地栽培的高产优质或特殊用途的生长健壮的甘薯品种植株作为母株，取枝条，剪去叶片后切成数段。每段带一个腋芽，含顶芽的 2 ~ 3 节。剪好的茎段经流水冲洗数分钟，用滤纸吸干表面水分后于 70% 的乙醇中浸泡 10s，再用 0.1% 升汞消毒 10min，无菌水冲洗 5 次；或用 10% 次氯酸钠溶液消毒 15min，无菌水冲洗 3 次。

把消毒好的芽放在解剖镜下，无菌剥去顶芽和腋芽上较大的幼叶，切取 0.3 ~ 0.5mm 含 1 ~ 2 个叶原基的茎尖组织，接种在培养基上。

（2）初代培养。甘薯茎尖培养较理想培养基为 MS+IAA0.1–0.2mg/L+06–BA.1–0.2mg/L +3 % 蔗糖，pH 值 5.8 ~ 6.0。若添加 $GA_3$0.05mg/L，对茎尖的生长和成苗会有更好的促进作用。培养条件以温度 25 ~ 28℃，光照度 1500 ~ 2000lx，光照 14h/d 为宜。不同品种的茎尖生长情况有差异。一般培养 10d 茎尖膨大并转绿，培养 20d 左右茎尖形成约 2 ~ 3mm 的小芽点，且在基部逐渐形成绿色愈伤组织。此时应将培养物转入无激素的 MS 培养基上，以阻止愈伤组织的继续生长，使小芽生长和生根。

（3）初级快繁。当薯苗长至 3 ~ 6cm 高时，将小植株切段进行短枝扦插，除顶芽一般带有 1 ~ 2 片展开叶片外，其余的切段都是具一节一叶的短枝。切段直插于三角瓶内无植物生长物质的 MS 培养基中，培养条件同茎尖培养。2 ~ 3d 内，切段基部即产生不定根，30d 左右长成具有 6 ~ 8 片展开叶试管苗。

（4）脱毒苗快繁。试管苗经严格检测确认为脱毒苗后，可进行试管切段快繁。试管繁殖脱毒苗一般 30 ~ 40d 左右为一个繁殖周期，一个腋芽可长出 5 片以上的叶，繁殖系数约为 5。为降低人工培养的成本，可用食用白糖代替蔗糖；将培养基中的大量元素减半，甚至用 1/4 的 MS（大量元素）培养基；尽可能利用自然光照培养；也可用经检验合格的自来水代替蒸馏水或无离子水。

（5）试管苗驯化与移栽。以株高达到 3 ~ 5cm 的健壮苗，将瓶塞打开，置室温和自然光照下锻炼 2 ~ 3d，使幼苗逐渐适应外界环境条件。移栽时倒入一定量的清水，振摇后松动培养基，小心取出幼苗，洗去根部的培养基以防杂菌滋生，再移至灭菌的蛭石或沙性土壤中。待苗生根、长出新叶后再移植于土壤中，有利于苗的快速生长。

基质温度是根系成活的关键，但不宜过湿。应维持良好的通气条件，促使根生长。空气也应保持湿润，以防试管苗失水枯死。移栽初期，可用塑料薄膜覆盖。温度以 25 ~ 30℃为宜，并注意遮阴，避免日晒。

脱毒苗繁育虽在防虫网内进行，但有时会因封闭不严或土内自生性出蚜，而导致网内有蚜虫等发生，或者出现地下害虫危害。为此，应定期喷洒农药，防治病虫害。

5.3.4.5 组织实施

（1）先由指导教师集中介绍本次实训的目的学习目标以及有关注意事项。

（2）分组及实训方案的制定。将班级学生组合分组。以组为单位，查找资料，制定甘薯脱毒与快繁的实训方案，提交教师审查后定稿。此方案提前 2 个月做好。

（3）以组为单位进行实训材料、试剂仪器准备。并配制实训所需要的甘薯茎尖脱毒培养的培养基。

（4）在教师指导下各小组根据制定的方案对甘薯进行茎尖培养脱毒和种薯繁育，做好每组及个人的标记。并注意观察污染、褐变情况；观察茎尖分化生长情况，统计芽分化率和增殖系数、增殖系数周期、生根率等相关指标。

（5）各小组对甘薯脱毒与快繁中出现的问题进行总结，并互相检查。

（6）教师对各小组任务完成情况进行讲评，对整个过程的安排提出合理化建议，解答学生对本次任务的疑问。

5.3.4.6 评价与考核

评价与考核，详见表 5-3-6。

表 5-3-6 考 核 方 案

序号	考核项目	考 核 内 容	成绩比例（%）
1	平时表现	全勤、个人卫生良好、团结协作；具备无菌意识、具有良好规范的行为习惯	10
2	实训报告	（1）报告书写格式正确、字迹工整、内容充实。 （2）客观分析了实训成败的原因及困难解决的方法	20
3	过程操作	（1）材料选择合适，消毒方法正确。 （2）茎尖剥离大小合适，接种迅速、方法正确。 （3）甘薯瓶苗增殖途径正确，材料切割大小合适。 （4）甘薯试管苗脱毒鉴定方法合适。 （5）脱毒苗试管快繁增殖途径正确，材料切割大小合适。 （6）各步骤操作熟练、规范	50
4	实训效果结果	（1）甘薯茎尖培养瓶苗 10 瓶 / 人。 （2）污染率≤ 10%，成芽率≥ 80%，脱毒率≥ 80%；增殖周期及系数合适	20
合 计			100

5.3.4.7 注意事项

（1）本实训持续时间较长，一定要提前做好安排，指示植物要提前准备。

（2）茎尖剥离大小合适（0.2 ~ 0.4mm），接种一定要迅速，并且不能损伤茎尖。

（3）每组每人的材料一定按照流程做好标记，以备进行脱毒鉴定，及时清查脱毒原原种。

5.4 药用植物离体繁殖技术

5.4.1 桔梗

5.4.1.1 学习目标

知识目标：掌握桔梗离体繁殖方法与技术。

能力目标：能够科学设计桔梗离体繁殖方案。

能够采用合适途径对桔梗进行快速繁殖，获得大量优质种苗。

5.4.1.2 任务提出

桔梗的根为著名的中药材，具有宣肺、祛痰、散寒、镇咳、消肿及排脓等功效。桔梗在正常情况下主要以种子或扦插繁殖，但其种子细小，价格昂贵，而且种子发芽生长需时较长，成活率低；而扦插繁殖系数也低。因此，利用组织培养手段进行快速繁殖，批量生产优质种苗具有很重要的使用价值。

由教师提出任务，学生以组为单位查找资料制定桔梗离体繁殖方案；然后经教师审定后，根据制定的方案和生产实际，在教师指导下各小组完成桔梗快繁任务。

5.4.1.3 教学条件要求

此项实训所需要的教学条件包括组织培养实验室和驯化炼苗室及其配套的仪器设备和器皿用具。主要包括以下几项。

仪器：超净工作台、空调机、蒸馏水发生器或纯水发生器、高压灭菌锅、低温冰箱、普通冰箱、电炉、天平、恒温培养箱及烘箱等设备。

用具：各种培养皿、分注器、防虫网、育苗盘、追肥枪、喷雾器及浇灌设备等。

5.4.1.4 相关知识准备

1. 形态特征与生物学习性

桔梗为桔梗科属多年生草本植物。株高 30 ~ 90cm，根肥大肉质，圆柱形，下部减细，外批淡黄褐色。茎直立，全株光滑，单一或分株。叶互生、对生或轮生；叶片卵状至卵状披针形，叶面绿色，背面淡绿白色，两面均光滑。花单生或数朵成疏生的总状花序；花萼绿色，花冠呈蓝紫色或白色。蒴果倒卵圆形。种子卵形，有三棱，黑褐色。花期为 7 ~ 9 月，果期为 8 ~ 10 月。

桔梗喜欢生长在阳光充足，温暖湿润，雨量充沛的丘陵地区。它对温度要求不严，播种期温度在 8 ~ 9℃为好，移栽期气温为 10℃左右较为适合。土壤以土层深厚，疏松湿润，排水良好，腐殖质高的壤土，砂质壤土为宜。

2. 桔梗离体繁殖技术

（1）材料选择、消毒处理与接种。桔梗培养一般以种子作为材料。在种子成熟采收后，放在自来水中浸泡数小时，再用加有少量洗洁精的自来水浸泡 10 ~ 15min，自来水下冲洗干净；用 70% 的酒精来灭菌 1min，再用 0.1% 升汞溶液再灭菌 10min，无菌水冲洗 5 ~ 6 次。用无菌滤纸吸干种子表面水分后，接种在事先配制好的 MS 培养基上。

（2）初始培养。种子在 MS 培养基培养 10 ~ 15d 后，开始萌芽，取其上胚轴接种到诱导愈伤组织和芽分化培养基 MS+2，4–D0.2mg/L 上。接种 10d 后，上胚轴膨大，长出浅绿色的愈伤组织。20d 后，愈伤组织分化出芽，并长出绿叶，生成无根丛生芽。

（3）继代培养。待试管苗长到 1 ~ 2cm 时，将丛生芽分切为 2 ~ 3 株的丛苗转接到继代培养基 MS+BA0.5mg/L+NAA0.05mg/L 中，平均 20 ~ 25d 继代一次。

（4）壮苗生根培养。将 2 ~ 3cm 长得健壮的苗，单株转接于生根培养基 1/2MS+NAA0.5mg/L+IAA0.1mg/L 中，培养 10d 后开始长根，生根率可达 100%。

（5）驯化炼苗与移栽。待试管苗根长至 1 ~ 2cm 长时，打开瓶盖，置于室温下炼苗 2 ~ 3d，然后取出试管苗，洗去基部的培养基，移栽至消过毒的腐殖土上，移入温室，保持温度 20 ~ 24℃，保持湿润，成活率可达 80%以上。

5.4.1.5 组织实施

（1）先由指导教师集中介绍本次实训的目的学习目标以及有关注意事项。

（2）分组及实训方案的制定。将班级学生组合分组。以组为单位，查找资料，制定桔梗快繁的实训方案，提交教师审查后定稿。

（3）以组为单位进行实训材料、试剂仪器准备。并配制实训所需要的桔梗培养的培养基。

（4）在教师指导下各小组根据制定的方案对桔梗进行离体快繁，做好每组及个人的标记。并注意观察污染等情况；观察愈伤组织生长情况，统计芽分化率和增殖系数、增殖周期、生根率、移栽成活率等相关指标。

（5）各小组对桔梗离体快繁中出现的问题进行总结，并互相检查。

ZHIWUZUZHIPEIYANG

（6）教师对各小组任务完成情况进行讲评，对整个过程的安排提出合理化建议，解答学生对本次任务的疑问。

5.4.1.6 评价与考核

评价与考核。详见表 5-4-1。

表 5-4-1 考核方案

序号	考核项目	考核内容	成绩比例（%）
1	平时表现	全勤、个人卫生良好、团结协作；具备无菌意识、具有良好规范的行为习惯	10
2	实训报告	（1）报告书写格式正确、字迹工整、内容充实。 （2）客观分析了实训成败的原因及困难解决的方法	20
3	过程操作	（1）桔梗种子消毒及无菌播种方法正确。 （2）桔梗试管苗增殖途径正确，材料切割大小合适。 （3）桔梗生根材料选择及切割合适，方法正确。 （4）驯化移栽方法正确，管理适当。 （5）各步骤操作熟练、规范	50
4	实训效果结果	（1）桔梗继代试管瓶苗 10 瓶 / 人。 （2）污染率≤ 10%，芽分化率≥ 80%，增殖周期及系数合适，生根率≥ 90%	20
合计			100

5.4.1.7 注意事项

（1）本实训持续时间较长，一定要提前做好安排。

（2）接种嫩茎段大小合适（0.5cm），接种一定要迅速。

（3）操作要规范。

5.4.2 枸杞

5.4.2.1 学习目标

知识目标：掌握枸杞离体繁殖技术。

能力目标：能够对枸杞进行离体快繁，获得大量优良种苗。

5.4.2.2 任务提出

枸杞是一种名贵中药材，其成熟果实入药，味甘，性平，具有滋补肝肾，益精明目的功效。除要用外，枸杞还可以作为保健食品的原料，有较大的经济价值。枸杞繁殖一般以扦插为主，但扦插育苗的周期较长，切获得的果实品质难以保证。而用植物组织培养技术可以解决以上问题。

由教师提出任务，学生以组为单位查找资料制定枸杞离体繁殖方案；然后经教师审定后，根据制定的方案和生产实际，在教师指导下各小组完成枸杞离体快繁任务。

5.4.2.3 教学条件要求

此项实训所需要的教学条件包括组织培养实验室和驯化炼苗室及其配套的仪器设备和器皿用具。主要包括以下几项。

仪器：超净工作台、空调机、蒸馏水发生器或纯水发生器、高压灭菌锅、低温冰箱、普通冰箱、电炉、天平、恒温培养箱及烘箱等设备。

用具：各种培养皿、分注器、防虫网、育苗盘、追肥枪、喷雾器及浇灌设备等。

5.4.2.4 相关知识准备

1. 形态特征与生物学习性

枸杞（*Lycium chinense*）是茄科枸杞属的多分枝灌木植物，高 0.5 ~ 1m，栽培时可达 2m 多。国内外均有分布。枝条细弱，弓状弯曲或俯垂，淡灰色，有纵条纹，棘刺长 0.5 ~ 2cm。叶纸质或栽培者质稍厚，单叶互生或 2 ~ 4 枚簇生，卵形、卵状菱形、长椭圆形、卵状披针形，顶端急尖，基部楔形；叶柄长 0.4 ~ 1cm。花在长枝上单生或双生于叶腋，在短枝上则同叶簇生；花冠漏斗状，长 9 ~ 12mm，淡紫色，5 深裂；花柱稍伸出雄蕊，上端弓弯，柱头绿色。浆果红色，卵状，栽培者可成长矩圆状或长椭圆状，顶端尖或钝，长 7 ～ 22mm。种子扁肾脏形，长 2.5 ～ 3mm，黄色。花果期 6 ～ 11 月。枸杞喜光照。对土壤要求不严，耐盐碱、耐肥、耐旱及怕水渍。以肥沃、排水良好的中性或微酸性轻壤土栽培为宜，盐碱土的含盐量不能超过 0.2%，在强碱性、黏壤土、水稻田及沼泽地区不宜栽培。

2. 枸杞离体快繁技术

（1）材料选择、消毒处理与接种。枸杞的茎、叶、花药及胚乳都可以作为离体繁殖的材料，但一般常用嫩茎。取幼嫩带叶的枝条，在水中冲洗干净，切茎段放入 70% 酒精浸泡数秒钟，再用 0.1% 升汞溶液消毒 8 ～ 10min，无菌水冲洗 4 次。在无菌条件下将嫩茎切成长 0.5cm 左右的小段，接种在诱导培养基上。

（2）初始培养。茎尖在诱导培养基上培养 7d 后，茎段切口处明显膨大，10d 切口处有愈伤组织产生，愈伤组织呈淡黄色，质松而透明。诱导培培养基为 MS+2，4-D0.5mg/L+ 蔗糖 2%。培养温度（27 ± 1）℃，自然光照。

（3）继代培养。愈伤组织进一步培养 20d 后，将其切割成 0.5cm 大小，转接到诱导芽分化培养基 MS+BA1.0mg/L+IAA0.1mg/L 上培养，约 20d 从愈伤组织分化出丛生芽，继续培养 20d 可长成 2 ～ 3cm 高的试管苗。再将丛生芽 2 ～ 3 芽丛分割转接或试管苗切断转接到分化培养基，可以得到大量的枸杞试管苗，增殖系数达到 5。培养温度（27 ± 1）℃，光照 10h/d，光照强度 1000 ～ 2000lx。

（4）生根培养。将 2 ～ 3cm 高的枸杞试管苗单株转接到生根培养基 1/2MS+IBA0.1mg/L 上，1 周后开始生根，2 周后形成发达的根系，生根率达到 90% 以上。

（5）驯化炼苗与移栽。生根培养 40d 后，将生根瓶苗移到驯化室进行炼苗 1 周，再移栽到消毒基质（细沙：园土 =1 ：1）中，并用薄膜保湿（1 周后揭空）。棚内温度保持 13 ～ 29℃，保持湿润，逐步接受自然光照。移栽成活率可达 90%。

5.4.2.5 组织实施

（1）先由指导教师集中介绍本次实训的目的学习目标以及有关注意事项。

（2）分组及实训方案的制定。将班级学生组合分组。以组为单位，查找资料，制定枸杞快繁的实训方案，提交教师审查后定稿。此方案提前 2 个月做好。

（3）以组为单位进行实训材料、试剂仪器准备。并配制实训所需要的枸杞培养的培养基。

（4）在教师指导下各小组根据制定的方案对枸杞进行离体快繁，做好每组及个人的标记。并注意观察污染等情况；观察茎分化生长情况，统计芽分化率和增殖系数、增殖系数周期、生根率等相关指标。

（5）各小组对枸杞离体快繁中出现的问题进行总结，并互相检查。

（6）教师对各小组任务完成情况进行讲评，对整个过程的安排提出合理化建议，解答学生对本次任务的疑问。

5.4.2.6 评价与考核

评价与考核，详见表 5-4-2。

表 5-4-2　　考核方案

序号	考核项目	考核内容	成绩比例（%）
1	平时表现	全勤、个人卫生良好、团结协作；具备无菌意识、具有良好规范的行为习惯	10
2	实训报告	（1）报告书写格式正确、字迹工整、内容充实。 （2）客观分析了实训成败的原因及困难解决的方法	20
3	过程操作	（1）材料选择合适，消毒方法正确。 （2）材料切割大小合适，接种迅速、方法正确。 （3）枸杞试管苗增殖途径正确，材料切割大小合适。 （4）驯化移栽方法正确，管理适当。 （5）各步骤操作熟练、规范	50
4	实训效果结果	（1）枸杞无根试管瓶苗 10 瓶 / 人。 （2）污染率≤ 10%，芽分化率≥ 80%，增殖周期及系数合适	20
合计			100

5.4.2.7 注意事项

（1）增殖材料可以带愈伤，但生根苗一定不能带愈伤。

（2）操作要规范。

5.4.3 芦荟

5.4.3.1 学习目标

知识目标：掌握芦荟组织培养的方法与技术。

能力目标：能够科学设计芦荟快繁方案。

能够选择合适的外植体和途径进行芦荟快速繁殖。

5.4.3.2 任务提出

芦荟（*Aloe vera L.*）是百合科多年生常绿多肉质的草本植物。也是一类用途很广的药用植物，世界各地均有分布和栽培。近年来全世界芦荟产业蓬勃发展，发展前景喜人。芦荟植株生长数年后才开花结实，种子一般也很少，而且种子细小，又不耐保存，存放一年后发芽率很低。生产上常用的扦插和分株法都不能在短时间提供大量种苗。因此，只有通过组织培养快繁方法，才能生产出大小一致、性状稳定的优良种苗。

由教师提出任务，学生以组为单位查找资料制定芦荟快繁方案；然后经教师审定后，根据制定的方案和生产实际，在教师指导下各小组完成芦荟快繁任务。

5.4.3.3 教学条件要求

此项实训所需要的教学条件包括组织培养实验室和驯化炼苗室及其配套的仪器设备和器皿用具。主要包括以下几项。

仪器：超净工作台、空调机、蒸馏水发生器或纯水发生器、高压灭菌锅、低温冰箱、普通冰箱、电炉、天平及烘箱等设备。

用具：各种培养皿、分注器、育苗盘、追肥枪、喷雾器及浇灌设备等。

5.4.3.4 相关知识准备

1. 形态特征与生物学习性

芦荟原产印度，为多年生草本肉质植物，根据品种的不同，形态差异很大。它们都具有肥厚多汁的剑形或长三角形叶片，叶色有绿、蓝绿及灰绿色等，多数品种叶面上有斑点或斑纹，小花筒形，花色有红、黄色，花期冬、春季节，花朵虽然不大，但往往数朵同时成串开放，色彩也很鲜艳。

2. 芦荟离体繁殖技术

以库拉索芦荟和木立芦荟为例进行繁殖介绍。

（1）库拉索芦荟。

1）无菌体系的建立。外植体采用茎尖、带腋芽茎段、叶片与吸芽，以带腋芽的茎段效果最好。取芦荟幼苗洗去表面泥土，经流水冲洗数分钟后，剥去外围较大叶，切去根系后将其切成3cm左右的茎尖和茎段，置于无菌的烧杯中，然后在无菌操作台上，首先用75%酒精中漂洗30s，之后用无菌水冲洗3次，再用0.1%氯化汞溶液浸泡消毒10min，将氯化汞溶液倒出，注入无菌水冲洗3～5次，每次都要不停搅动除去外植体表面残留的药物。取出后用无菌滤纸吸干外植体表面水分，接种在MS基本培养基上，15d左右获得无菌苗，然后将其进行切割分别接种在附加激素的培养基上。

2）诱导培养。在无菌条件下，切取无菌苗顶端1cm大小的茎尖，每个茎尖带有1～2个叶原基、然后接种到MS+BA3.0mg/L+NAA0.2mg/L、琼脂粉5g/L、蔗糖30g/L、pH值5.8的诱导分化培养基上。培养条件为：温度25～28℃，光强1800～2000lx，光照10～12h/d。30d左右顶芽开始生长，腋芽萌动长出小芽，同时从材料基部切口处长出多个白色的小突起，小突起逐渐长成绿色的丛生芽。

叶片为外植体，如果没有带部分茎段组织，无法诱导出不定芽，且易发生褐变；带少量茎段的，约 20d 在叶柄基部有不定芽产生；以吸芽为外植体，需切掉根。有根的外植体芽生长较快，诱导不定芽的速度较慢。

3）继代培养。将诱导获得的丛生芽进行分割转接到 MS 基本培养基，附加 6-BA2.0mg/L、NAA0.1mg/L、琼脂粉 5g/L、蔗糖 30g/L、pH 值 5.8 的继代培养基上进行继代培养，1 周左右每个外植体芽都能分化出 4 ~ 6 个新芽，大约在 30 d 左右就可以形成大量丛生芽，6-BA 的浓度对芽的增殖影响很大，随着浓度的增大，芽分化效果变差，而且还容易发生褐变，浓度过高会使芽生长变形、脆弱、卷曲。如果继代次数过多，6-BA 容易有一定的沉积现象，使芽苗产生变异，为了使小芽生长健壮、旺盛在进行多次继代以后，可适当地降低培养基中 6-BA 的含量，当芽苗生长状态良好时，才能进行生根。

4）生根培养。当继代增殖试管苗达到足够数量时，将丛生芽单个切下，分别接种到 1/2 MS +NAA0.5mg/L+活性 0.3%+ 琼脂 0.5%+ 蔗糖 0.2% 的培养基上进行继续培养，此阶段可将光强增至 3000lx，10d 左右开始生根，20d 左右小芽可长到 5 ~ 8cm，平均每个试管苗长出 4 ~ 5 条粗壮侧根，叶色常浓绿。此时即可驯化与移栽。

5）试管苗的驯化与移栽。

a. 试管苗的驯化。由于离体培养下的再生植株长期在营养丰富的无菌条件下生长，根系活动能力比较差，直接移入土壤中栽培，其成活率极低，而首先选择生长比较健壮、根系发育良好的试管苗，在驯化室内将培养瓶打开，注入一定量的自来水，放置到 23℃温度下，最好有太阳光散射的地方，在开始 2 ~ 3d 时避免过多、过强的自然光照，当 5 ~ 7d 时要适当增加光照，温度保持在 20℃左右即可。

b. 试管苗的移栽。小心取出试管苗，将根部的培养基用温水轻轻的洗去，注意不要伤到根系，培养基一定要彻底的清洗干净，避免由于培养基洗不净，移栽后根部滋生大量的细菌。试管苗用 1000 倍高锰酸钾全株浸泡消毒，稍加晾干后即可移植，基质不宜过湿，最好要经过消毒处理，而且是几种基质的混合物，芦荟喜暖热干燥的环境，温度应控制在不低于 20℃，光线不可太强，最初 10d 用塑料薄膜保持相对湿度在 80% 左右，一般 3 ~ 5 天浇一次水，浇水时间一般冬季在午后进行，夏季以清晨和傍晚为好，应采取“不干不浇，浇则浇透”的原则，以后逐渐除去薄膜直至自然状态下的相对湿度。为了保证试管苗的正常生长，温室内应定期喷洒杀虫剂和杀菌剂，成活率可达 90% 以上。

（2）木立芦荟。

1）无菌体系的建立。木立芦荟的细嫩侧芽是比较理想的组培材料。一般从生长健壮的木立芦荟成年植株上摘取侧生嫩芽，取芽时最好用手将芽从母株上掰下，不用刀剪等工具切割，因为掰下的芽在培养时产生酚类化合物相对少，在以后的培养过程中对防止褐变有所帮助，而切割的芽容易产生过多酚类化合物，在以后培养中容易发生褐变。取木立芦荟的幼嫩侧芽作为外植体，在无菌条件下，先用 75% 酒精浸泡 20s，用无菌水冲洗 1 次，然后放入 0.1% 氯化汞溶液中消毒 10min 最后用无菌水冲洗 3 ~ 5 次进行接种，接种时剥茎尖，注意不要损坏生长点，把经过消毒后的茎尖接种于 MS 基本培养基中，高 pH 值到 5.8 ~ 6.2，光照 10 ~ 12h/d 光照强度 1500 ~ 2000lx，培养温度 23 ~ 27℃的条件下进行培养。

2）诱导培养。将无菌芽转接到芽诱导培养基上，诱导培养基为 MS+ 6-BA2.0mg/L+NAA0.05mg/L+ 琼脂粉 5g/L+ 蔗糖 30g/L、pH 值 5.8。每瓶接种的密度相对要低一些，一般每瓶接种 3 ~ 5 个外植体即可，这样既可以让每个人芽有充分的生长空间和足够供应，又有利于及时将污染的芽和没被污染的芽分开。接种芽时要尽量将芽比较牢固地插到培养基中，但不可太深，以免通气不良而死亡。在接种的过程中尽量缩短芽在空气中暴露的时间，这样可以在一定程度上减轻褐化作用。接种完成后置于培养室内培养，温度在（24±2）℃，光照强度 1500 ~ 2000lx，光照 10 ~ 12h/d，在诱导培养的过程中，需要的时间往往比增殖的过程中所需要的时间长一些，一般经过 1 个月左右，就可见到在接种芽的附近萌发许多不定芽，再经过 1 ~ 2 周的培养这些不定芽逐渐地长大，就可用于下一步的继代培养，在诱导芽再生的过程中，可能是由于多酚氧化酶的作用而使培养基变褐，如果褐变较轻可不必处理，如果较重则需将芽及时转到新鲜培养基上。

3）继代与壮苗培养。继代培养所用培养基与诱导芽再生培养相同即可，将带有许多不定芽的培养物从培养瓶中取出，在无菌滤纸上用镊子将新生不定芽从母体上掰下，最好不用解剖刀，因为切割容易造成比较大的损伤，易引起褐化。将掰下的小芽转到新鲜的培养基上，半个月左右在新生芽的周围产生许多新的不定芽，出芽时间比首次接种的时间明显缩短，新生芽的生长速度也明显加快，一般只需 10d 就可长大，这可能是一种驯化根和适应的表现。在这种诱导芽再生培养基上，一些长得比较健壮的试管苗可以直接用于生根和移栽。另外延长培养时间，有利于许多芽长成适于生根的小苗。如果想加快繁殖的速度，可再配制壮苗培养基，将小芽转到壮苗培养基上。壮苗培养基可选用 MS 基本培养基附加 6-BA.1mg/L、NAA0.1mg/L、蔗糖 30g/L、琼脂粉 5.0，调 pH 值至 5.8。

4）生根培养。无论是从诱导芽再生培养基上获得的大芽，还是从继代培养基上获得的大芽，都可以转到生根培养基上诱导生根。生根培养基是 1/2MS+NAA 0.1mg/L+ 蔗糖 20g/L+ 琼脂粉 5.0g/L。将大芽转到生根培养基上，在培养室内大约 1 ~ 2 周就可以看到芽的基部有 3 ~ 5 条根长出，待根长到 2 ~ 3cm 时便可以将培养瓶转到炼苗室内进行炼苗。

5）驯化和转移。在驯化室内将瓶盖打开，注入少量的蒸馏水，在炼苗室内进行驯化 5 ~ 7d，由于水分的逐渐蒸发而使苗变得逐渐强壮。随着瓶内水分的蒸发，瓶内的环境逐渐接近于自然状态，使小苗完成了由培养条件向自然环境的过渡。此时，便可以从瓶中将带根小苗取出，用软毛刷子在清水中洗去根系周围的琼脂培养基，在清洗的过程中尽量不要碰伤根和叶。用清水洗净后在报纸上稍微吸一下水分，便可移栽到生长基质中。基质在移栽前最好要经过消毒处理，芦荟喜欢砂性基质，可以用细砂 + 蛭石（1 ：1），或细砂 + 蛭石 + 草碳土（5 ：3 ：2）配制成生长基质。移栽前将基质喷湿，移栽后将基质喷透，移入生长基质后，用自来水在每株小苗的周围浇一下，以便使小苗根部与生长基质紧密接触。注意保温保湿，用塑料薄膜覆盖，每天最好打开通气半个小时，并根据苗床的情况喷水，半个月左右就可长出新根，变可移栽到花盆或苗床中，移栽后的小苗要注意遮阳，更重要的是保持空气相对湿度在 90% 左右，这是新移栽的组培苗能否顺利成活的关键。

5.4.3.5 组织实施

（1）先由指导教师集中介绍本次实训的目的学习目标以及有关注意事项。

（2）分组及实训方案的制定。将班级学生组合分组。以组为单位，查找资料，制定芦荟快繁的实训方案，提交教师审查后定稿。此方案提前 2 个月做好。

（3）以组为单位进行实训材料、试剂仪器准备。并配制实训所需要的芦荟培养的培养基。

（4）在教师指导下各小组根据制定的方案对芦荟进行离体快繁，做好每组及个人的标记。并注意观察污染等情况；观察茎分化生长情况，统计芽分化率和增殖系数、增殖系数周期、生根率等相关指标。

（5）各小组对芦荟离体快繁中出现的问题进行总结，并互相检查。

（6）教师对各小组任务完成情况进行讲评，对整个过程的安排提出合理化建议，解答学生对本次任务的疑问。

5.4.3.6 评价与考核

评价与考核，详见表 5-4-3。

表 5-4-3　考核方案

序号	考核项目	考核内容	成绩比例（%）
1	平时表现	考勤、卫生、团结协作；具备无菌意识、具有良好规范的行为习惯	20
2	过程操作	（1）芦荟外植体选择与处理合理。 （2）外植体大小合适，接种迅速、方法正确。 （3）芦荟增殖途径选择正确，材料切割大小合适。 （4）材料消毒、接种操作熟练、规范	40

续表

序号	考核项目	考 核 内 容	成绩比例（%）
3	实训报告	（1）报告书写格式正确、字迹工整、内容充实。 （2）客观分析了实训成败的原因及困难解决的方法	20
4	实训效果评价	（1）每人提交继代增殖瓶苗 10 瓶。 （2）污染率≤ 10%，出愈率≥ 70%，芽分化率≥ 80%，增殖系数≥ 4，生根率≥ 90%，移栽成活率≥ 90%	20
合 计			100

5.4.3.7 注意事项

（1）本实训持续时间较长，一定要提前做好安排。

（2）芦荟在组培过程中易出现褐变现象。

（3）每组培养材料不同一定做好标记。

第6章 植物组培苗工厂化生产技术

知识目标

- 理解组培工厂的设计原则与总体要求
- 熟悉植物组培苗生产的技术流程
- 掌握生产计划制定方法
- 掌握技术环节成本核算与效益分析的方法

能力目标

- 能够科学合理设计组培工厂
- 能够根据需求情况制订生产计划
- 能够进行组织培养的成本核算与效益分析
- 能够按照市场需求实施有效的经营管理

6.1 组培工厂生产的设施设备与技术

植物组培苗的工厂化生产所需要解决的首要问题是工厂化生产设施与设备条件，组培工厂生产流程。组培苗单株生产利润低，只有发挥规模效益才能实现盈利。另一个需要解决的问题是工厂化生产技术较实验室研究技术或小规模生产技术究竟存在多大差异。

6.1.1 组培工厂的选址要求

建立植物组织培养育苗工厂首先要考虑周全，否则会对以后的生产造成不良影响。在厂址选择上，一般首先应因地制宜，根据实际条件，选择较为洁净、安静的地方，新建或以原有的厂房，如办公室、会议室、仓库等改建成组织培养育苗工厂。为使生产能够顺利进行，厂址的选择要注意以下几点：一是要选在城市周边地区，可方便采购各种物资，还有利于产品销售；二是要选择交通运输方便的地方；三是要在该城市常年主风向的上风，以避开各种污染源；四是要有提灌水系统及用电线路畅通等条件。

6.1.2 组培工厂的构成与设施设备

植物组织培养育苗工厂化生产用设施设备应根据设计规模来确定，在实际生产过程中，还要考虑市场和生产任务等因素来确定实际生产规模。

6.1.2.1 组培苗生产的设施设备

组培离体快繁部分按工厂化生产应称为各种“组培车间”，主要分成培养基制备以及组培苗的诱导、继代及生根等培养过程，它是组培苗生产的第一阶段，也是植物组织培养工厂生产的主要构成单位。主要的设施包括洗涤车间、准备车间、化学试剂车间、培养基制备车间、接种车间及培养车间；主要设备有超净工作台、高压灭菌锅、成套洗涤设备、培养架、加温设备、冰箱、接种器械、蒸馏水器及各种规格的天平等；还包括组培苗生产过程中所需要的各类药品。

6.1.2.2 试管苗移栽设施设备

试管苗移栽设施设备主要包括电热温床、基质搅拌机、喷药消毒机、装盘机、育苗盘、育苗筒、各种肥料、以及活性炭、蛭石和珍珠岩等移栽基质。

6.1.2.3 保护栽培设施

保护栽培设施主要用于试管苗的移栽、驯化和生产。主要设施有温室、塑料薄膜拱棚、防虫网室及防雨遮阳棚等，其中温室是主要设施，主要是各种类型的日光温室、温室内安装调节空气温度的喷雾机和加湿机。

6.1.3 组培工作车间的设置

根据生产目的和规模来进行厂区内部的设计。设计时要讲究合理性、实用性及实效性。设计的原则一般是按照工艺流程顺序排列，这样可以节省劳力、物力，方便工作，避免不必要的浪费。

6.1.3.1 洗涤车间

（1）主要功能。培养器皿的洗涤、外植体的冲洗等工作。

（2）设计要求。要求具有耐酸碱的水池和排水口。由于每天都有大量的植物材料碎片、琼脂等，因此排水口一定要安装过滤网，做到每天清洗检查，以减少微生物滋生源，避免系统堵塞，给工作带来不必要的麻烦。

（3）仪器和用具的配置。洗瓶机、换气扇、医用小推车。其他与洗涤室相同。

6.1.3.2 培养基制作车间

（1）主要功能。培养基的配制与灭菌。

（2）设计要求。面积一般为 60 ~ 80m^2。要求房间宽敞明亮、通风、安全、墙壁和地面防潮、耐高温；有电源、有自来水和水槽，保证上下水道畅通。

（3）仪器与用具配置。工作台、高压锅、冰箱、培养基分装器及蒸馏水器等。

6.1.3.3 接种车间

（1）主要功能。外植体的接种及培养物的继代等工作。

（2）设计要求。接种车间一般分为缓冲间和接种间，其设计要求与组培实验室的缓冲间、接种室要求基本相同。在设计时需要注意以下几个问题。

1）根据工作量的大小决定接种间的面积，但不宜过大，可以多设几个小接种间。

2）为便于无菌操作和提高接种的工作效率，以选用平流风式双人单面超净工作台为宜。

3）接种车间内可设计一个紫外光消毒间，与培养间相邻。从培养车间取出准备进行继代培养的材料在进入接种室前，需在此室内用紫外线灯消毒 20 ~ 30min，以减少瓶外的污染源带入接种间。

（3）仪器与用具配置。超净工作台、接种工具、医用小推车、空调机及灭菌器等。

6.1.3.4 培养车间

（1）主要功能。培养物的培养工作。

（2）设计要求。根据组培育苗工厂的生产规模，确定培养车间的数量和面积大小，最好设计多个培养间，便于对培养条件均匀控制。为便于管理，可单设一间暗培养间。另外，培养车间最好与紫外光消毒间相邻，这样可保证接种与培养上下工序的衔接顺畅。其他要求与培养室相同。

（3）仪器与用具配置。培养架、折梯子、空调机、摇床、培养箱、除湿机及温度记录仪等。

6.1.3.5 培苗驯化车间

除棚室数量增加外，其他与驯化棚室要求相同。

6.1.3.6 苗圃

（1）主要功能。苗圃分为原种苗圃、品种栽培示范获繁殖苗圃。原种圃用于引进和保存育苗所需的无病毒或珍稀的优良种质资源，主要采用防虫网室保存（部分种类可用试管保存）品种栽培示范区主要是栽培本厂生产的各种组培苗的成年植株，展示其优良的观赏性状及生产习性，也作为组织培养材料的采集地；繁殖圃包括育苗区、无性繁殖区和培育大苗区，直接向市场供应不同规格的商品苗木。

（2）设计要求。根据组织培养育苗的规模与目的，确定育苗圃的大小。原种苗圃、品种栽培示范区和繁殖苗圃的面积分别根据种源和展示品种的多少、市场的需要来确定。

1）原种圃。在原种圃、防虫网室保存的原种材料要求不带病毒，而且要避免重复感染和因长期继代而发生变异。所保存的原种材料每年应进行 1 次病毒鉴定，原种圃应有完整的引种档案，记明原种植物的引种来源，品种名称、病毒检测证明，相应的管理记录等。一般每个原种材料应不少于 2 ~ 3 株。

2）品种栽培示范区。品种栽培示范面积可根据品种的多少来确定。育苗圃地应选用地势平坦，土质疏松而肥沃的沙壤土，有充足的水源和灌溉条件以及方便苗木的销售运输，并保证苗木纯正无误。

3）繁殖圃。满足商品大苗的养护和常规无性系列采穗的需要。

（3）设施、设备和用具的配置。有智能温室、普通日光温室或塑料大棚。微灌系统、育苗床、排灌系统、遮阳设施及防虫网室；基质、肥料、消毒剂、穴盘栽培盘具，以及其他必要的工具与辅助设施加肥料堆沤场地等。

6.1.3.7 组培工厂设计范例

组培工厂的生产规模不同，在厂区规划和车间布局、基本建设费用、设备和器皿、试剂的购置数量与费用及总投资额等有较大差异。另外，因设计理念、资金实力、现有条件、地区差异和发展规划的不同而在设计上也表现出风格和特色各异。以下列举出几种组培育苗工厂的平面设计图，见图 6-1-1 ~ 图 6-1-3，供实际规划设计时参考。

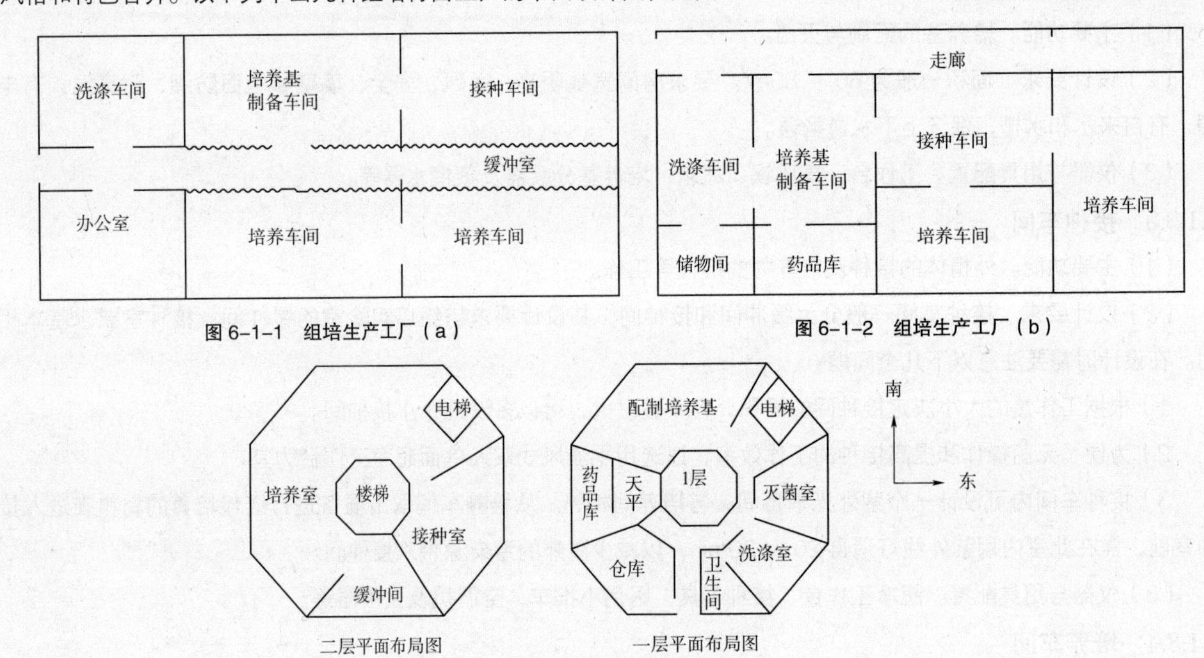

图 6-1-1 组培生产工厂（a）

图 6-1-2 组培生产工厂（b）

图 6-1-3 组培生产工厂（c）

6.2 生产规模与生产计划

6.2.1 试管苗增殖率的估算

试管苗增殖率是指植物快速繁殖中间繁殖体的繁殖率。试管苗增殖率的估算多少以芽、苗或无根嫩茎为单位；对于那些较难统计的培养产物，如原球茎、胚状体等则以瓶为单位。

试管苗理论上的年繁殖量的大小，可以采用如下公式进行计算

$$Y=mX_n$$

式中 Y——年繁殖数；

m——瓶内母株苗数；

X——每个培养周期增殖的倍数；

n——全年可增殖的周期次数。

例：一株高 6cm 的马铃薯试管苗，被剪成 4 段转接于继代培养基上，30d 后这些茎段平均又再生出 3 个 6cm 高的新苗。如此反复培养半年后，理论上可以获得多少马铃薯的试管苗?

已知：$m=1$；$X=4\times3=12$；$n=6$；

代入公式 $Y=mX_n=1\times126=2985984$（株）

即一株马铃薯试管苗经半年的继代培养后，理论上可以获得 2985984 株新生试管苗。此计算为生产理论数字，在实际生产过程中还有其他因素如污染、培养条件发生故障等，会造成一些损失，实际生产的数量应比估算的数字低些。

6.2.2　生产计划的制定

根据市场的需求和种植生产时间，制定全年植物组织培养生产的全过程。制定生产计划，虽不是一件很复杂的事情，但需要考虑全面、计划周密及工作谨慎，把正常因素和非正常因素都要考虑进去。往往制定出计划后，在实施过程中，也容易发生意外事件。

制定生产计划必须注意以下几点：对各种植物的增殖率应做出切合实际的估算；要有植物组织培养全过程的技术储备（外植体诱导技术、中间繁殖体增殖技术、生根技术和炼苗技术）；要掌握或熟悉各种组培苗的定植时间和生长环节；要掌握组培苗可能产生的后期效应。

制定某种植物组培生产计划，应根据市场需求，各种植物都有一定的需求量，但是用苗的时间和用苗的量却不统一。每年的春、夏、秋、冬季节都有定植时间，用量各不相同，外植体来源季节也不同。

制定全年组培生产计划：一个植物组织培养种苗工厂，应能生产当地适用、适销的各种各样的植物种苗，并且全年生产，全年供应。

$$全年生产量=全年出瓶苗数\times炼苗成活率$$

例如：组培生产无论有多少种植物，它们平均 30d 为一个增殖周期，一部超净工作台每人转苗量 1200 株，按全年 300 工作日计算全年的生产量。

$$全年生产量=1200\times300=360000 株$$

30% 苗量为增殖培养，70% 苗量为生根出苗，计算全年成活出苗量。

$$全年出苗量=360000\times70\%=252000 株$$

6.2.3　工厂化生产的工艺流程

工厂化生产种苗，生产计划的制定要根据每种植物的组织培养工厂化生产的工艺流程。拟定工作程序，又要根据植物组织培养的技术路线。以菊花茎尖脱毒及快繁为例，其工厂化生产工艺流程见图 6-2-1。

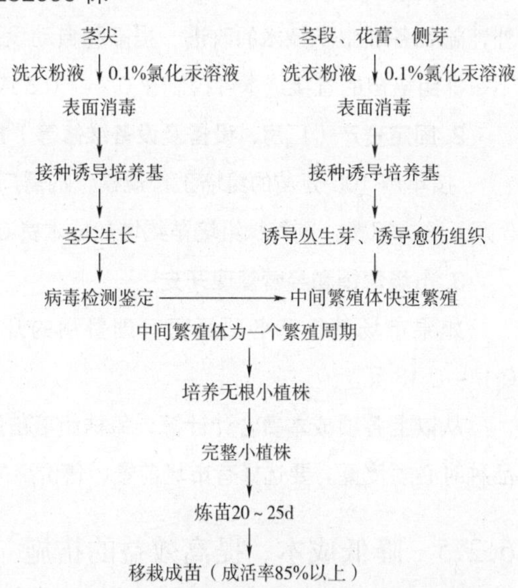

图 6-2-1　菊花茎尖脱毒及快速繁殖工艺流程图
（引用 王清连．植物组织培养．北京：中国农业出版社，2004）

6.2.4　组培工厂化生产成本核算

6.2.4.1　成本核算的意义

试管苗从实验室进入到商品化生产，分析试管苗的生产成本与经济效益就显得十分重要。因能进行试管快速繁殖的植物种类越来越多，其中有许多是珍贵、稀有的优良品种，但用于商业化生产的却不多，主要原因是生产成本太高。如何降低成本，向市场提供价格适中的优良植物品种，满足人们养花、种树、美化环境的需要，对消费者和生产者来说都具有同等重要的意义。

成本核算是确定产品价格的依据，是了解生产过程中的各项消耗，也是改进工艺流程、改善薄弱环节的依据，是反映经营管理工作质量的一个综合指标，如固定资产是否充分利用，物资消耗是否超标。劳动生产率和管理水平的高低等，都会直接或间接地在成本核算中反映出来。通过成本核算可以有效地防止各种不必要的浪费，是全面改善经营管理的一个非常重要的环节。通过成本核算还可以促进企业比较各项技术措施的经济效果，从而有助于企业做出最好的技术决策或选择最优的技术方案，是提高效益、节省投资的必要措施。

6.2.4.2 成本核算的方法

植物组培试管苗工厂化生产既有工业特征，又有农业特征，成本核算的方法比较复杂。一般试管苗生产经营的费用见表 6-2-1。

表 6-2-1 组培工厂化生产成本核算明细表

成本项目	明细
直接费用	直接工资：生产人员工资、资金、津贴等 直接材料：消耗的各种生产资料，含生化试剂、琼脂、蔗糖及化肥农药等 其他直接费用：水电费、引种费
间接费用	生产设施折旧费：设备、仪器、房屋、温室和工具等的折旧 生产中保险费：试验检验费 季节性、修理期间的停工损失 其他间接费用：燃料、机械等
期间费用	销售费用：销售人员工资、广告费、展览费及包装费等 管理费：管理人员工资、招待费、技术转让费及技术培训费等 财务费用：利息支出、汇总损失及手续费等

另外，种苗生产应按法规上交税金，包括农林特产税、耕地占用税及产品税等。各地区和各单位在税收在执行中存在不同的情况，还应该根据当地实际情况加入成本核算。

6.2.4.3 成本核算具体分析

1. 直接生产成本（按生产 10 万株组培出瓶苗计）

按每生产 10 万株苗的全过程中（包括继代接种、生根诱导等）约耗用 1500 ~ 2000L 培养基推算，培养基制备的药品、人工工资、电耗及各种消耗品（如酒精、刀具、纸张及记号笔等）约需直接生产成本 3.8 万元。其中，培养其间的电耗常占极大比重，如果能充分利用自然光来减少人工光照和合理利用光源，将大大地降低成本。此外，随着各项生产技术的改进、提高和自动设备的引进、扩大规模，也可以有效地降低直接生产成本。一般情况下每株组培苗的直接成本可控制在 0.2 ~ 0.3 或更低。

2. 固定资产（厂房、设备及设备维修等）折旧

按年产 100 万苗的组培工厂规模，约需厂房和基本设备投资 100 万元左右计，如果按每年 5% 折旧推算，即 5 万元的折旧费，则每株组培苗约增加成本费 0.05 元。

3. 市场营销和经营管理开支

如果市场营销和各项经营管理费用的开支按苗木原始成本的 30% 运作计算，每株组培幼苗的成本增加 0.1 ~ 0.13 元。

从以上各项成本费合计计算，每株组培苗的生产成本在 0.35 ~ 0.5 元。因此，组培育苗工厂在选择投产植物品种时必须慎重。要选择有市场前景、售价高的品种进行规模生产，否则可能造成亏损。

6.2.5 降低成本，提高效益的措施

降低植物试管苗的生产成本涵盖了其生产过程中的诸多生产环节，每一个环节成本的降低都会对最终成本的降低起到直接的作用。在其成本中人员费所占的比重是比较大的，也正因为这一点，不同的管理会对成本影响较

大，管理水平较高的组培工厂会有效地降低人员费开支。除此之外，固定资产所占的比重差异也较大，选择投资相对较小的硬件设施会提高组培室的效益。具体而言，降低植物试管苗成本的方法主要有以下几个方面。

6.2.5.1 物资、设备的低投入和高效运作

基础设施、设备的成本在试管苗的成本中占有较大比重，其弹性也较大，这一部分成本的降低，可以从以下几方面加以考虑。

1. 减少设施、设备的投资和延长其使用寿命

为了降低试管苗成本，组培室的建设可以建造简易的厂房，也可以通过旧房屋的改造而成。如果选用投资较大厂房设备，其折旧费所占试管苗成本的比重就会增加，其幅度可以变化在 0.01 ~ 0.1 元的范围。

设备的投资可以是几万元，也可以是几十万元不等。为了降低设备投资对成本的影响，除应购置一些基本的设备外，可以使用此替代品。例如，可以用廉价的 pH 值试纸代替昂贵的 pH 值计；一个年产 10 万株菊花腋芽苗的组培工厂，只要有一台超净工作台，经常及时检修、保养，避免损坏，延长寿命，也是降低成本提高效益的一条重要措施。

2. 减少器皿消耗，使用替代品

在试管苗生产中需要大量的培养器皿，这些器皿投资也比较大，其开支占成本的 1/6 ~ 1/4。按曹孜义等（1989）在葡萄试管苗生产过程中的成本计算，如果使用三角瓶，每个按 2 ~ 3 元计算，生产季节每月损耗 5%，则费用较大会增加成本。如果改用 250mL 的罐头瓶，成本仅为三角瓶的 1/10 并且罐头瓶培养空间也大，成苗时间短，苗壮。这从长期生产的角度是可以降低生产成本。

3. 简化培养基

培养基使用的化学药品较多，但是在整个培养成本中所占比重不大，一般每株试管苗的培养基成本不足 0.05 元。降低成本，也应该加以考虑。一般培养基中成本的费用按照琼脂、糖、植物激素、大量元素、有机成分和微量元素的顺序依次降低。很多植物试管苗生产都是使用液体培养基，用普通白砂糖代替蔗糖，用自来水代替蒸馏水等，均可以降低生产成本。用普通食糖代替分析纯的蔗糖以及用自来水代替蒸馏水后，据有关资料报道，铁皮石斛试管苗在株高、茎径、叶数、根数和根长等方面均无影响，二者差异不显著。

6.2.5.2 节省水电开支

水费和电费在生产成本中占有很大的比重，其中电费所占比重最大。其比例占成本的 1/8 ~ 1/3 不等。因此节省水电开支是降低成本的一个重要策略。主要包括以下几个方面。

1. 尽量利用自然光源

试管苗的增殖生长和生根都需要在一定的温度和光照下进行，维持这样的温度和光照可以通过自然光源的补充或者替代。在设计培养室时，可以考虑增加培养室的采光度，将培养室建在开阔、四周无遮蔽的地方，房屋可以用东、南、西三面采光钢架玻璃结构改善采光效果。

2. 充分利用培养室空间

培养室空间的充分利用一方面可以降低固定资产的投入，另一方面在加温的培养室中可以降低电能消耗。

3. 减少水分的消耗

制备培养基要求用去离子水，经一些单位试验证明，只要所用水无污染，含盐量不高，pH 值能调至 5.8 左右，就可以用自来水、井水及泉水等代替去离子水或蒸馏水，以节省部分费用。

6.2.5.3 加强组培室经营管理，减少人员费用开支

植物试管苗的工艺过程较为复杂，且费工费时，尚属于劳动力密集型技术，费用占成本的 25% ~ 40%。要通过加强组培室的管理工作可以优化组培室人员结构，提高劳动生产率。熟练的技术工人可以提高每天试管苗的生产数量，降低污染率。在管理中实行岗位责任制、定额管理、工资实行计件或者进行承包等，都是提高劳动生产率的有效措施。

6.2.5.4 发展多种经营，开展横向联合

结合当地的种植结构，安排好每种植物的定制茬口，发展多种植物试管繁殖。如发展花卉、果树、经济林木和药材等，将多种作物结合起来，以主带副，搞成一个总额灵活的试验苗工厂，也是降低成本提高经济效益的途径。

积极开展出口创汇，拓宽市场，使国内产品逐步进入国外市场。向日本市场出口“切花菊花”，向东欧市场出口“切花玫瑰”，向东南亚出口“水仙球”等，都有较高的经济效益。

组织培养中有“快速繁殖”、“去病毒或病毒鉴定”、“有益突变体的选择”以及“种质保存”等多项技术，要加强技术间的紧密合作，使之在多方面发挥效益。加强与科研单位、大专院校、生产单位的合作，采取分头生产和经营，互相配合，既可发挥优势，又可减少一些投资。

6.3 工厂化、商品化生产的经营管理

根据市场需求，产销对路，以销定产。市场有需求，便加快产品生产，加快销售，效益就提高。产品对路，销售畅通，效益就显著。

保证产品质量，坚持信誉第一，质量第一。一定要对用户负责，为生产着想，坚持真正为社会服务。繁殖出的试管苗品种应是优良、稀缺品种，品种纯度要高，保证无病虫，定植后成活率高，才能取得信誉。

6.3.1 经营思想

经营思想是从事经营活动、解决经营问题的指导思想，它是随着生产力发展而发展的。在经营思想指导下形成经营管理理论，经营管理理论用于指导生产经营实践，不断促进生产力发展。

随着国民经济的迅速发展，农村的种植结构作了大幅度的调整，植物组织培养也由小型试验发展改变为工厂化生产，种苗供求由计划经济转变为市场经济。植物组织培养企业化经营处理的思想，首先是市场经营思想，其次工厂化生产要规模化、标准化，仔细考虑如何进行大规模工厂化生产及生产优质、规模化以及标准化种苗。

企业经营的目的是赢利，效益就是企业的生命。植物组织培养工厂化生产必须面向市场，以市场需求为导向。脱离市场需求和行情，盲目生产而造成损失和浪费，或科研技术薄弱不能形成批量生产，都不能提高经济效益。良好的经济效益，来源于适度的生产规模、合理的预算、良好的产品质量和科学的经营管理。提高企业生产经营的经济效益，要了解市场，贴近市场，满足用户需求，根据用户的需要安排生产；强调生产中经济核算，降低产品成本；加强技术创新，提高产品质量，并且在种苗售后做好服务工作，只有这样，才能长久地占领市场、巩固市场和开拓市场。

6.3.2 经营策略

经营策略，是指植物组织培养生产企业在经营方针指导下，为实现企业的经营目标而采用的各种对策，如市场营销策略和产品策略等。而经营方针是企业经营思想与经营环境相结合的产物，它规定企业一定时期的经营方向，是企业用于指导生产经营活动的指南针，也是解决各种经营管理问题的依据，如在市场竞争中提出以什么取胜，在生产结构中以什么为优等都属于经营方针的范畴。

经营方针是由经营计划来具体体现的。经营计划的制定，取决于具体的条件，如资金、技术、市场预测、植物组培种类与品种的选择等。此外，还要根据选择的植物组培种类与品种，确定种植地区，包括种植区的气候、土质、交通运输以及市场、设备物资的供应，劳动力的报酬等。

植物组织培养生产企业在经营方针指导下，要最有效地利用企业经营计划所确定的地理条件、自然资源、植物种类生产的各种要素，合理地组织生产。

6.3.3 市场预测

6.3.3.1 市场需求的预测

植物组织培养生产企业进行预测时，首先要做好区域种植结构、自然气候及种植的植物种类及市场发展趋势的预测。例如，花卉种苗在昆明、上海及山东等地鲜切花生产基地就有相当大的需求市场，而马铃薯在华北地区、东北地区以及华东地区北部种植面积大，种苗市场需求最大。

6.3.3.2 市场占有率的预测

市场占有率是指一家企业的某种产品的销售量或销售额与市场上同类产品的全部销售量或销售额之间的比率。影响市场占有率的因素主要有组培植物的品种、种苗质量、种苗价格、种苗的生产量、销售渠道、包装、保鲜程度、运输方式和广告宣传等。市场上同一种植物种苗往往有基于企业生产，用户可任意选择。这样，某个企业生产的种苗能否被用户接受，就取决于与其他企业生产的同类种苗相比，在质量、价格、供应时间及包装等方面处于什么地位，若处于优势，则销售量大，市场占有率高；反之就低。

6.3.4 产品营销

产品的营销，是指运用各种方式和方法，向消费者传递产品信息，激发购买欲望，促进其购买的活动过程。产品的促销，首先在正确分析市场环境，确定适当的营销形式。种苗市场如果比较集中，应以人员推销为主，它既能发挥人员推销的作用，又能节省广告宣传费用。种苗市场如果分散，则宜用广告宣传，这样可以快速全方位地把信息传递给消费者。其次，应根据企业实力确定营销形式。企业规模小，产量少，资金不足，应以人员推销为主；反之，则以广告为主，人员推销为辅。第三，还应根据种苗产品的特性来确定。当地产品种苗供应集中，运输距离短，销售时效性强，多选用人员推销的策略。同时，还要做好售后服务、栽培技术推广工作。对种苗用量少，稀有品种，则通过广告宣传媒体介绍，吸引客户。第四，根据产品的市场价值确定产品的营销形式。在试销期间，商品刚上市，需要报道的宣传，多用广告和营业推销；产品成长期，竞争激烈，多用公共关系手段，以突出产品和企业的特点；产品成熟饱和期，质量、价格等趋于稳定，宣传重点应针对用户，保护和争取用户。此外，产品的营销还可参加或举办各种展览会、栽培技术推广讲座和咨询活动，引导产品开发。

本 章 小 结

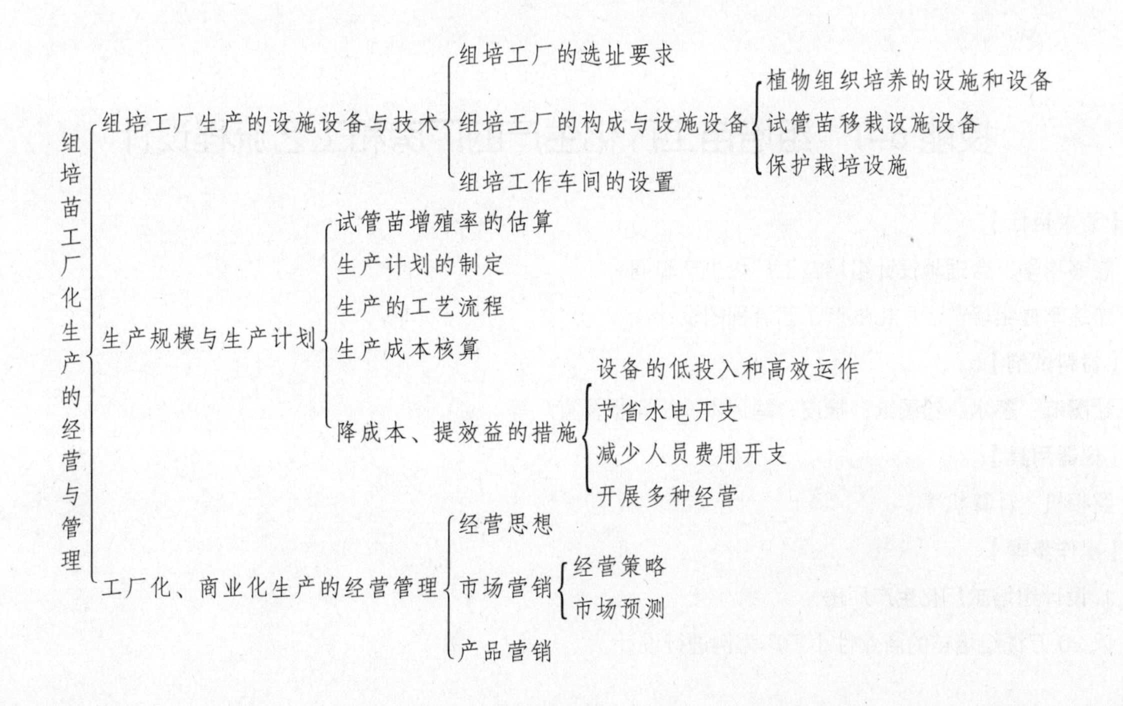

复习思考题

1. 名词解释

经营思想　经营方针　试管苗的增殖率

2. 填空

（1）试管苗的增殖率计算公式：$Y=AX_n$，其中 A 为________、X 为________、n 为________。

（2）在组培中，全年实际产苗数＝________×________。

3. 选择题

（1）降低成本，提高效益的措施有________。

A. 利用罐头瓶代替三角瓶　B. 简化培养基　C. 利用自然光照　D. 繁殖系数大

（2）保护栽培设施主要用于试管苗的移栽、驯化和生产。主要设施有________、________、防虫网及防雨遮阳棚等，其中温室是主要设施，主要是各种类型的________、温室内安装调节空气温度的喷雾机和________。

A. 温室　B. 塑料薄膜拱棚　C. 日光温室　D. 加湿机

E. 培养架　F. 空调

4. 判断题

（1）对于组培苗生产企业来说经营的目的赢利，效益就是企业的生命。

（2）提高企业生产经营的经济效益，要了解市场，贴近市场，满足用户需求，根据用户的需要安排生产。

（3）通过成本核算可以有效地防止各种不必要的浪费，是全面改善经营管理的一个非常重要的环节。

5. 问答题

（1）在植物组培中降低成本、提高效益的措施有哪些?

（2）你对组培工厂的经济效益是怎样分析的?

技能 6-1　组培苗工厂化生产的厂房和工艺流程设计

【要求目标】

能够科学、合理地设计组培苗工厂化生产车间。

熟练掌握组培苗工厂化生产工艺流程的设计。

【材料试剂】

绘图笔、墨水、绘图纸、橡皮、笔记本、三角板及直尺等。

【仪器用具】

照相机、计算机等。

【操作步骤】

1. 设计组培工厂化生产厂房

以 20 万株组培苗的商业性小工厂为例进行设计。

（1）依据生产规模，参照第 6 章相关内容计算出年生产 20 万株商品苗需要培养的试管苗株数（假设培养周期为 30d、增殖系数为 4、有效苗率为 85%、有效诱导生根率为 85%、移栽成活率为 90%，合格商品苗的获得率为 95%）。

（2）依据供货方案制定出月和日生产方案。

（3）依据日生产方案计算并确定工作人员（尤其是接种操作人员）名额和使用设备数量（以每名接种人员日均接种 500 株、每瓶接种 5 株；一个双人超净工作台占地面积约 6 ～ $8m^2$；一个 $1.2 \times 0.6m \times 1.8m$ 的 5 层培养架占地面积约 1.5 ～ $2.0m^2$，平均每架放置 500 个培养瓶来计算）。

（4）依据使用设备数量来确定接种室和培养室面积的大小。

（5）依据规范化组培苗生产车间的构成、经济实力、备用土地面积与形状以及上述计算出的有关数据等条件，在考虑到生产方便、安全、节省能源与资金等诸多因素的情况下，合理地设计出年产 20 万株组培苗的商业性工厂建房方案，并绘制出平面图。

2. 设计组培苗生产工艺流程

以年产 20 万株组培苗的商业性小型工厂为例，设计组培苗生产工艺流程如下。

（1）根据组培苗生产的性质和目的来确定其具体生产环节。

（2）依据组培苗生产的技术路线制定出每个生产车间任务。

（3）依据供货时间（多是在春、秋两季）和组培苗生产周期的长短制定出每个生产环节的具体生产方案（包括人员及材料设备的配备、生产时间和生产量等）。

【考核标准】

考核方案详见技能表 6-1-1。

技能表 6-1-1　　考 核 方 案

序号	考核项目	考 核 标 准	成绩比例（%）
1	实训态度	实训期间积极主动，团结协作	10
2	生产工艺流程	设计科学、实用、针对性强，符合技术要求和实际情况	30
3	绘制平面图	工厂设计造型新颖；布局合理，经济适用，符合工厂化生产的技术要求	10
4	图的效果	设计图格式正确，美观大方、比例协调、针对性强，符合技术要求和实际情况	20
5	生产计划方案	生产计划方案与生产规模和工艺流程相适应；方案科学、全面、细化	15
6	资讯能力	能正确回答工作任务中的主要知识点，具有创新精神	10
7	语言表达能力	语言流畅，观点鲜明	5
合　　计			100

【注意事项】

1. 接种室要与培养室相邻，以减少运输环节所造成的污染。
2. 接种室外必须设有缓冲室，培养室尽量设有更衣间。
3. 培养室要最大限度利用自然光。
4. 能合并的工作室尽量合并，以便节约经费。
5. 接种室、培养室的门应尽量小，以减少空气流动，便于有效降低污染和保温。

附　录

一、常见缩写符号及中英文名称

缩写	英文名称	中文名称
A，Ad，Ade	Adenine	腺嘌呤
ABA	Abscisic acid	脱落酸
BA，BAP，6-BA	6-benzyladenine benzy- laminopurine	6- 苄腺嘌呤
P-CPOA	P-chlorophenoxyacetic acid	对 - 氯苯氧乙酸
CCC	chlorocholine chloroid	矮壮素
CH	Casein hydrolysate	水解酪蛋白
CM	coconut milk	椰子乳
2，4-D	2，4-dichlorphenoxyacetic acid	2，4- 二氯苯氧乙酸
2，4-DB	2，4-dichlorphenoxybutyric acid	2，4- 二氯苯氧丁酸
DNA	Deoxyribonucleic acid	脱氧核糖核酸
EDTA	ethylenediaminetra acetic acid	乙二胺四乙酸
GA；GA3	gibberellin; gibberellic acid	赤霉素
IAA	indole-3-acetic acid	吲哚乙酸
IBA	indole-3-butyric acid	吲哚丁酸
2-ip；IPA	2-isopantenyl adenine 6-（r，r-dimethylallyl）adenine	异戊烯基腺嘌呤， 6-（r- 二甲基烯丙基）嘌呤
KT；Kt；K	Kinetin	激动素；动力精；糠基腺嘌呤
LH	Lactalbumin hydrolysate	水解乳蛋白
lx	lux	勒克斯
m	meter	米
mg	milligram	毫克
min	minute	分（钟）
mL	milliliter	毫升
mm	millimeter	毫米
mmol	millimole	毫摩尔
mol.wt.	molecular weight	摩尔重量；分子量
NAA	naphthalene acetc acid	萘乙酸
PBA	6-benzylamino-9-（2-tetrahydropyranyl） -9H-purine	6-（苄基氨基）9-（2- 四氢吡喃基）-9H- 嘌呤
pH	hydrogen-ion concentration	酸碱度，氢离子浓度
ppm	part（s）per million	百万分子儿；毫克 / 升
PVP	polyvinylpyrrolidone	聚乙烯吡咯烷酮

续表

缩写	英文名称	中文名称
RNA	ribonucleic acid	核糖核酸
rpm（=r/min）		转 / 分
s	secend	秒
TDZ	N-phenyl-N’-1，2，3-thia-diazol-5-ylurea	苯基噻二唑基尿
2，4，5-T	2，4，5-trichlorophenoxy acetic acid	2，4，5- 三氯苯氧乙酸
μm	micrometer	微米
μmol	micromole	微摩尔
YE	yeast extract	酵母提取物
ZT；Zt；Z	ziatin	玉米素

二、培养物的异常表现、存在原因及改进措施

阶段	培养物异常表现	存在原因	改进措施
启动培养阶段	培养物水浸状、变色、坏死、茎断面附近干枯	表面消毒剂过量，时间过长；外植体选用部位、时期不当	更换其他消毒剂或降低浓度，缩短时间；试用其他部位，生长初期取样
	培养物长期培养没有多少反应	生长素种类不当；用量不足；温度不适宜；培养基不适宜	增加生长素用量，试用2，4 – D；调整培养温度
	愈伤组织生长过旺，疏松，后期水浸状	生长素及细胞分裂用量过多；培养基渗透势低	减少生长素、细胞分裂素用量，适当降低培养温度
	愈伤组织生长过紧密、平滑或突起，粗厚，生长缓慢	细胞分裂素用量过多；糖浓度过高。生长素过量亦可引起	减少细胞分裂素和糖的用量
	侧芽不萌发，皮层过于膨大，皮孔出愈伤组织	采样枝条过嫩；生长素、细胞分裂素用量过多	减少生长素、细胞分裂素用量，采用较老化枝条
增殖培养阶段	苗分化数量少、速度慢、分枝少，个别苗生长细高	细胞分裂素用量不足；温度偏高；光照不足	增加细胞分裂素用量，适当降低温度
	分化出苗较少，苗畸形，培养时间长苗可能再次愈伤组织	生长素用量偏高，温度偏高	减少生长素的量，适当调节温度
	叶粗厚变脆	生长素用量偏高，或兼用细胞分裂素用量偏高	减少生长素用量，避免叶接触培养基
	再生苗的叶缘、叶面等处偶有不定芽分化出来	细胞分裂素用量过多，或该种植物适宜于这种再生方式	适当细胞分裂素用量或分阶段用这一再生方式
	从生苗过于细弱，不适于生根操作和将来移栽	细胞分裂素用量过多，温度过高，光照短，光强不足，久不转接，生长空间小	减少细胞分裂素的量，延长光照，增加光强，及时转接继代，降低接种密度，改善瓶口膜
	从生苗中有黄叶、死苗，部分苗逐渐衰弱，生长停止，草本植物有时水浸状、烫伤状	瓶同气体状况恶化，pH 值变化过大，久不转接已耗尽，瓶内乙烯含量升高；培养物受污染，温度不适	及时转接继代，改善瓶口盖，去除污染，控制温度
	幼苗生长无力，陆续发黄落叶，组织水浸状、煮熟状	温度不适，光照不足，植物激素配比不适，无机盐浓度不适	控制光温条件，及时继代，适当调节激素配比和无机盐浓度
	幼苗淡绿，部分失绿	铁盐量不足，pH 值不当，光过强	仔细配制培养基，注意配方成分，调好 pH 值，控制光温条件
生根阶段	不生根或生根率低	无机盐浓度高，生长素浓度低，温度不适，苗基部受损	降低无机盐浓度，提高生长素浓度，调整适宜温度
	愈伤组织生长过快、过大，根茎部肿胀或畸形	生长素种类不适，用量过高或伴有细胞分裂素用量过高	更换生长素和细胞分裂素组合，降低浓度

附录

三、实验室常见药剂的配制

（一）70% 酒精的配制

1. 量取无水酒精 700mL，加蒸馏水定容至 1L。

2. 量取 95% 酒精 700mL，加蒸馏水定容至 950mL。

（二）2% 新洁尔的配制

量取新洁尔原液 20mL，加蒸馏水定容至 1L。

（三）0.1% 氯化汞的配制

称取 1g 氯化汞，倒入装有 400 ~ 500mL 蒸馏水烧杯中，溶解后定容至 1L。

（四）2% 次氯酸钠的配制

市售次氯酸钠溶液（6%）1 份，加入 2 份蒸馏水，混匀。

（五）10% 次氯酸钙的配制

称取次氯酸钙 100g，倒入装有 400 ~ 500mL 蒸馏水烧杯中，溶解后定容至 1L。

（六）饱和漂白粉溶液的配制

在装有一定水的烧杯中不断加入并溶解漂白粉，直至深沉出现。

（七）0.1mol/L 氢氧化钠溶液的配制

称量氢氧化钠 4g（0.1mol），倒入装有 400 ~ 500mL 蒸馏水烧杯中，溶解后定容至 1L。

（八）0.1mol/L 盐酸溶液的配制

量取浓盐酸（37%）10mL，倒入装有 400 ~ 500mL 蒸馏水烧杯中，溶解后定容至 1L。

（九）醋酸洋红的配制

100mL 45% 的冰醋酸置于烧杯中煮沸，缓慢加入 0.5 ~ 1g 洋红粉末（不要一次性加入，以免溅出），继续煮沸 20min（可采用回流煮沸），冷却，备用。

（十）I_2—KI 溶液的配制

2g KI 溶于 5mL 蒸馏水中，再加入 1g 的 I_2，溶解后加蒸馏水 595mL。

注意事项：

1. 氯化汞有剧毒，使用时应避免吸入口中和接触皮肤。

2. 氢氧化钠和盐酸有腐蚀性，使用时应避免接触皮肤和滴洒在桌面上。

3. 配制醋酸洋红时，洋红不要一次都加入，以免加热时溅出伤人。

参 考 文 献

[1] 王振龙 . 植物组织培养 [M] . 北京：中国农业大学出版社，2008.

[2] 陈世昌 . 植物组织培养 [M] . 重庆：重庆大学出版社，2006.

[3] 吴殿星，胡繁荣 . 植物组织培养 [M] . 上海：上海交通大学出版社，2004.

[4] 谭文澄，戴策刚 . 观赏植物组织培养技术 [M] . 北京：中国林业出版社，1991.

[5] 王清连 . 植物组织培养 [M] . 北京：中国农业出版社，2005.

[6] 王蒂 . 植物组织培养 [M] . 北京：中国农业大学出版社，2004.

[7] 熊丽，吴丽芳等 . 观赏花卉的组织培养与大规模生产 [M] . 北京：化学工业出版社，2002.

[8] 曹春英等 . 植物组织培养 [M] . 北京：中国农业出版社，2006.

[9] 李云 . 林果花菜组织培养快速育苗技术 [M] . 北京：中国林业出版社，2001.

[10] 王蒂 . 细胞工程学 [M] . 北京：中国农业出版社，2003.

[11] 颜昌敬 . 植物组织培养手册 [M] . 上海：上海科学技术出版社，1990.

[12] 李永文，刘新波 . 植物组织培养技术 [M] . 北京：北京大学出版社，2007.

[13] 钱子刚 . 药用植物组织培养 [M] . 北京：中国中医药出版社，2007.

[14] 刘振祥，廖旭辉 . 植物组织培养技术 [M] . 北京：化学工业出版社，2008.

[15] 肖尊安 . 植物生物技术 [M] . 北京：化学工业出版社，2005.

[16] 利容千，王明全 . 植物组织培养简明教程 [M] . 武汉：武汉大学出版社，2004.

[17] 程家胜 . 植物组织培养与工厂化育苗技术 [M] . 北京：金盾出版社，2003.

[18] 王永平，史俊 . 园艺植物组织培养 [M] . 北京：中国农业大学出版社，2009.

[19] 刘庆昌，吴国良 . 植物细胞组织培养 [M] . 北京：中国农业大学出版社，2002.

[20] 李胜，李唯 . 植物组织培养原理与技术 [M] . 北京：化学工业出版社，2008.

[21] 李浚明 . 植物组织培养教程 [M] . 北京：中国农业大学出版社，2002.

[22] 薛建平等 . 药用植物生物技术 [M] . 合肥：中国科学技术大学出版社，2006.

[23] 王振龙 . 无土栽培教程 [M] . 北京：中国农业大学出版社，2009.

[24] 葛晋纲，周兴元 . 林业技术专业技能包 [M] . 北京：中国农业大学出版社，2009.

[25] 王玉英，高新一 . 植物组织培养技术手册 [M] . 北京：金盾出版社，2006.

[26] 崔德才 . 植物组织培养与工厂化育苗 [M] . 北京：化学工业出版社，2003.

[27] 刘青林，马祎，郑玉梅 . 花卉组织培养 [M] . 北京：中国农业出版社，2003.

[28] 崔覬，桂耀林 . 经济植物的组织培养与快速繁殖 [M] . 北京：农业出版社，1985.

[29] 韦三立 . 花卉植物组织培养教 [M] . 北京：中国林业大学出版社，2001.

[30] 王国平，刘福昌，王焕玉 . 苹果葡萄草莓病毒病与无病毒栽培 [M] . 北京：农业出版社，1993.

[31] 周维燕 . 植物细胞工程原理与技术 [M] . 北京：中国农业大学出版社，2001.